MATHEMATIQ
&
APPLICATIONS

Directeurs de la collection:
J. M. Ghidaglia et P. Lascaux

21

Springer
Paris
Berlin
Heidelberg
New York
Barcelone
Budapest
Hong Kong
Londres
Milan
Santa Clara
Singapour
Tokyo

MATHEMATIQUES & APPLICATIONS

Comité de Lecture / Editorial Board

Directeurs de la collection:
J. M. GHIDAGLIA et P. LASCAUX

Instructions aux auteurs:

Les textes ou projets peuvent être soumis directement à l'un des membres du comité de lecture avec copie à J. M. GHIDAGLIA ou P. LASCAUX. Les manuscrits devront être remis à l'Éditeur *in fine* prêts à être reproduits par procédé photographique.

Dominique Collombier

Plans d'expérience factoriels

Construction et propriétés des fractions de plans

Springer

Dominique Collombier
Université de Pau et des Pays de l'Adour
Laboratoire de Mathématiques Appliquées
CNRS URA 1204
Avenue de l'Université
64000 Pau, France

Mathematics Subject Classification:
Primary 62K15 Secondary 62K05

ISBN 3-540-60487-1 Springer-Verlag Berlin Heidelberg New York

Imprimé en Allemagne

SPIN: 10465359 46/3143 - 5 4 3 2 1 0 - Imprimé sur papier non acide

Avant propos

L'emploi de plans d'expérience pour l'étude empirique d'une loi de réponse pose au statisticien ou à l'ingénieur des problèmes particuliers. Alors qu'il a peu d'informations sur cette loi, il ne peut disposer en général que d'un échantillon d'observations très limité au regard du nombre des paramètres des modèles qu'il peut envisager pour leur analyse. Avant toute observation de la réponse il doit donc préciser, non seulement, quels modèles utiliser, mais encore, comment organiser les expériences. En effet, la qualité de l'analyse statistique dépend étroitement du plan expérimental utilisé pour observer la réponse. Par ailleurs, il faut généralement recourir à l'Analyse combinatoire pour construire les plans proposés.

Mais, pour être d'un intérêt pratique, le choix de telle ou telle structure combinatoire comme plan d'expérience doit être justifié par les propriétés qu'elle confère aux outils de décision statistique qui seront utilisés pour l'analyse des observations de la réponse.

C'est précisement dans ce but qu'a été rédigé cet ouvrage qui est consacré aux *fractions de plans factoriels*. Il s'agit de dispositifs expérimentaux d'usage courant pour les applications industrielles, en particulier pour l'optimisation ou l'amélioration de la qualité des procédés de fabrication et des produits.

Les premiers travaux théoriques sur ces plans datent des années 40. Ils concernent les *fractions régulières* et les *plans de Plackett-Burman*. Depuis de nombreux articles ont été publiés soit sur la construction, soit sur les propriétés statistiques des fractions de plans factoriels ou sur leur analyse. Outre de brèves présentations de ces plans dans divers manuels, quelques livres leur sont consacrés, ils sont de trois types. On trouve tout d'abord des ouvrages qui ont pour seul but d'indiquer à l'ingénieur comment se servir des plans usuels. Viennent ensuite des tables ou descriptifs de techniques de construction de certaines classes de fractions. Enfin, on dispose de manuels introductifs couvrant un large domaine de préoccupations sans entrer dans les détails, pour des informations plus précises le lecteur est prié de se reporter à une abondante bibliographie.

Notre point de vue est différent. En nous fondant sur des travaux récents nous nous efforçons de préciser quels arguments statistiques permettent de justifier l'emploi de tel ou tel plan, quitte à recourir à des outils peu usuels dans le domaine des plans d'expérience, la représentation linéaire des groupes abéliens finis par exemple.

Nous nous fixons des objectifs précis, portant sur les propriétés d'estimateurs de Gauss-Markov (existence, égalité de variances, noncorrélation, efficacité), puis nous recherchons les caractéristiques des fractions qui nous permettent de les atteindre. Nous envisageons ensuite leur construction.

Un grand soin est apporté à la définition des notions employées de façon à éviter toute confusion dans la terminologie. Nous donnons toutes les démonstrations qui nous semblent indispensables ou bien qui sont originales. Nous illustrons les résultats théoriques par des exemples. Nous les complétons au moyen de quelques tables et par des références à des algorithmes généraux de construction ou d'analyse.

Cependant, il n'est question dans ce livre que des plans complètement randomisés. Faute de place nous n'abordons ni les *fractions en blocs* ni les *fractions systématiques* bien que ces plans soient d'un grand intérêt pour l'industrie. De plus, seules les propriétés des estimateurs de Gauss-Markov dans les modèles linéaires nous servent à introduire les fractions de plans factoriels étudiées. Aussi l'emploi des modèles linéaires gaussiens pour l'analyse des résultats n'est-il pas envisagé ici.

Cet ouvrage reprend pour une grande part la matière de plusieurs cours pour les candidats au DEA de mathématiques appliquées de l'Université de Pau et des Pays de l'Adour. Le public visé comprend donc, tout d'abord, les étudiants en formation doctorale. Nous le destinons aussi à d'autres lecteurs. Tout d'abord les statisticiens qui souhaitent mettre à jour et approfondir leurs connaissances sur les plans expérimentaux, puis les biomètres et les ingénieurs mathématiciens qui sont chargés de la conception de plans pour usages industriels ou de logiciels de construction de ces dispositifs expérimentaux.

Il est souhaitable que le lecteur ait de bonnes connaissances en Algèbre linéaire, en Statistique mathématique, en particulier sur les modèles linéaires, et quelques notions sur les techniques d'optimisation. Certes, des connaissances en Combinatoire sont bienvenues, bien qu'il ne s'agisse pas d'un prérequis. Les notions utilisées dans ce domaine sont d'accès facile, nous les introduisons brièvement. Pour plus de détails on pourra se reporter aux manuels cités en référence.

Je voudrais remercier quelques uns de ceux qui m'ont aidé à mener à bien cette tâche. Xavier Guyon a suivi de bout en bout ce projet de publication dans les collections de la *S.M.A.I.* Je dois beaucoup à sa patience et à ses encouragements.

A la demande du comité de la *S.M.A.I.* Jean Coursol et deux autres collègues statisticiens ont examiné deux des états successifs de mon manuscrit, leurs critiques et suggestions m'ont permis de l'améliorer grandement.

Enfin, C.Masounave, A.El Mossadeq et I.Merchermek se sont chargés à l'Université de Pau de la saisie sur ordinateur du texte initial ou de la relecture du manuscrit, m'apportant ainsi une aide précieuse.

Table des matières

1 Modèles linéaires - Plans orthogonaux

Ce chapitre préliminaire a trois objectifs: introduire brièvement les plans expérimentaux et les modèles linéaires qui servent à leur analyse, décrire les outils statistiques utilisés ici et préciser les propriétés qui nous servent par la suite, présenter quelques uns des critères statistiques qui interviennent dans le choix d'un plan.

Un exemple simple, celui des plans de pesée, nous sert dans la première partie à préciser ce que les statisticiens appellent un plan d'expérience et un modèle linéaire. Nous avons choisi cet exemple de plan car il est analogue aux fractions de plans factoriels auxquelles ce livre est consacré.

Les parties deux et trois de ce chapitre sont consacrées à des rappels et compléments sur les outils statistiques utilisés par la suite: estimateurs de Gauss-Markov et matrices d'information. Nous nous limitons ici à la seule présentation des propriétés qui sont indispensables pour la compréhension des autres chapitres.

On trouvera plus de détails sur l'estimation ponctuelle dans les modèles linéaires et les autres outils de décision dans les ouvrages appropriés, par exemple les manuels de CHRISTENSEN [1987], de COURSOL [1980] ou d'ARNOLD [1981]. Quant aux matrices d'information on se reportera au livre de PUKELSHEIM [1993].

On impose en général aux plans d'expérience des structures combinatoires qui leur confèrent des propriétés statistiques précises. Ces propriétés concernent usuellement les estimateurs de Gauss-Markov de classes de fonctions paramétriques, plus précisément leurs variances et covariances.

Dans la quatrième partie nous envisageons quelques unes de ces propriétés qui nous servent à introduire en particulier les critères statistiques dits d'orthogonalité. Il s'agit là de la classe des critères qui servent le plus souvent pour le choix de plans d'expérience. Il en est ainsi dans le cas particulier des fractions de plans factoriels comme on le verra dans les chapitres suivants de ce livre.

1. PLANS D'EXPÉRIENCE - MODELES DE GAUSS MARKOV.

1.1. Plans de pesée.

Balances à un plateau.

Supposons que nous souhaitions évaluer les poids de m objets en effectuant n>m pesées au moyen d'une même balance à un plateau. Nous allons donc observer comment cette balance réagit à un instant donné quand on la soumet à un *traitement*: le dépôt sur le plateau de tout ou partie des objets à peser. La réaction de la balance est mesurée par la position de l'aiguille sur le cadran.

Pour repérer les pesées utilisons les n éléments d'un ensemble $\mathcal{U}$. La lecture faite sur le cadran de la balance lors de la u-ème pesée, $u \in \mathcal{U}$, est la somme de deux termes l'un aléatoire l'autre certain.

Le premier terme représente la position qu'aurait l'aiguille si le plateau de la balance était vide, il ne dépend donc pas des objets présents sur le plateau. Cette position résulte du défaut de zéro, des conditions d'environnement au moment de la pesée et de l'imprécision de la mesure. On dit qu'il s'agit de l'effet de *l'unité expérimentale*, c'est-à-dire de la balance à l'instant de la u-ème pesée.

Il est clair que cet effet est la réalisation d'un aléa réel:

$$\beta_0(u) + \mathbf{E}_u,$$

somme du défaut de zéro de la balance lors de la u-ème pesée et d'un aléa qui peut être supposé centré puisque toute erreur systématique est incluse dans le défaut de zéro de la balance.

Quant au deuxième terme c'est la somme des poids des objets présents sur le plateau lors de la u-ème pesée. Il s'agit donc d'une quantité certaine mais inconnue appelée *effet du traitement* appliqué à l'unité u.

Ordonnons arbitrairement les objets à peser et notons

$$\tau_1, \ldots, \tau_m$$

leurs poids. Ce sont des quantités certaines mais inconnues appelées des *paramètres*. Soit β_1 le vecteur colonne de ces paramètres.

L'ensemble $\mathcal{U}$ permet de repérer les unités expérimentales du plan. Soit $\mathcal{E}$ *le domaine expérimental*, c'est-à-dire l'ensemble de tous les traitements possibles. Le cardinal de cet ensemble, noté $\#\mathcal{E}$ ou $|\mathcal{E}|$, est ici de 2^m. En effet tout traitement s'identifie naturellement à une partie J de l'ensemble des objets, il peut donc être représenté par l'indicatrice $\mathbb{I}_J \in \mathbb{R}^m$ de J.

En particulier la partie vide désigne un traitement qui joue ici un rôle à part, il n'y a aucun objet sur le plateau de la balance. On dit qu'il s'agit du *traitement témoin*.

Soit la variable observée quand le traitement $e \in \mathcal{E}$ est appliqué à l'unité $u \in \mathcal{U}$, appelé *réponse (de l'unité* u *au traitement* e*)* : $\mathbf{Y}_{ue}$.

Par hypothèse on a alors

$$\mathbf{Y}_{ue} = \beta_0(u) + {}^t\mathbb{1}_e\beta_1 + \mathbf{E}_u \text{ , avec } \mathbb{E}\mathbf{E}_u = 0$$

Les hypothèses ci-dessus se résument au moyen du schéma suivant.

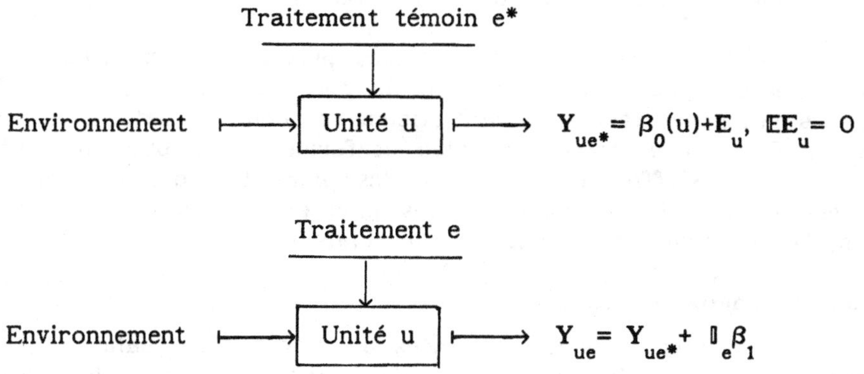

En fait les traitements appliqués aux n unités du plan sont fixés a priori de façon à atteindre certains objectifs dans l'analyse des résultats expérimentaux. Ils constituent un *plan d'expérience*, appelé ici *plan de pesée*, caractérisé par l'application

$$d : \mathcal{U} \longrightarrow \mathcal{E}.$$

Les aléas observés vérifient donc :

$$\mathbf{Y}_{ud(u)} = \beta_0(u) + {}^t\mathbb{1}_{d(u)}\beta_1 + \mathbf{E}_u \text{ , avec } \mathbb{E}\mathbf{E}_u = 0 \ \forall\ u \in \mathcal{U}.$$

Supposons maintenant le défaut de zéro constant et les conditions d'environnement stables pendant toute la durée de l'expérimentation, on peut alors poser

$$\beta_0(u) = \beta_0 \text{ et } \mathrm{Var}\mathbf{E}_u = \sigma^2,\ \forall u.$$

Supposons enfin les pesées menées de sorte qu'on puisse considérer les $\mathbf{E}_u$ comme des aléas non corrélés, voire même indépendants.

Pour *d* fixé soit pour simplifier

$$\mathbf{Y}_u = \mathbf{Y}_{ud(u)}, \text{ puis } \mathbf{Y} = {}^t(\mathbf{Y}_u \,|\, u \in \mathcal{U}).$$

Notons par ailleurs D la matrice d'ordre n×m dont les lignes sont constituées des n indicatrices

$${}^t\mathbb{1}_{d(u)},\ u \in \mathcal{U}.$$

La matrice D caractérise le plan utilisé, on l'appelle donc *matrice du plan*.

En notation matricielle le modèle d'analyse s'écrit alors :

$$\mathbb{E}Y = X\beta \text{ et } \mathrm{Cov}Y = \sigma^2 I.$$

où $X=(\mathbb{1}|D)$ avec $\mathbb{1}$ vecteur colonne à éléments tous égaux à 1, β est le vecteur colonne formé des paramètres β_0 et β_1, I est la matrice identité.

Il s'agit là d'un *modèle linéaire (à effets fixes)*, encore appelé *modèle de Gauss-Markov.* La matrice X est appelée *matrice du modèle*, c'est ici une matrice à éléments 0 ou 1 fixés a priori.

La qualité des décisions statistiques prises - et en premier lieu des estimateurs des poids - dépend du choix de la matrice du plan. Une des premières tâches du statisticien est donc de déterminer, pour n et m fixés, une matrice du plan conforme à des objectifs précis. Ainsi on peut s'efforcer de trouver des plans tels que les variances des estimateurs des poids soient les plus petites possibles dans une classe fixée a priori d'estimateurs sans biais.

Balances à deux plateaux.

Considérons maintenant des pesées au moyen d'une balance à deux plateaux. Pour le calcul de l'espérance mathématique des aléas observés il faut alors retrancher à la somme des objets présents dans un plateau - celui de droite par exemple - celle des objets disposés sur l'autre plateau. Cela suppose que les poids lus sur le cadran de la balance sont comptés positivement si l'aiguille est à droite de la verticale, négativement sinon. Le modèle s'écrit alors:

$$\mathbb{E}Y_u = \beta_0 + \Sigma_j \tau_j x_{uj}\ ,\ \mathrm{Var}Y_u = \sigma^2,\ \mathrm{Cov}(Y_u, Y_{u'}) = 0\ \forall u' \neq u.$$

$$\text{où } x_{uj} = \begin{cases} 1, \text{ si le jème objet est sur le plateau de droite lors de la u-ème pesée,} \\ -1, \text{ s'il est sur le plateau de gauche,} \\ 0, \text{ s'il n'est sur aucun des deux plateaux.} \end{cases}$$

Là encore le modèle est linéaire. On a de nouveau pour matrice du modèle $X = (\mathbb{1}|D)$, mais la matrice du plan D est à éléments

$$x_{uj} = 0,\ 1 \text{ ou } -1.$$

Application: spectrométrie à transformée d'Hadamard.

D'autres problèmes de mesure conduisent à l'organisation d'expériences analogues aux plans de pesée. Ainsi la mesure par télémétrie des distances entre objets alignés, voir SINHA et SAHA [1983], la sélection de fourrages, voir FEDERER, HEDAYAT, LOWE et RAGHAVARAO [1976].

Mais c'est en spectrométrie, principalement à usage astronomique, que l'emploi de dispositifs analogues aux plans de pesées semble le plus fréquent actuellement. On utilise ici des *spectromètres* optiques dits à *transformée d'Hadamard*, qu'on peut schématiser comme suit, voir SLOANE et HARWITT [1976].

Comme pour tout spectromètre optique trois éléments essentiels composent l'outil ici utilisé

1) un réseau qui sert à diffracter le rayonnement incident,

2) un masque qui absorbe une partie du rayonnement diffracté,

3) un détecteur qui mesure l'intensité lumineuse du faisceau qui traverse le masque. Mais, à la différence des spectromètres usuels dont les masques ne comportent qu'une fente, une batterie de masques multifentes intervient ici. Chaque mesure effectuée par le détecteur est donc celle d'une intensité émise dans plusieurs longueurs d'onde.

L'analogie avec les balances à un plateau est immédiate. Ici les objets à peser sont les éléments du spectre définis par des intervalles disjoints mais contigus de longueurs d'onde. Les poids des objets sont remplacés par les intensités lumineuses. Les objets présents sur le plateau sont en fait les faisceaux qui traversent le masque.

On rencontre également des spectromètres analogues à des balances à deux plateaux. Dans ce cas les masques absorbent, laissent passer ou bien encore réfléchissent chaque faisceau lumineux après diffraction. Deux détecteurs interviennent alors, l'un mesure l'intensité du rayonnement qui traverse le masque et l'autre celle du rayonnement réfléchi.

Tout l'intérêt des spectromètres à transformée d'Hadamard tient dans la précision avec laquelle un choix judicieux des masques permet d'estimer les éléments du spectre, c'est-à-dire les paramètres τ_j. Cette précision est bien supérieure à celle des spectromètres classiques utilisant la même technologie pour les détecteurs.

1.2. Plans d'expérience complètement randomisés.

Les plans de pesée nous donne un exemple de plans d'expérience analogues aux plans factoriels étudiés dans ce livre. Reprenons donc et complétons les définitions que nous avons intoduits ci-dessus.

Composantes d'un plan.

Du point de vue statistique tout plan d'expérience comporte deux composantes, la première combinatoire, la deuxième aléatoire.

La *composante combinatoire* est définie par un triplet $(\mathcal{U},\mathcal{E},d)$ constitué des deux ensembles $\mathcal{U}$ et $\mathcal{E}$ et d'une application d de $\mathcal{U}$ dans $\mathcal{E}$. $\mathcal{U}$ est l'ensemble sur lequel on observe la réponse à analyser. On dit qu'il s'agit de l'ensemble des *unités expérimentales*, il est de cardinal n. $\mathcal{E}$ est un ensemble fini ou continu qui représente toutes les conditions auxquelles les unités peuvent être soumises lors d'une expérience. On dit que $\mathcal{E}$ est le *domaine expérimental*, chacun de ses éléments est appelé *traitement*. Quant à l'application d, elle précise à quel traitement l'unité $u \in \mathcal{U}$ est soumise.

Le domaine expérimental est muni généralement d'une structure algébrique. Cette structure est souvent imposée a priori par la nature du phénomène étudié. Dans d'autres cas on munit $\mathcal{E}$ d'une structure algébrique pour faciliter l'étude et la construction d'un plan ayant des propriétés combinatoires souhaitées. Ainsi nous nous intéressons dans ce livre au cas où $\mathcal{E}$ est par nature le produit cartésien de m ensembles finis, mais pour rendre certaines constructions plus aisées nous identifions souvent ce produit à un groupe abélien fini.

Il en est de même de l'ensemble des unités. Dans certains cas la manière dont les expériences sont menées nécéssite de munir $\mathcal{U}$ d'une partition (plans en blocs) ou encore de l'ordonner totalement (plans systématiques). Cependant dans de nombreux cas aucune structure ne s'impose a priori pour l'ensemble $\mathcal{U}$. Dans ce livre nous supposons qu'il en est ainsi dans un souci de brièveté.

La *composante aléatoire* est en fait un aléa vectoriel à valeurs dans $\mathbb{R}^{U}$, l'espace des fonctions réelles sur $\mathcal{U}$, muni de la tribu de ses boréliens. Ce vecteur, **Y**, appelé *vecteur des réponses* des unités, possède une espérance mathématique et un opérateur de covariance.

Le lien entre les deux composantes est précisé par les hypothèses faites à propos de l'espérance et de la matrice de covariance de **Y**. Quel que soit le plan utilisé on suppose tout d'abord que, lorsque le traitement $e=d(u)$ est appliqué à l'unité u, on observe la composante

$$\mathbf{Y}_u = \mathbf{Y}_{ud(u)} \text{ de } \mathbf{Y}$$

telle que

$$\mathbb{E}\mathbf{Y}_u = \beta_0(u) + \beta_1(e).$$

On appelle respectivement *effets des unités* et *effets des traitements* les fonctions β_0 et β_1.

On suppose donc ici qu'il y a *additivité des effets des unités et des traitements.*

Remarque. En fait l'effet de l'unité u dépend en général de la façon dont agissent sur la réponse de l'unité u non seulement un traitement témoin (de référence) mais aussi les conditions d'environnement. Il en est ainsi pour les plans de pesée.

Randomisation.

L'hypothèse d'additivité des effets des unités et des traitements ne suffit pas à définir un modèle d'analyse. Il faut préciser les expressions des fonctions β_0, β_1 et de la matrice de covariance de **Y**.

Nous nous limitons dans ce livre aux plans dits *complètement randomisés*, c'est-à-dire au cas où l'ordre dans lequel les expériences sont menées est tiré au hasard. En procédant de la sorte on espère rendre les conditions d'environnement suffisamment stables pour qu'on puisse supposer que:

1) $\beta_0(u)$ est constante, on pose alors $\beta_0(u) = \beta_0$ réel inconnu;

2) $\mathrm{Cov}\mathbf{Y} = \sigma^2 I_n$, avec σ^2 paramètre réel inconnu en général.

Remarque. Ces deux hypothèses reviennent à utiliser un modèle conditionnel. En effet on analyse alors le vecteur des réponses "sachant que" les unités sont rangées dans un ordre fixé (même s'il est tiré au hasard avant de mener les expériences). D'autres modèles peuvent être utilisés qui prennent en compte le procédé de randomisation en donnant une expression moins sommaire pour la matrice de covariance. Ainsi pour les plans complètement randomisés on suppose alors que

$$\mathrm{Cov}\mathbf{Y} = \sigma_1^2\, I + \sigma_2^2\, \mathbb{1}^t\mathbb{1},$$

voir par exemple CHRISTENSEN [1987 App.G]. On dit alors qu'on utilise un *modèle à deux composantes de la variance.*

Bien entendu si une structure s'impose pour l'ensemble des unités le procédé de randomisation totale ne peut être utilisé. Par exemple quand les unités sont réparties en lots homogènes et de même taille (appelés *blocs*) la randomisation totale doit être remplacée par le procédé suivant, appelé *randomisation par blocs* :

1) on fixe les traitements à appliquer aux différents blocs,

2) on affecte au hasard les lots d'unités aux blocs

3) pour chaque bloc on tire au hasard l'ordre dans lequel les expériences vont être menées.

La prise en compte de ce procédé de randomisation conduit alors à utiliser des modèles à plus de deux composantes de la variance, voir à ce propos BAILEY [1981].

Modèles de Gauss-Markov.

Pour obtenir un modèle d'analyse du vecteur des réponses il nous reste à préciser l'effet de chaque traitement, c'est-à-dire à fixer la forme de la fonction β_1 sur le domaine expérimental $\mathcal{E}$.

Nous nous limitons ici aux modèles linéaires. En d'autres termes nous supposons qu'interviennent des paramètres réels dont cette fonction est combinaison linéaire avec des coefficients qui dépendent du traitement appliqué. Notons alors cet effet du traitement e

$$x_e\beta_1$$

qui est le produit du vecteur colonne des paramètres par le vecteur ligne des coefficients.

On a alors en tenant compte des hypothèses précédentes pour un plan randomisé

$$\mathbb{E}\mathbf{Y}_u = \beta_0 + x_{d(u)}\beta_1,\ \mathrm{Var}\mathbf{Y}_u = \sigma^2 \text{ et } \mathrm{Cov}(\mathbf{Y}_u,\mathbf{Y}_{u'}) = 0\ \forall\ u\neq u'.$$

Tout modèle de ce type est dit de Gauss-Markov (ou linéaire à effets fixes).

Désignons par $\mathbf{Y}$ le vecteur colonne des aléas observés et par $\tilde{X}$ la matrice à n lignes x_e, où e=d(u) u∈$\mathcal{U}$. Ce modèle s'écrit alors

$$\mathbb{E}Y = \beta_0 \mathbb{1} + X_1\beta_1 \text{ et } \mathrm{Cov}Y = \sigma^2 I,$$

avec $\mathbb{1}$ vecteur colonne à éléments égaux à 1, ou encore

$$\mathbb{E}Y = X\,\beta \text{ et } \mathrm{Cov}Y = \sigma^2 I,$$

avec $X = (\mathbb{1}|X_1)$ *matrice du modèle* et ${}^t\beta = (\beta_0, {}^t\beta_1)$.

2. ESTIMATION DE GAUSS-MARKOV.

2.1. Estimabilité.

Considérons un modèle linéaire où le vecteur aléatoire des réponses observées vérifie :

$$\mathbb{E}Y = X\beta \text{ et } \mathrm{Cov}Y = \sigma^2 I,$$

avec X matrice d'ordre n×p fixée, β et σ^2 paramètres.

Définition 2.1. *Soit une fonction* $K[\beta]$, *à valeurs dans* $\mathbb{R}^q$, *du paramètre* β *et dite donc paramétrique.*

On dit que cette fonction est estimable (linéairement sans biais) si elle admet un estimateur linéaire, c'est-à-dire un estimateur de la forme AY *avec* A *matrice d'ordre* q×n, *sans biais.*

Proposition 2.2. *La fonction paramétrique* $K[\beta]$ *est estimable si et seulement si elle est linéaire et vérifie*

$$\mathrm{Ker}X \subseteq \mathrm{Ker}K$$

(où KerA *désigne le noyau de toute application linéaire* A*).*

Démonstration. K estimable $\Leftrightarrow$ K = AX $\Leftrightarrow$ KerX ⊆ KerK d'après le théorème de factorisation des applications linéaires.□

Corollaire. *La fonction paramétrique linéaire* $K[\beta]=K\beta$, *avec* K *vecteur ligne, est estimable si et seulement si chacune des lignes de* K *vérifie l'une des deux conditions équivalentes suivantes.*

(i) Elle est combinaison linéaire des lignes de X.

(ii) Elle est orthogonale au noyau de X.

Démonstration. Soit ${}^tX$ la transposée de X et $\mathrm{Im}{}^tX^\perp$ le supplémentaire orthogonal de $\mathrm{Im}{}^tX$ dans $\mathbb{R}^p$.

Comme $\mathrm{Ker}X = \mathrm{Im}{}^tX^\perp$ et $\mathrm{Ker}K = \mathrm{Im}{}^tK^\perp$, on a

$$\mathrm{Ker}X \subseteq \mathrm{Ker}K \Leftrightarrow \mathrm{Im}{}^tK \subseteq \mathrm{Im}{}^tX = \mathrm{Ker}X^\perp.\square$$

Il est fréquent en pratique qu'une fonction paramétrique linéaire joue un rôle particulier dans l'étude de la loi de réponse. Alors tout plan d'expérience pour lequel cette fonction est estimable est dit *adapté* à cette estimation.

Par ailleurs, il peut advenir que les seules fonctions paramétriques linéaires qui présentent un intérêt pratique dépendent seulement d'une partie des composantes de β, les autres composantes jouant le rôle de paramètres de nuisance.

Notons β_0 le vecteur colonne des paramètres de nuisance et β_1 celui des autres composantes de β. On a

$$X\beta = X_0\beta_0 + X_1\beta_1$$

où $X=(X_0|X_1)$. Considérons alors une fonction paramétrique $H\beta_1$ où H est un vecteur ligne. Elle est estimable si et seulement si

$$\mathrm{Im}\,{}^tH \subseteq \mathrm{Im}\,{}^tX_1Q = \mathrm{Im}C, \text{ avec } C = {}^tX_1Q\,X_1,$$

où Q est le projecteur orthogonal de $\mathbb{R}^n$ sur $\mathrm{Im}X_0^{\perp}$:

$$Q = I_n - X_0({}^tX_0X_0)^{-}\,{}^tX_0.$$

(A^- désigne ici toute g-inverse de la matrice A, c'est-à-dire toute matrice vérifiant $A\,A^-A = A$, voir par exemple RAO et MITRA [1971].)

Exemple 1. Revenons au problème des pesées au moyen d'une balance à un ou deux plateaux. Soit $X = (\mathbb{1}|X_1)$ la matrice du modèle et

$$\beta = {}^t(\beta_0,\tau_1,\cdots,\tau_m),$$

avec β_0 défaut de zéro de la balance et τ_j poids du jème objet .

On peut ici considérer β_0 comme un paramètre de nuisance. Alors

$$Q = I_n - n^{-1}J_n,$$

où J_n est la matrice carrée, d'ordre n, à éléments tous égaux à 1. Toute combinaison linéaire des poids des objets, donc en particulier chacun de ces poids, est estimable si et seulement si rg $QX_1 = m$.

Remarquons que

$$QX_1 = X_1 \Leftrightarrow {}^t\mathbb{1}X_1 = 0.$$

En effet la jème colonne de QX_1 s'obtient en retranchant aux éléments de la jème colonne de X_1 leur moyenne (opération dite de centrage des colonnes de X_1).

Exemple 2. Considérons un plan de pesées avec balance à 2 plateaux.

Supposons que le seul objectif soit l'estimation du poids total $\Sigma_{j=1}^m\tau_j$ et imposons nous les contraintes suivantes:

1) on ne peut placer sur chaque plateau plus de k<m objets,
2) le nombre de pesées, n, est pair et k=mr/b avec r entier et b=n/2.

Considérons un premier plan de pesée tel que

$$X = \left(\mathbb{1}\left|\frac{-{}^tN}{{}^tN}\right.\right). \tag{2.1}$$

où la matrice N, d'ordre m×b, est à éléments 0 ou 1 et vérifie

$$N\,\mathbb{1} = r\mathbb{1} \text{ et } {}^tN\,\mathbb{1} = k\mathbb{1}.$$

Ici $${}^tX_1 = (-N|N) \Rightarrow {}^tX_1X_0 = {}^tX_1\mathbb{1} = 0 \Rightarrow QX_1 = X_1.$$

De plus $\mathrm{rg}X = \mathrm{rg}N+1$. Ainsi les poids individuels sont tous estimables si et seulement si $\mathrm{rg}N = m$.

Quant au poids total, il est estimable quel que soit le rang de N puisque la somme des lignes de N est colinéaire à $\mathbb{1}_m$.

Quand m est pair et $k=m/2$, on peut aussi utiliser le plan tel que

$$X = \left(\begin{array}{c|c|c} \mathbb{1} & -J_{b,k} & 0_{b,k} \\ \hline & 0_{b,k} & J_{b,k} \end{array}\right). \qquad (2.2)$$

Là encore le plan comporte $n = 2b$ pesées. Mais les colonnes de X_1 ne sont pas orthogonales à $X_0 = \mathbb{1}$. On a en fait

$$QX_1 = \frac{1}{2}\left(\begin{array}{c|c} -J_{b,k} & -J_{b,k} \\ \hline J_{b,k} & J_{b,k} \end{array}\right).$$

Aucun des poids individuels n'est estimable mais le poids total l'est bien évidemment puisque $\mathrm{rg}\,QX_1 = 1$

2.2. Théorème de Gauss-Markov.

Notons $\mathbf{Y}(\omega)$ une réalisation du vecteur aléatoire $\mathbf{Y}$, puis $\hat{\mathbf{Y}}(\omega)$ la projection orthogonale de $\mathbf{Y}(\omega)$ sur Im X. On dit que $\hat{\mathbf{Y}}(\omega)$ est *le meilleur ajustement linéaire* de $\mathbf{Y}(\omega)$ par un vecteur de Im X. On appelle solution de cet ajustement toute solution du système

$$X\,\hat{\beta}(\omega) = \hat{\mathbf{Y}}(\omega).$$

Comme

$$\hat{\mathbf{Y}}(\omega) = X({}^tXX)^-\,{}^tX\mathbf{Y}(\omega),$$

$\hat{\beta}(\omega)$ est solution du système

$${}^tXX\,\hat{\beta}(\omega) = {}^tX\mathbf{Y}(\omega),$$

encore appelé *équation normale de l'ajustement.*

Par extension on dit aussi que l'aléa $\hat{\beta}$, de réalisation $\hat{\beta}(\omega)$, est solution de l'équation normale

$${}^tXX\,\hat{\beta} = {}^tX\mathbf{Y}.$$

Considérons une fonction paramétrique linéaire $K\beta$ estimable. Dans la classe des estimateurs linéaires sans biais de $K\beta$, $A\mathbf{Y}$ est dit optimal si pour tout autre élément $B\mathbf{Y}$ de la classe on a

$$\mathrm{Cov}_\theta B\mathbf{Y} - \mathrm{Cov}_\theta A\mathbf{Y} \text{ définie non-négative, } \forall\ \theta=(\beta,\sigma^2)\in\mathbb{R}^p\times\mathbb{R}^+,$$

autrement dit si

$$\mathrm{Cov}_\theta B\mathbf{Y} \geq \mathrm{Cov}_\theta A\mathbf{Y} \text{ pour l'ordre de Loewner.}$$

Tout estimateur linéaire sans biais optimal est encore appelé *estima-*

teur de Gauss-Markov.

Le résultat suivant est connu sous le nom de *théorème de Gauss-Markov.*

Théorème 2.3. *Dans un modèle linéaire toute fonction paramétrique linéaire* $K\beta$, *estimable, admet un unique estimateur de Gauss-Markov.*

Il est égal à $K\hat{\beta}$, *où* $\hat{\beta}$ *est une solution quelconque de l'équation normale du meilleur ajustement linéaire de* Y *par un vecteur de* $\operatorname{Im}X$:

$$^{t}XX\,\hat{\beta} = {}^{t}XY.$$

Démonstration. Il suffit en fait de prouver le théorème dans le cas où K est une forme linéaire sur $\mathbb{R}^p$. Tout estimateur optimal est alors de moindre variance dans la classe des estimateurs linéaires sans biais. On se ramène ainsi à un résultat classique, voir par exemple CHRISTENSEN [1987 Th.2.3.2] ou COURSOL [1980 Th.1.4], qui est aussi une conséquence de la propriété suivante.□

Théorème 2.4. LEHMANN et SCHEFFE [1950 Th 5.3], SEELY et ZYSKIND [1971 Th 1].

Soit un modèle linéaire tel que

$$\mathbb{E}Y = X\beta \text{ et } \operatorname{Cov}Y = \sigma^2 V,$$

où V *est définie non négative. Considérons la classe des statistiques linéaires d'espérance nulle:* $\mathcal{A}_0$.

Dans la classe, $\mathcal{A}$, *des estimateurs linéaires sans biais* $\mathbf{S}$ *est un estimateur de variance minimale de son espérance si et seulement si*

$$\operatorname{Cov}(\mathbf{S},\mathbf{S}_0) = 0, \ \forall\ \mathbf{S}_0 \in \mathcal{A}_0.$$

Démonstration. Soit AY un élément de $\mathcal{A}$ et $\mu = \mathbb{E}AY$ son espérance. Toute statistique linéaire d'espérance μ s'écrit

$$(A + A_0)Y \text{ avec } A_0Y \in \mathcal{A}_0.$$

En effet $\quad \mathbb{E}(A+A_0)Y = \mathbb{E}AY\ \forall\beta \iff \mu + \mathbb{E}A_0Y = \mu\ \forall\beta \iff \mathbb{E}A_0Y = 0\ \forall\beta.$

Condition nécessaire. Dans la classe $\mathcal{A}$ soit $\mathbf{S} = AY$ une statistique de variance minimale et $\mathbf{S}_0 = A_0Y$ un élément de $\mathcal{A}_0$. Pour tout réel λ on a

$$\operatorname{Var}(\mathbf{S}+\lambda\mathbf{S}_0) - \operatorname{Var}\mathbf{S} = \lambda^2 \operatorname{Var}\mathbf{S}_0 + 2\lambda \operatorname{Cov}(\mathbf{S},\mathbf{S}_0).$$

Cette fonction de λ ne peut être négative car $\mathbf{S}$ est de variance minimale. Ainsi $\operatorname{Cov}(\mathbf{S},\mathbf{S}_0) = 0$ nécessairement. En effet le trinôme

$$\lambda^2 \operatorname{Var}\mathbf{S}_0 + 2\lambda \operatorname{Cov}(\mathbf{S},\mathbf{S}_0)$$

a pour racines 0 et $-2\times\operatorname{Cov}(\mathbf{S},\mathbf{S}_0)/\operatorname{Var}\mathbf{S}_0$ et peut prendre des valeurs négatives si ces racines sont distinctes, ce qu'il faut exclure ici.

Condition suffisante. Soient $\mathbf{S}$ un élément de $\mathcal{A}$ tel que

$$\operatorname{Cov}(\mathbf{S},\mathbf{S}_0) = 0\ \forall\ \mathbf{S}_0 \in \mathcal{A}_0$$

et $\mathbf{S}'$ un autre élément de $\mathcal{A}$ ayant même espérance que $\mathbf{S}$. On a alors

$$\mathbf{S}_0 = \mathbf{S}' - \mathbf{S} \in \mathcal{A}_0 \text{ et } \operatorname{Var}\mathbf{S}' = \operatorname{Var}\mathbf{S}_0 + \operatorname{Var}\mathbf{S} \geq \operatorname{Var}\mathbf{S}.\square$$

Application au théorème de Gauss-Markov.

Supposons $\mathrm{Cov}Y=\sigma^2 I$. Soit $K\beta$ une fonction paramétrique estimable et

$$AY = K({}^tXX)^{-}\,{}^tXY = K\hat{\beta}.$$

On a

$${}^tK \in \mathrm{Im}\,{}^tX = \mathrm{Im}\,{}^tXX({}^tXX)^{-},$$

d'où

$$\mathbb{E}AY = K({}^tXX)^{-}\,{}^tXX\beta = K\beta \ \forall\ \beta.$$

Par ailleurs, toute statistique linéaire d'espérance nulle est combinaison des éléments de $(I-P)Y$ où $P = X({}^tXX)^{-}\,{}^tX$. En effet

$$\mathrm{Ker}(I-P)=\mathrm{Im}X \Rightarrow \mathbb{E}(I-P)Y = 0\ .$$

Inversement, on a

$$\begin{aligned} & B\ n{\times}n : \mathbb{E}BY = 0\ \forall\ \beta \text{ avec } B \text{ de rang maximal} \\ \Leftrightarrow\ & BX = 0\ \forall\ \beta \text{ avec } B \text{ de rang maximal} \\ \Leftrightarrow\ & \mathrm{Ker}B = \mathrm{Im}X = \mathrm{Ker}(I-P) \end{aligned}$$

Mais $\mathrm{Cov}(AY,(I-P)Y) = \sigma^2 A(I-P) = \sigma^2 K({}^tXX)^{-}\,{}^tX(I-P) = 0$ puisque $\mathrm{Im}(I-P)=\mathrm{Ker}\,{}^tX$. AY est donc l'estimateur de Gauss-Markov de $K\beta$ d'après le théorème de Lehmann-Scheffé.□

Revenons au cas où certains des paramètres de la loi de réponse sont de nuisance. On a alors

$$X\beta = X_0\beta_0 + X_1\beta_1,$$

avec X_0 et X_1 blocs disjoints de X, β_0 vecteur colonne des paramètres de nuisance. Quant à l'équation normale, elle s'écrit

$$\left(\begin{array}{c|c} {}^tX_0X_0 & {}^tX_0X_1 \\ \hline {}^tX_1X_0 & {}^tX_1X_1 \end{array}\right) \left(\begin{array}{c} \hat{\beta}_0 \\ \hline \hat{\beta}_1 \end{array}\right) = \left(\begin{array}{c} {}^tX_0Y \\ \hline {}^tX_1Y \end{array}\right)$$

Résolvons ce système par élimination de $\hat{\beta}_0$, alors

$$C\,\hat{\beta}_1={}^tX_1Q\ Y\ ,\ \text{où } C={}^tX_1Q\ X_1,$$

avec Q projecteur orthogonal de $\mathbb{R}^n$ sur $\mathrm{Im}\,X_0^{\perp}$. Cette *équation* est dite *normale réduite.*

D'après le théorème de Gauss-Markov toute fonction paramétrique linéaire et estimable qui ne dépend que de β_1:

$$K\beta = H\beta_1,$$

a pour estimateur de Gauss-Markov $H\hat{\beta}_1$, où $\hat{\beta}_1$ est solution de l'équation normale réduite.

Il s'ensuit que le calcul d'un estimateur de Gauss-Markov passe pratiquement par la résolution d'une équation normale, c'est-à-dire par la recherche - explicite ou implicite - d'un g-inverse de ${}^tXX$, la matrice des coefficients de l'équation normale encore appelée *matrice d'information* sur β, et quand loi de réponse comporte des paramètres de nuisance, matrice d'information sur β_1.

Les résultats généraux sur le calcul des g-inverses des matrices symétriques sont donc utilisés à cette fin. Supposons par exemple qu'il y ait des paramètres de nuisance et que le noyau de C coïncide avec l'image d'une application linéaire de matrice canonique N. Alors $C + {}^tN N$ est régulière et son inverse est g-inverse de C.

Exemple 2 (suite). Reprenons le plan de pesée 2.2. On a

$$ {}^tX_1 Q\, X_1 = \frac{b}{2}\, J_m \Rightarrow ({}^tX_1 Q\, X_1)^- = \frac{1}{bk}\, I_m \quad \text{car } J_m^2 = mJ_m. $$

Par ailleurs, ${}^tX_1 Q\, Y = {}^tX_1(Y - \bar{Y}\mathbb{1})$, avec $\bar{Y} = n^{-1}\,\Sigma_i Y_i$ moyenne des aléas observés.

On a donc comme solution pour les équations normales réduites

$$ \frac{1}{bk}\, {}^tX_1 Q\, Y = \frac{1}{bk}\, {}^tX_1(Y - \bar{Y}\mathbb{1}) $$

D'où pour estimateur de Gauss-Markov du poids total

$$ \Sigma_{j=1}^m \hat{\tau}_j = \frac{k}{bk}\, (-{}^t\mathbb{1}_b \,|\, {}^t\mathbb{1}_b)\, (Y - \bar{Y}\mathbb{1}) = \frac{1}{b}\, (-{}^t\mathbb{1}_b \,|\, {}^t\mathbb{1}_b)\, Y. $$

2.3. Matrice de covariance d'un estimateur de Gauss-Markov.

Intéressons-nous maintenant à l'opérateur de covariance de $K\hat{\beta}$, l'estimateur de Gauss-Markov de la fonction paramétrique estimable $K\beta$. On a

$$ \begin{aligned} \mathrm{Cov}\, K\hat{\beta} &= \sigma^2\, K({}^tXX)^{-\,t}XX({}^tXX)^{-\,t}K \\ &\qquad\qquad \text{car } \hat{\beta} = ({}^tXX)^{-\,t}XY \text{ et } \mathrm{Cov}Y = \sigma^2 I, \\ &= \sigma^2\, K({}^tXX)^{-\,t}K. \end{aligned} $$

En effet, $\mathrm{Im}\,{}^tK \subseteq \mathrm{Im}\,{}^tX$ car $K\beta$ est estimable et ${}^tXX({}^tXX)^-$ est un projecteur sur $\mathrm{Im}\,{}^tXX = \mathrm{Im}\,{}^tX$. Cet opérateur de covariance est unique, il ne dépend donc pas du g-inverse de ${}^tXX$ ici considéré.

Nous allons préciser dans quelle condition cet opérateur de covariance est régulier. Pour y parvenir nous allons utiliser un type particulier d'inverses généralisés de matrices, les pseudo-inverses.

Définition 2.5. *Soit une matrice* A *d'ordre* p×q.

On appelle pseudo-inverse ou encore g-inverse de MOORE-PENROSE de A *l'unique matrice* A^+, *d'ordre* q×p *telle que*

$A\,A^+A = A$ (*i.e.* A^+ *est g-inverse de* A)
$A^+A\,A^+ = A^+$ (*propriété de réflexivité : A est g-inverse de* A^+)
A^+A et AA^+ *sont des projecteurs orthogonaux.*

On montre que A^+ est unique, voir RAO & MITRA [1971].

Proposition 2.6. *Si est* A *symétrique on a* $\mathrm{Im}A = \mathrm{Im}A^+$ *et* $\mathrm{Ker}A = \mathrm{Ker}A^+$.

Démonstration. $\mathrm{Im}A^+A \subseteq \mathrm{Im}A^+$. Or rang A^+A = rang A = rang A^+, on a donc $\mathrm{Im}A^+A = \mathrm{Im}A^+$. Mais $\mathrm{Im}A^+$ est le supplémentaire orthogonal de KerA car A^+A est un projecteur orthogonal et a pour noyau KerA. Par conséquent $\mathrm{Im}A = \mathrm{Im}A^+$.

On montre de même que $\mathrm{Ker}A^+ = \mathrm{Ker}AA^+ = \mathrm{Im}A^{\perp} = \mathrm{Ker}A$.□

Proposition 2.7. *La matrice de covariance de l'estimateur de Gauss-Markov d'une fonction paramétrique* $K\beta$ *estimable est régulière si et seulement si* K *est surjective, c'est-à-dire de rang égal au nombre de ses lignes.*

Démonstration. D'après ce qui précède on a

$$\mathrm{Cov}\ K\hat{\beta} = \sigma^2 K({}^t XX)^{+t}K.$$

Or ${}^tXX$ est symétrique, donc $({}^tXX)^+$ est lui-même symétrique et a mêmes image et noyau que ${}^tXX$. D'où

$$\mathrm{Im}\ K({}^tXX)^{+t}K = \mathrm{Im}\ K({}^tXX)^{+t}X,$$

$$\text{car } K({}^tXX)^{+t}K = K({}^tXX)^{+t}XX^t[({}^tXX)^+]^tK,$$

$$= \mathrm{Im}\ K^tX \text{ puisque } \mathrm{Im}({}^tXX)^{+t}X = \mathrm{Im}^tX.$$

Ainsi Cov $K\beta$ est régulière si et seulement si K^tX est surjective.

Mais comme $K\beta$ est estimable,

$$\mathrm{Im}^tK = \mathrm{Ker}\ K^{\perp} \subseteq \mathrm{Im}^tX.$$

On a donc $\mathrm{Im}\ K^tX = \mathrm{Im}K$ car Im^tX contient un supplémentaire de KerK. Par conséquent Cov $K\hat{\beta}$ est régulière si et seulement si K est surjective.□

Considérons de nouveau le cas où $\beta=(\beta_0,\beta_1)$, avec β_0 paramètre de nuisance, et où $K\beta = H\beta_1$ est estimable. On a alors

$$\mathrm{Cov}\ K\hat{\beta} = \mathrm{Cov}\ H\hat{\beta}_1 = \sigma^2\ H\ C^{-t}H$$

pour toute fonction paramétrique estimable.

Par un raisonnement analogue à celui suivi pour prouver la proposition 2.7, on démontre que cet opérateur de covariance est régulier si et seulement si H est surjective.

3. MATRICES D'INFORMATION.

Définition 3.1. GAFFKE [1987].

Soit un plan d'expérience de matrice du modèle X. *Considérons une fonction paramétrique linéaire estimable ou non,* $K\beta$, *où* K *d'ordre* $q\times p$ *est de rang* q.

Soit $\mathcal{ID}(K)$ *l'ensemble des inverses à droite de* K:

$$\mathcal{ID}(K) = \{G:\ KG=I_q\}.$$

Pour toute matrice carrée A *d'ordre* p, *définie non-négative, considérons l'application*

$$C_K:\ A \longmapsto \mathrm{Min}\{{}^tGAG \mid G\in\mathcal{ID}(K)\}$$

On dit que $C_K({}^tXX)$ *est la matrice d'information (apportée par le plan) sur* $K\beta$.

Quelle que soit A définie non-négative le théorème 2.4 permet de s'assurer de l'existence et de préciser l'expression de $C_K(A)$.

Théorème 3.2. *Soient* $G \in \mathcal{ID}(K)$ *et* Q *un projecteur de* $\mathbb{R}^p$ *sur* KerK.

Alors
$$C_K(A) = {}^tG(A - AQ({}^tQAQ)^{-t}QA)G.$$

Démonstration. Soit **Z** un vecteur aléatoire à valeurs dans $(\mathbb{R}^p, \mathcal{B}_{\mathbb{R}^p})$ tel que
$$\mathbb{E}Z = {}^tK\gamma,\ \gamma \in \mathbb{R}^q \ \&\ \mathrm{rg}K = q, \text{ et } \mathrm{Cov}Z = A.$$

L'estimateur linéaire ${}^tGZ$ de γ est sans biais si et seulement si G est inverse à droite de K. En effet
$$\mathbb{E}{}^tGZ = \gamma,\ \forall\ \gamma \Leftrightarrow {}^tG{}^tK = I_q.$$
Soit $\mathcal{A}$ la classe des estimateurs linéaires sans biais de γ, alors
$${}^tGZ \in \mathcal{A} \Leftrightarrow G \in \mathcal{ID}(K).$$

D'après le théorème 2.4, ${}^tGZ$ est, dans la classe $\mathcal{A}$, un opérateur de covariance minimal pour l'ordre de Loewner si et seulement si
$${}^tGAQ = 0,\ \forall {}^tQZ \in \mathcal{A}_0,$$
où $\mathcal{A}_0$ désigne la classe des estimateurs linéaires sans biais de 0.

Or
$$\mathbb{E}{}^tQZ = 0\ \forall\ \gamma \Leftrightarrow KQ = 0 \Leftrightarrow \mathrm{Im}Q \subseteq \mathrm{Ker}K.$$
Pour que ${}^tGZ$ ait un opérateur de covariance minimal dans $\mathcal{A}$ il suffit donc que ${}^tGAQ = 0$ avec Q projecteur orthogonal de $\mathbb{R}^p$ sur KerK.

Considérons alors $G \in \mathcal{ID}(K)$ et Q un projecteur fixé de $\mathbb{R}^p$ sur KerK.

Soit
$$G_0 = (I - Q({}^tQAQ)^{-t}QA)G.$$
On a, d'une part,
$$KG_0 = I_q \text{ car } KQ = 0 \text{ et } KG = I_q,$$
et, d'autre part,
$${}^tG_0AQ = {}^tG(I - AQ({}^tQAQ)^{-t}Q)AQ = 0$$
car ${}^tQAQ({}^tQAQ)^{-}$ est un projecteur sur $\mathrm{Im}{}^tQAQ = \mathrm{Im}{}^tQA$. D'après ce qui précède, on a donc pour estimateur de γ d'opérateur de covariance minimal dans $\mathcal{A}$: ${}^tG_0Z$, en d'autres termes on a
$${}^tG_0AG_0 = \mathrm{Min}\{{}^tGAG \mid G \in \mathcal{ID}(K)\}$$
puisque $\mathrm{Cov}{}^tGZ = {}^tGAG$. Mais
$$\begin{aligned} {}^tG_0AG_0 &= {}^tG(I - AQ({}^tQAQ)^{-t}Q)A(I - Q({}^tQAQ)^{-t}QA)G \\ &= {}^tG(A - AQ({}^tQAQ)^{-t}QA)G \text{ car } {}^tQAQ({}^tQAQ)^{-t}QA = {}^tQA.\square \end{aligned}$$

Le théorème 3.2 sert tout particulièrement à préciser plusieurs propriétés des matrices d'information. Tout d'abord, il y a un lien étroit entre matrices d'information et opérateurs de covariance des estimateurs de Gauss-Markov.

Proposition 3.3. *Soit un plan adapté à l'estimation de* $K\beta$ *de matrice du modèle* X. *Alors*

$$\mathrm{Cov}\ K\hat{\beta} = \sigma^2 C_K({}^tXX)^{-1},\ \textit{i.e.}\ C_K({}^tXX) = (K({}^tXX)^{-t}K)^{-1}.$$

Démonstration. Soit $A={}^tXX$. Considérons $G=A^{-t}K(KA^{-t}K)^{-1}$. Alors $G\in\mathcal{ID}(K)$ et ${}^tGAG = (KA^tK)^{-1}$. De plus, pour tout projecteur Q de $\mathbb{R}^p$ sur KerK, on a ${}^tGAQ=0$. En effet, KerX ⊆ KerK car $K\beta$ est estimable et A^-A est un projecteur de noyau KerX. D'après le théorème 3.2 on a donc

$$C_K(A) = (KA^{-t}K)^{-1}.\square$$

Corollaire. *Soit deux plans d'expérience de même taille,* n, *adaptés à l'estimation de* $K\beta$.

Considérons l'équation normale obtenue au moyen du ième plan, notons M_i *la matrice de ses coefficients et* $\hat{\beta}^i$ *une de ses solutions.*

Alors, pour l'ordre de Loewner,

$$C_K(M_1) \geq C_K(M_2) \Leftrightarrow \mathrm{Cov}\ K\hat{\beta}^1 \leq \mathrm{Cov}\ K\hat{\beta}^2.$$

Exemple 1 (suite). Nous allons utiliser les matrices d'information pour retrouver un résultat sur l'organisation optimale des pesées au moyen d'une balance à deux plateaux. Cette propriété est prouvée par MORIGUTI [1954] en utilisant une autre voie (inégalité de Schwarz), voir RAGHAVARAO [1971 §17.3].

Pour un nombre n fixé de pesées nous devons montrer qu'on obtient les plus petites variances pour les estimateurs de Gauss-Markov des poids individuels et du défaut de zéro quand on utilise un plan dont la matrice du modèle X vérifie ${}^tXX = nI$, s'il existe. Par commodité traitons le défaut de zéro comme le poids d'un objet repéré par j=0.

Soit *d* un plan de pesées de taille n et de matrice du modèle X. Pour toute matrice surjective K, notons C_K la matrice d'information apportée par *d* sur $K\beta$.

Supposons $K{}^tK=I$, c'est-à-dire ${}^tK\in\mathcal{ID}(K)$. On a donc pour projecteur orthogonal de $\mathbb{R}^p$ sur KerK : $Q = I-{}^tKK$. D'après le théorème 2.4, on a alors pour l'ordre de Loewner,

$$K{}^tXX{}^tK \geq C_K,$$

avec égalité si et seulement si

$$K{}^tXX(I - {}^tKK) = 0.$$

Si $K\beta$ est le poids du jème objet $I-{}^tKK$ est diagonale, ses éléments diagonaux sont égaux à 1 à l'exception du jème qui est nul. On a donc

$$K{}^tXX{}^tK = C_K$$

si et seulement si la jème colonne de X est orthogonale à toutes les autres colonnes. De plus, comme X est à éléments 0, 1 ou -1, on a

$$n \geq K{}^tXX{}^tK \geq C_K,\ \forall j,$$

avec égalité pour $j=0,1,\cdots,m$ si et seulement si ${}^tXX = nI_{m+1}$.

Supposons alors qu'il existe un plan d^* tel que ${}^t XX = nI$. Soit $\hat{\tau}^*_j$ l'estimateur de Gauss-Markov de τ_j obtenu grace à ce plan. Notons par ailleurs $\hat{\tau}_j$ l'estimateur de Gauss-Markov de ce paramètre obtenu au moyen d'un quelconque plan adapté. D'après la proposition 3.3, on a

$$\operatorname{Var} \hat{\tau}^*_j = \frac{\sigma^2}{n} \leq \operatorname{Var} \hat{\tau}_j, \ \forall j.$$

Le plan d^* est donc optimal pour l'estimation conjointe des poids individuels et du défaut de zéro.□

Supposons maintenant qu'aucune combinaison linéaire des éléments de $K\beta$ ne soit estimable par un plan donné, c'est-à-dire que $\operatorname{Im}{}^tK$ et $\operatorname{Im}A$, où $A = {}^tXX$, aient une intersection nulle, on a alors la propriété suivante.

Proposition 3.4. *Toute matrice d'information* $C_K(A)$ *est nulle si*

$$\operatorname{Im}{}^tK \cap \operatorname{Im}A = \{0\}.$$

Démonstration. Utilisons le théorème 3.2 pour démontrer ce résultat.

Remarquons tout d'abord que

$$\operatorname{Im}Q = \operatorname{Ker}K \Leftrightarrow \operatorname{Ker}{}^tQ = \operatorname{Im}Q^{\perp} = \operatorname{Ker}K^{\perp} = \operatorname{Im}{}^tK.$$

Supposons $\operatorname{Im}{}^tK \cap \operatorname{Im}A = \{0\}$. Alors la restriction de ${}^tQ$ à $\operatorname{Im}A$ est injective, notons ${}^tQ_{|\operatorname{Im}A}$ cette application.

Or, par définition des inverses généralisés, on a

$${}^tQAQ = {}^tQAQ\ ({}^tQAQ)^{-}\,{}^tQAQ.$$

D'où, en prémultipliant par un inverse à gauche de ${}^tQ_{|\operatorname{Im}A}$,

$$AQ = AQ\ ({}^tQAQ)^{-}\,{}^tQAQ,$$

puis, par symétrie,

$$A = A\ Q({}^tQAQ)^{-}\,{}^tQ\ A.$$

(Lorsque $\operatorname{Im}{}^tK \cap \operatorname{Im}A = \{0\}$, $Q({}^tQAQ)^{-}\,{}^tQ$ est donc g-inverse de A.)

Par conséquent, on a alors

$$C_K(A) = {}^tG(A - AQ({}^tQAQ)^{-}\,{}^tQA)G = 0.\square$$

En fait cette propriété est la conséquence immédiate d'un résultat général concernant le rang des matrices d'information.

Théorème 3.5. PUKELSHEIM [1993 § 3.15].

Pour toute matrice d'information on a $\operatorname{rg} C_K(A) = \dim(\operatorname{Im}A \cap \operatorname{Im}{}^tK)$.

Ainsi $\operatorname{rg} C_K(A) = q$, nombre des lignes de K, $\Leftrightarrow \operatorname{Im}{}^tK \subseteq \operatorname{Im}A$.

Corollaire. *La matrice d'information apportée par un plan sur une fonction paramétrique est définie positive si et seulement si cette fonction est estimable par le plan considéré.*

On connait une autre expression des matrices d'information.

Proposition 3.6. GAFFKE et PUKELSHEIM [1988].

Toute matrice d'information vérifie

$$C_K(A) = \lim_{\varepsilon \to 0+} ({}^{t}K(A + \varepsilon I_p)^{-1}\,{}^{t}K)^{-1}.$$

Que $K\beta$ soit estimable ou non, la matrice d'information apportée par un plan s'obtient donc comme limite d'une suite de matrices régulières fonctions de K et des coefficients de l'équation normale.

L'étude de l'efficacité de plans adaptés à l'estimation de $K\beta$, ou la recherche de plans optimaux (pour l'estimation de cette fonction) dans un classe donnée de plans, repose en général sur les propriétés suivantes de l'application C_K.

Proposition 3.7. PUKELSHEIM [1993 § 3.13].

Notons $\geq$ *l'ordre de Loewner entre matrices carrées d'ordre fixé, définies non-négatives. Soit* K *une matrice d'ordre* q×p *et de rang* q.

Pour toutes matrices A *et* B *carrées d'ordre* p, *définies non-négatives, l'application* C_K *a les propriétés suivantes :*

(i) $A \geq B \Rightarrow C_K(A) \geq C_K(B)$ *(isotonie),*

(ii) $C_K(\delta A) = \delta C_K(A)\ \forall\ \delta>0$ *(homogénéité),*

(iii) $C_K(\alpha A+(1-\alpha)B) \geq \alpha C_K(A)+(1-\alpha)C_K(B)\ \forall\ \alpha\in[0,1]$ *(concavité).*

Supposons maintenant que $\mathbb{E}Y=X_0\beta_0+ X_1\beta_1$ où β_0 est un paramètre de nuisance et X_1 est d'ordre n×q. Considérons une fonction paramétrique linéaire $H\beta_1= H(0|I_q)\beta$ avec H d'ordre r×q et de rang r. On peut alors utiliser la propriété suivante pour le calcul de la matrice d'information sur $H\beta_1$.

Proposition 3.8. *Soit les matrices surjectives* H, *d'ordre* r×q, *et* K, *d'ordre* q×p.

Pour toute matrice carrée A *d'ordre* p *définie non-négative, on a*

$$C_{HK}(A) = C_H(C_K(A)).$$

Démonstration. Si $H^-\in\mathcal{ID}(H)$ et $K^-\in\mathcal{ID}(K)$, K^-H^- est inverse à droite de HK. Or, d'après le théorème 3.2, on a

$$C_{HK}(A) = {}^{t}H^{-}\,{}^{t}K^{-}(A - AQ({}^{t}QAQ)^{-}\,{}^{t}QA)K^{-}H^{-} = {}^{t}H^{-}C_K(A)H^{-}.$$

D'où $\quad C_{HK}(A) \geq C_H(C_K(A))$.

Inversement $\quad C_{HK}(A) \leq {}^{t}H^{-}\,{}^{t}K^{-}A\,K^{-}H^{-},\ \forall\ K^{-}\in\mathcal{ID}(K)$ et $\forall\ H^{-}\in\mathcal{ID}(H)$,

$$\Rightarrow C_{HK}(A) \leq {}^tH^-C_K(A)H^-, \ \forall\ H^- \in \mathcal{GD}(H),$$
$$\Rightarrow C_{HK}(A) \leq C_H(C_K(A)).$$

Par conséquent $C_{HK}(A) = C_H(C_K(A))$.□

Soit $K = (0|I_q)$. $G = {}^tK$ est inverse à droite de K et $Q = I-{}^tKK$ est le projecteur orthogonal de $\mathbb{R}^p$ sur KerK. Considérons $A = {}^tXX$. D'après le théorème 3.2, on a donc

$$C_K(A) = K(A - AQ(QAQ)^-QA){}^tK.$$

Or $QAQ = {}^tX_0X_0$, $QA{}^tK = {}^tX_0X_1$ et $KA{}^tK = {}^tX_1X_1$. D'où

$$C_K(A) = {}^tX_1(I - X_0({}^tX_0X_0)^{-t}X_0)X_1.$$

La matrice d'information pour $K\beta$ est donc égale à la matrice C des coefficients de l'équation normale réduite (par élimination de $\hat{\beta}_0$). Quant à la matrice d'information pour $H\beta_1$ elle s'écrit,

$$C_{HK}({}^tXX) = C_H(C).$$

d'après la proposition 3.8,

De plus si $H\beta_1$ est estimable on a, d'après la proposition 3.3,

$$\text{Cov } H\hat{\beta}_1 = \sigma^2[C_{HK}({}^tXX)]^{-1} = \sigma^2[C_H(C)]^{-1}.$$

Exemple 2 (suite). Utilisons les propositions 3.6 et 3.8 pour montrer que le plan 2.2 apporte une information nulle sur le poids de chacun des objets.

On a ici, après élimination de $\hat{\beta}_0$ de l'équation normale,

$$C = {}^tX_1Q\ X_1 = \frac{b}{2}\ J_m.$$

Pour $\varepsilon \neq 0$ $C+\varepsilon I$ est donc une matrice régulière et complètement symétrique, aussi a-t-on

$$(C+\varepsilon I)^{-1} = \varepsilon^{-1}(I - \frac{b}{2\varepsilon+mb}\ J).$$

Considérons la fonction paramétrique $K\beta = \tau_j$, $j \in \{1,\cdots,m\}$. Soit H le vecteur ligne, d'ordre m, à éléments nuls sauf le jème qui est égal à 1. Comme $H(C+\varepsilon I)^{-1t}H$ est le jème élément diagonal de $(C+\varepsilon I)^{-1}$, on a

$$(H(C+\varepsilon I)^{-1t}H)^{-1} = \frac{\varepsilon(2\varepsilon+mb)}{2\varepsilon+b(m-1)}.$$

Par conséquent

$$C_H(C) = \lim_{\varepsilon \to 0+} (H(C+\varepsilon I)^{-1t}H)^{-1} = 0.$$

Mais $C_K({}^tXX) = C_H(C)$ d'après la proposition 3.8.

Ainsi l'information apportée par le plan 2.2 sur le poids de chaque objet, τ_j, est bien nulle.□

4. ORTHOGONALITÉ ET ÉQUILIBRE

Nous considérons ici des classes de fonctions paramétriques qui constituent des sous-espaces de formes linéaires sur $\mathbb{R}^p$ (non réduits au nul). $\mathbb{R}^p$ étant identifié à son dual au moyen du produit scalaire usuel, nous supposons ces sous-espaces, notés $F_1,\cdots,F_q$, orthogonaux.

Nous appelons forme normée tout $k^*\in \mathbb{R}^{p^*}$ tel que $\|k^*\| = 1$, formes orthonormées toute famille de formes normées deux à deux orthogonales Nous utilisons ici les notations suivantes pour désigner tout élément de chacun de ces sous-espaces

$$k^*_i\in F_i \iff k^*_i[\beta] = K_i\beta \text{ avec } K_i \text{ matrice ligne.}$$

Si cette fonction paramétrique est estimable nous notons donc son estimateur de Gauss-Markov $k^*_i[\hat{\beta}] = K_i\hat{\beta}$.

4.1. Plans orthogonaux.

Pour organiser des expériences on a fréquemment recours dans la pratique à des plans dits *orthogonaux*. Nous proposons ici pour cette orthogonalité la définition suivante qui regroupe nombre des critères introduits précédemment.

Définition 4.1. *Soit des sous-espaces orthogonaux de* $\mathbb{R}^{p^*}$ *représentant* q *classes de fonctions paramétriques:* F_i, i=1,⋯,q.

Un plan est dit orthogonal pour l'estimation de $(F_1,\cdots,F_q)$, *quand*

1) toute forme linéaire appartenant à l'un des F_i *est estimable,*

2) $k^*_i\in F_i$ et $k^*_j\in F_j$ *avec* $i\neq j$ $\Rightarrow$ $\mathrm{Cov}(k^*_i[\hat{\beta}],\ k^*_j[\hat{\beta}]) = 0$.

Dans ce cas on dit encore que les éléments de $(F_1,\cdots,F_q)$ *sont orthogonalement estimables.*

L'important ici c'est d'obtenir des propriétés caractéristiques des matrices d'informations des plans orthogonaux afin d'en étudier l'existence puis de les construire. Dans bien des cas ces propriétés caractéristiques sont des conséquences du théorème général démontré ci-dessous en utilisant le lemme suivant.

Lemme 4.2. *Soit* $V_0,V_1,\cdots,V_q$ *des sous-espaces de* $\mathbb{R}^n$ *tels que* $\cap_{j=1}^q \bar{V}_i=V_0$, *où* $\bar{V}_i = \Sigma^q_{j=1,j\neq i}V_j$ *pour* i=1,⋯,q. *Notons* $V = \Sigma_i V_i$.

Les trois assertions suivantes sont équivalentes.

$$(i)\quad V \cap V_0^{\perp} = \overset{\perp}{\oplus}{}_{i=1}^{q}\ V_i \cap V_0^{\perp},$$

$$(ii)\quad V \cap V_0^{\perp} = \overset{\perp}{\oplus}{}_{i=1}^{q}\ \bar{V}_i^{\perp} \cap V,$$

$$(iii)\quad V_i\cap V_0^{\perp} = \bar{V}_i^{\perp} \cap V \text{ pour } i=1,\cdots,q.$$

Démonstration. On a tout d'abord les relations suivantes :

1) $\mathcal{V} = \Sigma_i \mathcal{V}_i \Rightarrow \mathcal{V} \cap \mathcal{V}_0^\perp = \Sigma_{i=1}^q \mathcal{V}_i \cap \mathcal{V}_0^\perp$ (a)

2) $\bigcap_{i=1}^q \bar{\mathcal{V}}_i = \mathcal{V}_0 \Rightarrow \mathcal{V}_0^\perp = \Sigma_{i=1}^q \bar{\mathcal{V}}_i^\perp \Rightarrow \mathcal{V} \cap \mathcal{V}_0^\perp = \Sigma_{i=1}^q \bar{\mathcal{V}}_i^\perp \cap \mathcal{V}$ (b)

3) $\mathcal{V}_i \cap \mathcal{V}_0^\perp \subseteq \mathcal{V}_i \subseteq \bar{\mathcal{V}}_j \subset \bar{\mathcal{V}}_j + \mathcal{V}^\perp$ $\forall j\neq i$, i et $j\geq 1$.

D'où pour $i\neq 0$, d'une part,

$$\mathcal{V}_i \cap \mathcal{V}_0^\perp \subseteq \bigcap_{j\neq i} \bar{\mathcal{V}}_j + \mathcal{V}^\perp = (\Sigma_{j\neq i}(\bar{\mathcal{V}}_j + \mathcal{V}^\perp)^\perp)^\perp \text{ et } (\bar{\mathcal{V}}_j + \mathcal{V}^\perp)^\perp = \bar{\mathcal{V}}_j^\perp \cap \mathcal{V}$$

$$\Rightarrow \mathcal{V}_i \cap \mathcal{V}_0^\perp \subseteq (\Sigma_{j\neq i} \bar{\mathcal{V}}_j^\perp \cap \mathcal{V})^\perp, \quad \text{(c)}$$

d'autre part, $\Sigma_{j\neq i} \mathcal{V}_j \cap \mathcal{V}_0^\perp \subseteq \bar{\mathcal{V}}_i + \mathcal{V}^\perp$ et $\bar{\mathcal{V}}_i^\perp \cap \mathcal{V} = (\bar{\mathcal{V}}_i + \mathcal{V}^\perp)^\perp$

$$\Rightarrow \bar{\mathcal{V}}_i^\perp \cap \mathcal{V} \subseteq (\Sigma_{j\neq i} \mathcal{V}_j \cap \mathcal{V}_0^\perp)^\perp \quad \text{(d)}$$

Montrons alors que *(i)* ⇒ *(iii)* ⇒ *(ii)* ⇒ *(i)*.

(i)⇒(iii) Supposons (a) somme directe orthogonale. Alors d'après (d)

$$\bar{\mathcal{V}}_i^\perp \cap \mathcal{V} \subseteq \mathcal{V}_i \cap \mathcal{V}_0^\perp$$

Si l'inclusion est stricte pour au moins un i, alors

$$\text{(a) et (b)} \Rightarrow \mathcal{V} \cap \mathcal{V}_0^\perp = \Sigma_i \bar{\mathcal{V}}_i^\perp \cap \mathcal{V} \subset \Sigma_i \mathcal{V}_i \cap \mathcal{V}_0^\perp = \mathcal{V} \cap \mathcal{V}_0^\perp$$

ce qui est impossible. Donc

$$\bar{\mathcal{V}}_i^\perp \cap \mathcal{V} = \mathcal{V}_i \cap \mathcal{V}_0^\perp, \ \forall i.$$

(iii)⇒(ii) Si cette dernière relation est vérifiée, on a d'après (c)

$$\bar{\mathcal{V}}_i^\perp \cap \mathcal{V} \subseteq (\Sigma_{j\neq i} \bar{\mathcal{V}}_j^\perp \cap \mathcal{V})^\perp.$$

Mais alors (b) est nécessairement une somme directe orthogonale.

(ii)⇒(i) Supposons que (b) soit une somme directe orthogonale. Alors on montre comme précédemment mais en utilisant (c) que

$$\bar{\mathcal{V}}_i^\perp \cap \mathcal{V} = \mathcal{V}_i \cap \mathcal{V}_0^\perp, \forall i.$$

Donc (a) est somme directe orthogonale puisque (b) l'est.□

Théorème 4.3. *Considérons un modèle linéaire où*

$$\mathbb{E}Y = X_1\beta_1 + \cdots + X_q\beta_q \text{ et } \operatorname{Cov} Y = \sigma^2 I.$$

Pour $i=1,\cdots,q$, *posons* $\mathcal{V}_i = \operatorname{Im}X_i$, $\bar{\mathcal{V}}_i = \Sigma_{j\neq i}\mathcal{V}_j$ *et* $\mathcal{V}_0 = \bigcap_{j=1}^q \bar{\mathcal{V}}_j$. *Supposons* $\bar{\mathcal{V}}_i \supset \mathcal{V}_i$, $\forall i$.

Pour $i=1,\cdots,q$ *soit* F_i *l'espace des formes linéaires qui dépendent de* β_i *et sont estimables. Pour que le plan d'expérience utilisé soit orthogonal pour l'estimation de* $(F_1,\cdots,F_q)$ *il faut et suffit que*

$${}^tX_i(I-P_0)\,X_j = 0, \ \forall j\neq i,$$

où P_0 *est le projecteur orthogonal de* $\mathbb{R}^n$ *sur* $\mathcal{V}_0$.

Démonstration. Soit $\bar{P}_i$ le projecteur othogonal sur $\bar{V}_i$.

$$k_i^*[\beta] = K_i\beta_i \text{ estimable} \Leftrightarrow \exists\, A_i \text{ telle que } K_i = A_i(I-\bar{P}_i)X_i.$$

En effet ${}^tX_i(I-\bar{P}_i)X_i$ est la matrice des coefficients de l'équation normale réduite après élimination des $\hat{\beta}_j$ $\forall j\neq i$. Alors

$$K_i\hat{\beta}_i = A_i(I-\bar{P}_i)X_i[{}^tX_i(I-\bar{P}_i)X_i]^{-t}X_i(I-\bar{P}_i)Y = A_iQ_iY$$

où Q_i est le projecteur orthogonal sur $\mathrm{Im}(I-\bar{P}_i)X_i$.

Ainsi, pour tout couple (k_i^*,k_j^*), $k_i^*\in F_i$ et $k_j^*\in F_j$ avec $j\neq i$, on a

$$\mathrm{Cov}(k_i^*[\hat{\beta}],k_j^*[\hat{\beta}]) = \sigma^2A_iQ_iQ_j{}^tA_j$$

car $\mathrm{Cov}\, \mathbf{Y} = \sigma^2I$.

$F_1,\cdots,F_q$ sont orthogonalement estimables si et seulement si cette covariance est nulle quelles que soient les matrices lignes A_i et A_j pour tout $i\neq j$. Pour qu'il en soit ainsi il faut et suffit que $\mathrm{Im}Q_i$ et $\mathrm{Im}Q_j$ soient orthogonales pour tout $i\neq j$. Or

$$\mathrm{Im}Q_i = \mathrm{Im}(I-\bar{P}_i)X_i = \mathrm{Im}(I-\bar{P}_i)X \text{ puisque } \mathrm{Im}\bar{P}_i = \Sigma_{j\neq i}\mathrm{Im}X_j$$
$$= \mathrm{Im}_{I-\bar{P}_i}[\bar{V}_i \overset{\perp}{\oplus} \bar{V}_i^{\perp} \cap V] = \bar{V}_i^{\perp} \cap V$$

car $\bar{V}_i \subseteq V \Rightarrow V = \mathrm{Im}X = \bar{V}_i \overset{\perp}{\oplus} \bar{V}_i^{\perp} \cap V$ et $\mathrm{Im}\,\bar{P}_i = \bar{V}_i$.

Alors, d'après le lemme 4.2, le plan est orthogonal si et seulement si les $V_i \cap V_0^{\perp}$ sont orthogonaux. Mais

$$\mathrm{Im}(I-P_0)X_i = \mathrm{Im}_{I-P_0}[V_0 \overset{\perp}{\oplus} V_0^{\perp} \cap V_i] = V_0^{\perp} \cap V_i \text{ car } V_0 = \mathrm{Im}P_0.$$

Par conséquent le plan est orthogonal si et seulement si

$${}^tX_i(I-P_0)X_j = 0 \text{ pour tout } i\neq j. \square$$

Remarques. 1) La condition $\bar{V}_i \supset V_i$ $\forall i$, qui apparait dans l'énoncé du théorème 4.3, équivaut à F_i non vide $\forall i$.

2) Le théorème 4.3 reste inchangé quand on pose

$$\mathbb{E}Y = X_0\beta_0 + \Sigma_{i=1}^q X_i\beta_i \text{ , avec } \mathrm{Im}\, X_0 \subseteq V_0.$$

Dans ce cas on a en effet $\mathrm{Im}\, X_0 + \bar{V}_i = \bar{V}_i$ puisque $V_0 = \cap_{i=1}^q \bar{V}_i$.

Corollaire. *Supposons* $\mathbb{E}Y = X_0\beta_0 + X_1\beta_1 + \cdots + X_q\beta_q$, *avec* β_0 *paramètre de nuisance. Pour* $i=1,\cdots,q$, *soit* F_i *l'ensemble des combinaisons linéaires des composantes de* β_i.

Pour que le plan soit orthogonal pour l'estimation de $(F_1,\cdots,F_q)$ *il faut et suffit que l'équation normale réduite par élimination de* $\hat{\beta}_0$ *se fractionne en q équations d'inconnues* $\hat{\beta}_1,\cdots,\hat{\beta}_q$ *et de matrices des coefficients* $C_1,\cdots,C_q$*, régulières.*

Démonstration. Pour que toute forme linéaire appartenant à chacun des F_i soit estimable il faut que les $V_i=\mathrm{Im}X_i$, $i=0,1,\cdots,q$, vérifient

$$V_i \cap V_j = 0 \quad \forall j\neq i.$$

Dans ce cas
$$C_i = {}^tX_i(I-P_0)X_i,$$
avec P_0 projecteur orthogonal sur V_0, est régulière.

Par ailleurs, on a alors $\cap_{i=1}^{q}\bar{V}_i = V_0$. D'après le théorème 4.3, le plan est donc orthogonal si

$${}^tX_i(I-P_0)X_j = 0, \ \forall j\neq i.$$

Ainsi on a $C = \mathrm{Diag}(C_i \mid i=1,\cdots,q)$ avec C_i régulière $\forall i$.

Inversement, supposons que la matrice des coefficients de l'équation normale réduite a cette forme. Elle est alors régulière et donc tout $k_i^*[\beta]$ est estimable $\forall i$. De plus,

$$\mathrm{Cov}(k_i^*[\hat{\beta}],k_j^*[\hat{\beta}]) = 0, \ \forall \ j\neq i,$$

car C est diagonale par blocs. Le plan est donc orthogonal d'après le théorème 4.3.□

Remarque. Soit C la matrice d'information apportée par le plan sur $(\beta_1,\cdots,\beta_q)$. Le plan est donc orthogonal si et seulement si

$$C = \mathrm{diag}(C_1,\cdots,C_q),$$

où C_i désigne la matrice d'information sur β_i.

Exemple. Revenons aux pesées avec balance à un plateau. On analyse ici les n pesées observées au moyen du modèle de Gauss- Markov où

$$\mathbb{E}\mathbf{Y} = \beta_0\mathbb{1} + D\,\beta_1 \text{ et } \mathrm{Cov}\mathbf{Y} = \sigma^2 I_n,$$

avec β_0 défaut de zéro de la balance donc paramètre de nuisance,

$\beta_1={}^t(\tau_1,\cdots,\tau_m)$ où τ_j est le poids du jème objet,

D matrice à éléments (repérés par les indices i et j) égaux à 1 ou 0 selon que le jème objet intervient ou non lors de la ième pesée. Soit β le vecteur colonne formé de β_0 et β_1 et $X=(X_0|D)$, où $X_0=\mathbb{1}$.

X, la matrice de ce modèle, est d'ordre n×p avec p=m+1. Supposons cette matrice régulière. Tous les poids τ_j sont alors estimables.

Déterminons dans quelle condition un plan de pesée est orthogonal pour l'estimation de $(F_1,\cdots,F_m)$ avec $F_j\subset \mathbb{R}^{p^*}$ sous-espace engendré par $k_j^*[\beta] = \tau_j$.

D'après le théorème 4.3, ce plan de pesée est orthogonal si et seulement si

$$ {}^{t}D(I - n^{-1}\,\mathbb{1}\,{}^{t}\mathbb{1})D = 0. $$

puisque tous les τ_j sont estimables par hypothèse.

Précisons cette condition d'orthogonalité. Considérons un couple d'objets $(j,k) \in \{1,\cdots,m\}^2$: $k \neq j$. Notons

$$ n_{11} (\text{resp.} n_{00}) $$

le nombre de pesées où interviennent les objets j et k (resp. où j et k sont tous deux absents), soit de plus

$$ n_{10} \ (\text{resp.} n_{01}) $$

le nombre de pesées impliquant j mais pas k (resp. k mais pas j). La condition d'orthogonalité est satisfaite si et seulement si, quel que soit le couple (j,k), on a,

$$ n \times n_{11} = (n_{01} + n_{11}) \times (n_{10} + n_{11}) \iff n_{11} \times n_{00} = n_{01} \times n_{10}. $$

Envisageons par exemple le cas où les poids de m=7 objets sont à estimer au moyen de n=9 pesées. Considérons les deux plans suivants pour lesquels

$$ D = \left(\frac{D_0}{D_1} \right) \quad \text{avec } D_0 \text{ bloc nul d'ordre } 2 \times 7. $$

Dans les deux cas deux pesées sont faites sans objet sur le plateau de la balance. Ces deux pesées servent à estimer le paramètre σ^2. En effet on obtient un estimateur sans biais de $2\sigma^2$ en formant la différence des deux observations de la réponse : $(Y_1 - Y_2)^2$.

Supposons tout d'abord

$$ D_1 = \text{Circ}(1,1,0,1,0,0,0). $$

(On désigne ainsi une *matrice circulante*, c'est-à-dire une matrice carrée dont les lignes sont obtenues par permutations circulaires de la première qui est ici précisée entre parenthèses). Pour tout couple (j,k) on a ici $\quad n_{11} = 1,\ n_{01} = n_{10} = 2,\ n_{00} = 4.$

Ce plan est donc orthogonal et tel que Cov $\hat{\tau} = (\sigma^2/2)\ I_7$.

Considérons maintenant le plan où

$$ D_1 = \text{Circ}(0,0,1,0,1,1,1) \Rightarrow n_{11} = 2,\ n_{01} = n_{10} = 2,\ n_{00} = 3,\ \forall (j,k). $$

Ce plan n'est pas orthogonal. On a en fait ici

$$ {}^{t}D(I - \frac{1}{n}\,\mathbb{1}\,{}^{t}\mathbb{1})D = (2/9)\ (9I_7 + \mathbb{1}\,{}^{t}\mathbb{1}) \Rightarrow \text{Cov } \hat{\tau} = (\sigma^2/2)\ (I_7 - \frac{1}{16}\,\mathbb{1}\,{}^{t}\mathbb{1}). $$

Ce deuxième plan nous donne donc des variances plus faibles pour les estimateurs des poids individuels. Mais ces estimateurs sont corrélés. Cependant ces corrélations sont faibles, elles sont de -1/15.

4.2. Plans équilibrés.

Supposons tout d'abord que nous ne nous intéressions qu'à une classe de fonctions paramétriques: $F \in \mathbb{R}^q$. La définition suivante est une extension du critère d'*équilibre quant à la variance* des plans à un seul facteur qualitatif.

Définition 4.4. *On dit qu'un plan est équilibré pour l'estimation des fonctions paramétriques appartenant à un espace donné, F, de formes linéaires (ou plus brièvement pour l'estimation de F) si*

1) *toute forme de F est estimable,*

2) *les estimateurs de Gauss-Markov des formes normées de F ont mêmes variances.*

Proposition 4.5. *Un plan est équilibré pour l'estimation de F si et seulement si*

1) *toutes les formes de F sont estimables,*

2) *les estimateurs de Gauss-Markov de tout couple de formes orthogonales sont non corrélés.*

Démonstration.

Condition nécessaire. Soit k_1^* et k_2^* deux formes orthonormées de F, puis

$$\begin{cases} k_3^* = ak_1^* + bk_2^* \\ k_4^* = ak_1^* - bk_2^* \end{cases} \quad \text{avec } a \neq 0,\ b \neq 0 \text{ et } a^2+b^2=1.$$

Les formes k_3^* et k_4^* sont donc normées.

Alors, si les $k_i^*[\hat{\beta}]$, où $k_i^* \in F$: $\|k_i^*\|=1$, ont mêmes variances, on a

$$\begin{aligned} \mathrm{Var}k_3^*[\hat{\beta}] &= a^2\mathrm{Var}k_1^*[\hat{\beta}] + b^2\mathrm{Var}k_2^*[\hat{\beta}] + 2ab\ \mathrm{Cov}(k_1^*[\hat{\beta}],k_2^*[\hat{\beta}]) \\ &= \mathrm{Var}k_4^*[\hat{\beta}] = a^2\mathrm{Var}k_1^*[\hat{\beta}] + b^2\mathrm{Var}k_2^*[\hat{\beta}] - 2ab\ \mathrm{Cov}(k_1^*[\hat{\beta}],k_2^*[\hat{\beta}]). \end{aligned}$$

Ainsi $\mathrm{Cov}(k_1^*[\hat{\beta}],\ k_2^*[\hat{\beta}]) = 0$.

Condition suffisante. Pour la réciproque raisonnons par récurrence.

Supposons $k_3^*[\hat{\beta}]$ et $k_4^*[\hat{\beta}]$ non corrélés avec k_3^* et k_4^* orthonormées.

Soient
$$k_1^* = \frac{\sqrt{2}}{2}k_3^* + \frac{\sqrt{2}}{2}k_4^* \text{ et } k_2^* = \frac{\sqrt{2}}{2}k_3^* - \frac{\sqrt{2}}{2}k_4^*.$$

k_1^* et k_2^* sont orthonormées et on a

$$\mathrm{Var}k_1^*[\hat{\beta}] = \mathrm{Var}k_2^*[\hat{\beta}] = 1/2(\mathrm{Var}k_3^*[\hat{\beta}] + \mathrm{Var}k_4^*[\hat{\beta}]).$$

$k_1^*[\hat{\beta}]$ et $k_2^*[\hat{\beta}]$ sont non corrélés par hypothèse, on a donc

$$\mathrm{Var}k^*[\hat{\beta}] = \mathrm{Var}k_1^*[\hat{\beta}],\ \forall k^* = ak_1^* + bk_2^* : a\neq 0,\ b\neq 0\ \&\ a^2+b^2=1.$$

Ainsi les estimateurs de Gauss-Markov des formes normées appartenant à l'espace engendré par k_1^* et k_2^* ont mêmes variances.

Soit F' un sous-espace strict de F. Supposons les formes normées de F' estimées avec la même variance. Soit les formes normées

$$k_3^* \in F' \text{ et } k_4^* \in F : k_4^* \perp F'.$$

Par hypothèse,
$$\mathrm{Cov}(k_3^*[\hat{\beta}],k_4^*[\hat{\beta}]) = 0.$$

Par un raisonnement analogue à celui suivi ci-dessus, On montre alors que les formes normées de $F' \oplus [k_4^*]$ sont estimées avec la même variance

Par récurrence, on en déduit que toutes les formes normées de F sont estimées avec la même variance.□

Intéressons nous maintenant à l'estimation de plusieurs classes de fonctions paramétriques. La définition de l'équilibre proposée ci-dessous s'inspire du critère d'*équilibre factoriel* introduit par SHAH [1960] pour les plans factoriels complets en blocs.

Définition 4.6. *Soit une famille de* q *sous-espaces orthogonaux de fonctions paramétriques* $F_1,\cdots,F_q$.

On dit qu'un plan d'expérience est équilibré pour l'estimation de cette famille si

1) *le plan est orthogonal pour l'estimation de* $(F_1,\cdots,F_q)$,

2) *le plan est équilibré pour l'estimation de chacun des* F_i.

Remarque. Les variances des estimateurs de Gauss-Markov des formes normées des F_i dépendent en général de i.

Pour préciser dans quelle condition un plan est équilibré au sens de la définition 4.6 nous allons utiliser une propriété des pseudo-inverses de matrices symétriques (voir Déf.2.5 & Prop.2.6).

Lemme 4.7. *Soit* A *une matrice symétrique et* A^+ *son pseudo-inverse.*

Alors tout vecteur propre de A *associé à une valeur propre* λ *non nulle est vecteur propre de* A^+ *associé à la valeur propre* $1/\lambda$.

Démonstration. Soit n l'ordre de A et P la matrice de passage dans une base orthonormée de vecteurs propres associés aux éléments de de la suite pleine des valeurs propres de A: $(\lambda_1,\cdots,\lambda_n)$. Notons

$$D = \mathrm{diag}(\lambda_1,\cdots,\lambda_n)$$
$$D' = \mathrm{diag}(\mu_1,\cdots,\mu_n)$$
où $\mu_i=\lambda_i^{-1}$ si $\lambda_i\neq 0$, et $\mu_i=0$ sinon.

Alors $A = P\,D\,{}^tP$. Soit $A' = P\,D'\,{}^tP$. On a

$$A\,A'A = P\,D\,D'D\,{}^tP = P\,D\,{}^tP = A,$$
$$A'A\,A' = P\,D'D\,D'\,{}^tP = P\,D'\,{}^tP = A'.$$

A' est donc g-inverse réflexif de A. De plus, AA' et A'A sont symétriques, ce sont donc des projecteurs orthogonaux. Ainsi $A' = A^+$.□

Proposition 4.8. *Soit un modèle linéaire où* $\mathbb{E}Y = X_0\beta_0 + X_1\beta_1$. *Notons* P_0 *le projecteur orthogonal de* $\mathbb{R}^n$ *sur* $\mathrm{Im}X_0$.

Considérons q *sous-espaces de fonctions paramétriques,* $F_1,\cdots,F_q$, *tels que* $\mathrm{Im}C = \oplus F_i$ *avec* $C = {}^tX_1(I-P_0)X_1$.

Pour qu'un plan soit équilibré pour l'estimation de $(F_1,\cdots,F_q)$ il faut et suffit que tout sous-espace propre de C associé à une valeur propre non nulle soit somme directe orthogonale de F_i.

Démonstration.

Condition nécessaire. Considérons une base de ImC adaptée à la décomposition en somme directe $\mathrm{Im}C = \oplus F_i$.

Supposons la constituée de formes normées, telle que les formes qui engendrent chacun des termes de la décomposition soient orthogonales. D'après le corollaire du théorème 4.3 cette base est orthonormée.

D'après la proposition 4.5, on a de plus ${}^tPCP$ diagonale, avec P matrice de passage. Les éléments de cette base sont donc des vecteurs propres de C.

Pour qu'il y ait équilibre il faut que toutes les formes de base qui engendrent F_i soient associées à la même valeur propre de C.

En effet, les variances des estimateurs de Gauss-Markov de ces formes linéaires sont inversement proportionnelles aux valeurs propres associées. Ainsi F_i doit être contenu dans un sous-espace propre de C.

Condition suffisante. Supposons F_i contenu dans un sous-espace propre de C associé à la valeur propre $\lambda \neq 0$. Comme $k^* \in F_i \Rightarrow k^* \in \mathrm{Im}C$, $k^*[\beta]$ est estimable. De plus $\mathrm{Var}\, k^*[\hat{\beta}] = \sigma^2/\lambda$ pour toute forme normée k^* de F_i. Le plan est bien équilibré pour l'estimation de chacun des F_i.

Soit maintenant $k_1^* \in F_i$ et $k_2^* \in F_j$, où $j \neq i$, de deux choses l'une.

1) Ou bien ce sont deux vecteurs propres associés à deux valeurs propres distinctes de C. Dans ce cas leurs estimateurs de Gauss-Markov sont non corrélés car

$$\mathrm{Cov}(k_1^*[\hat{\beta}],\ k_2^*[\hat{\beta}]) = \sigma^2 \langle k_1^*, C^+ k_2^* \rangle$$

et C^+, pseudo-inverse de C, a mêmes sous-espaces propres que C qui sont orthogonaux puisque C est symétrique.

2) Ou bien ce sont deux vecteurs propres de C associés à la même valeur propre $\lambda \neq 0$. Mais comme ils sont orthogonaux par hypothèse, leurs estimateurs de Gauss-Markov sont, là encore, non corrélés. En effet, d'après le lemme 4.7,

$$\mathrm{Cov}(k_1^*[\hat{\beta}],\ k_2^*[\hat{\beta}]) = \sigma^2 \langle k_1^*, C^+ k_2^* \rangle = \frac{\sigma^2}{\lambda} \langle k_1^*, k_2^* \rangle = 0. \square$$

RÉFÉRENCES

ARNOLD, S.F. [1981]. *The theory of linear models and multivariate analysis.* Wiley, New York.

BAILEY,R.A.[1981]. A unified approach to design of experiments. *J. Royal Statist. Soc.* **A 144**:214-223.

CHRISTENSEN,R.[1987]. *Plane answers to complex questions : the theory of linear models.* Springer, New York.

COURSOL,J.[1980]. *Technique statistique des modèles linéaires. 1/ Aspects théoriques.* Les Cours du CIMPA, Nice.

FEDERER,W.T.,HEDAYAT,A.,LOWE,C.C.,RAGHAVARAO,D.[1976]. An application of statistical design theory to crop estimation with special reference to legumes and mixtures of cultivars. *Agronomy Journal* **68**:914-919.

GAFFKE,N.[1987]. Further characterizations of design optimality and admissibility for partial parameter estimation in linear regression. *Ann. Statist.* **15**:942-957.

GAFFKE,N., PUKELSHEIM,F.[1988]. Admissibility and optimality of experimental designs. In *Model-Oriented Data Analysis. Proceedings of an International Institute for Applied Systems Analysis Workshop on Data Analysis, Eisenach 1987* (Eds V.Fedorov, H.Läuter). Springer, Berlin, p.37-43.

LEHMANN,E.L., SCHEFFE,H.[1950]. Completness, similar regions and unbiased estimation - Part 1. *Sankhyã* **10**:305-340.

MORIGUTI,S.[1954]. Optimality of orthogonal designs. *Report Statist. Appl. Research, Union Jap. Sc. & Eng. (JUSE)* **3**:1-24.

PUKELSHEIM, F.[1993]. *Optimal design of experiments.* Wiley, New York.

RAGHAVARAO,D.[1971]. *Constructions and Combinatorial Problems in Design of Experiments.* Wiley, New York (Dover Publications, New York, 1988).

RAO,C.R., MITRA,S.K.[1971]. *Generalized inverse of matrices and its applications.* Wiley, New York.

SEELY,J., ZYSKIND,G.[1971]. Linear spaces and minimum variance unbiased estimation. *Ann. Math. Statist.* **42**:691-703.

SHAH, B.V.[1960]. Balanced factorial experiments. *Ann. Math. Statist.* **31**:502-514.

SINHA,B.K.,SAHA,R.[1983]. Optimal weighing designs with a string property. *J. Statist. Planning and Inference* **8**:365-374.

SLOANE,N.J.A., HARWITT,M.[1976]. Masks for Hadamard transform optics, and weighing designs. *Applied optics* **15**:107-114.

2 Modèles pour les expériences factorielles

Quand plusieurs facteurs qualitatifs sont succeptibles d'agir sur une réponse observée on est conduit tout naturellement à utiliser un ensemble fini pour repérer les diverses variantes de chaque facteur, puis à prendre leur produit cartésien pour domaine expérimental. On dit alors qu'il s'agit d'une *expérience factorielle*. C'est ce type d'expérience qui va retenir désormais notre attention.

L'étude des divers types de plans auxquels on peut avoir recours pour organiser une expérience factorielle suppose que soit fixé le modèle d'analyse. Aussi faut-il introduire au préalable les modèles d'analyse pour ce type d'expérience. C'est précisément l'objet de ce chapitre.

Dans la première partie nous envisageons tout d'abord une classe de *modèles* qui sont dits *surparamétrés* parce que la matrice du modèle ne peut jamais être injective quel que soit le plan utilisé.

En général les modèles de ce type sont bien peu commode d'emploi. Pour y remédier deux possibilités s'offrent. On peut restreindre le domaine de variation des paramètres en leur imposant des contraintes linéaires. On peut aussi reparamétrer le modèle. Dans la deuxième partie nous précisons comment utiliser ces deux possiblités quel que soit le type d'expérience.

Dans la troisième partie nous considérons le cas des expériences factorielles. Nous introduisons les modèles d'analyse au moyen d'une décomposition particulière de l'espace, $\mathbb{R}^E$, des fonctions définies sur le domaine expérimental $\mathcal{E}$. Plus précisément nous construisons des sous-espaces de $\mathbb{R}^E$, appelés *espaces de contrastes*, puis nous montrons que $\mathbb{R}^E$ est somme directe de ces espaces. Nous en déduisons alors une manière simple pour reparamétrer les modèles en introduisant une base adaptée à cette décomposition.

La quatrième partie est consacrée à l'étude d'une base particulière qui est obtenue en identifiant le domaine expérimental $\mathcal{E}$ à un groupe abélien fini G. Elle se déduit directement du groupe dual de G, c'est-à-dire des caractères des représentations irréductibles de G. Cette base est très utile pour l'étude des plans d'expérience factoriels, aussi en faisons nous largement usage par la suite.

1. EXPÉRIENCES FACTORIELLES.

1.1. Fractions de plans factoriels.

Définition 1.1. *On appelle plan factoriel toute application* d *d'un ensemble* $\mathcal{U}$ *de* n *unités expérimentales dans un domaine* $\mathcal{E}$*, produit cartésien de* m *ensembles finis* $\mathcal{E}_1, \cdots, \mathcal{E}_m$.

Le plan est dit complet si d *est une application surjective. On dit qu'il s'agit d'une fraction de* $\mathcal{E}$ *(ou encore d'un plan factoriel fractionnaire) si* Imd *est inclus strictement dans* $\mathcal{E}$.

Un plan factoriel, complet ou fractionnaire, est dit sans répétition si d *est une application injective.*

Chaque ensemble qui compose le produit cartésien $\mathcal{E}$ représente ici les niveaux d'un facteur qualitatif, ou qui est considéré comme tel. Tout traitement est donc un élément

$$e=(e_1,\cdots,e_m) \text{ de } \mathcal{E}=\mathcal{E}_1\times\cdots\times\mathcal{E}_m.$$

Désignons par q_j le cardinal de chacun des $\mathcal{E}_j$ et par q leur produit.

Remarque. Notons $\mathbb{R}^E$ l'espace des fonctions réelles sur $\mathcal{E}$ et $\mathbb{R}^U$ celui des fonctions sur $\mathcal{U}$. A toute application d de $\mathcal{U}$ dans $\mathcal{E}$ correspond bijectivement une application linéaire

$$D : \mathbb{R}^E \longrightarrow \mathbb{R}^U$$
$$z=(z_e \mid e\in\mathcal{E}) \longmapsto D(z)=(z_{d(u)} \mid u\in\mathcal{U})$$

dont nous noterons désormais D la matrice canonique.

Cette matrice est à éléments 0 ou 1 et d'ordre n×q, où $q=|\mathcal{E}|$. Pour tout $u\in\mathcal{U}$, la u-ème ligne ne comporte qu'un seul élément non nul, celui-ci indique quel est le traitement administré à l'unité u, D est donc la matrice d'incidence des traitements aux unités.

Quant au vecteur colonne ${}^tD\mathbb{1}$, certains de ses éléments sont nuls si et seulement si le plan est fractionnaire. De plus ce vecteur est à éléments 0 ou 1 si et seulement si le plan est sans répétition.

Exemple 1. Un fabriquant de circuits imprimés procède à un contrôle systématique de ses fabrications. Pour tout circuit à tester un poste de contrôle est constitué par l'assemblage de trois éléments :

1) un calculateur assurant la mesure des performances du circuit,
2) un support pour le circuit testé,
3) un boitier d'interface entre le calculateur et le support.

On dispose pour ces contrôles de deux calculateurs, de trois boitiers d'interface, enfin de trois supports. Notons ces ensembles

$$\mathcal{E}_j,\ j=1,2,3, \text{ et } q_1=2, q_2=q_3=3$$

leurs cardinaux respectifs. Ordonnons arbitrairement chacun de ces ensembles et repérons les éléments du jème par l'entier $e_j\in\{0,\cdots,q_j-1\}$.

Il y a donc q=2×3×3 façons de construire un poste de contrôle pour un circuit donné. Se pose alors la question de la fiabilité du contrôle qui peut se formuler de la manière suivante. Les diverses mesures des performances de ce circuit dépendent-elles du choix du calculateur, du boitier d'interface, du support?

Pour répondre à cette question mesurons de diverses manières les performances d'un même circuit en nous servant de différents postes de contrôle.

L'ensemble des postes utilisables est ici identifié au produit

$$\mathcal{E}_1\times\mathcal{E}_2\times\mathcal{E}_3.$$

Supposons que nous procédions par exemple 9 mesures des performances du circuit au moyen des postes de contrôle suivants.

$\mathcal{U}$	$\mathcal{E}_1$	$\mathcal{E}_2$	$\mathcal{E}_3$
1	0	0	0
2	0	1	1
3	0	2	2
4	1	0	2
5	1	1	0
6	1	2	1
7	1	0	1
8	1	1	2
9	1	2	0

Nous sommes ici en présence d'une fraction de plan factoriel, en fait à trois facteurs, sans répétition. Les niveaux du jème facteur sont représentés par les q_j éléments de $\mathcal{E}_j$.

L'ensemble $\mathcal{U}$ des unités du plan est de cardinal n=9, il s'agit de l'ensemble des opérations de contrôle du circuit considéré.

Quant au tableau ci-dessus, il précise les images des éléments de $\mathcal{U}$ par l'application d.

Remarquons qu'un des calculateurs est utilisé pour les unités 1 à 3 et que l'autre l'est pour les unités 4 à 9. Il est donc préférable de ne pas faire les mesures des performances du circuit dans l'ordre dans lequel sont classées les unités. Il faut en effet éviter qu'une dérive du circuit ne se confonde avec l'effet du passage d'un calculateur à l'autre. Prévoyons donc de randomiser le plan c'est-à-dire de permuter aléatoirement les éléments de $\mathcal{U}$ pour fixer l'ordre dans lequel les traitements doivent être appliqués.

1.2. Modèles.

Soit **Y** le vecteur des aléas observés quand toute unité $u\in\mathcal{U}$ reçoit le traitement $d(u)$.

$$\mathbf{Y}=(Y_{ud(u)}\,|\,u\in\mathcal{U})$$

Représentons **Y** par un vecteur colonne à n éléments. Supposons

$$\mathrm{Cov}\mathbf{Y} = \sigma^2 I_n .$$

Précisons alors la forme de $\mathbb{E}\mathbf{Y}$.

Modèle additif.

Supposons tout d'abord que la condition suivante soit vérifiée pour $j=1,\cdots,m$:

$$\forall\ (e,e')\in\mathcal{E}^2:\ e_i=e'_i \text{ pour } i\neq j \text{ et } e_j\neq e'_j$$

$$\mathbb{E}Y_{ue} - \mathbb{E}Y_{ue'} \text{ ne dépend que des niveaux du jème facteur,}$$

c'est-à-dire : $\mathbb{E}Y_{ue} - \mathbb{E}Y_{ue'} = \eta_j(e_j) - \eta_j(e'_j)$,

où η_j est une fonction réelle, certaine mais inconnue, sur $\mathcal{E}_j$.

On a alors le modèle linéaire suivant, appelé

Modèle (factoriel) additif,

$$\mathbb{E}Y_{ue} = \eta_0 + \eta_1(e_1) + \cdots + \eta_m(e_m),\ \mathrm{Cov}\mathbf{Y} = \sigma^2 I_n$$

où les $\eta_j(e_j)$, $e_j\in\mathcal{E}_j$, sont appelés *effets simples (ou principaux)* du jème facteur.

Les niveaux du jème facteur permettent de subdiviser l'ensemble $\mathcal{U}$ des n unités du plan. Considérons, en effet, les unités qui reçoivent un même niveau du jème facteur, elles constituent une classe d'une partition de $\mathcal{U}$. Supposons cette classe non vide quel que soit le plan utilisé. Cette partition est donc formée d'autant de classes que de niveaux pour le jème facteur.

Considérons alors la matrice à n lignes qui a pour colonnes les indicatrices dans $\mathbb{R}^n$ des classes de cette partition:

$$X_j \text{ d'ordre } n\times q_j.$$

Le modèle additif s'écrit:

$$\mathbb{E}\mathbf{Y} = \eta_0 \mathbb{1}_n + X_1\eta_1 + \cdots + X_m\eta_m\ ,\ \mathrm{Cov}\ \mathbf{Y} = \sigma^2 I.$$

Nous appelons ici *{j}-tranches de $\mathcal{E}$* les classes de la partition de $\mathcal{E}$ dont les indicatrices ont pour images par l'application linéaire *D* les colonnes de la matrice X_j.

Chacune des {j}-tranche de $\mathcal{E}$ est formée de tous les traitements pour lesquels le jème facteur est à un niveau fixé. Ces parties de $\mathcal{E}$ sont donc repérées par l'entier $j\in I=\{1,\cdots,m\}$ et par l'élément qui est fixé : e_j. On les note ici : $\mathcal{E}_{I\setminus\{j\}}(e_j)$.

Exemple 1 (suite). Supposons qu'un modèle additif soit suffisant pour analyser les effets des calculateurs, des supports et des boitiers d'interface sur la mesure des performances du circuit. On a alors

$$X_1=\begin{pmatrix}1&0\\1&0\\1&0\\0&1\\0&1\\0&1\\0&1\\0&1\\0&1\end{pmatrix}\quad X_2=\begin{pmatrix}1&0&0\\0&1&0\\0&0&1\\1&0&0\\0&1&0\\0&0&1\\1&0&0\\0&1&0\\0&0&1\end{pmatrix}\quad X_3=\begin{pmatrix}1&0&0\\0&1&0\\0&0&1\\0&0&1\\1&0&0\\0&1&0\\0&1&0\\0&0&1\\1&0&0\end{pmatrix}.$$

Chaque ligne de la matrice X_1 indique quel calculateur intervient dans le poste de contrôle utilisé pour effectuer la uème mesure.

Soit $\mathcal{E}_1=\{0,1\}$ et $z_1(e_1)$, $e_1\in\mathcal{E}_1$, l'indicatrice dans $\mathcal{E}$ de l'ensemble des postes de contrôle utilisant le calculateur e_1, c'est-à-dire de la tranche $\mathcal{E}_{\langle 2,3\rangle}(e_1)$. On a bien

$$X_1= D\left(z_1(1)\,|\,z_1(2)\right)$$

De même les colonnes de X_2 et X_3 sont les images par D des indicatrices des tranches $\mathcal{E}_{\langle 1,3\rangle}(e_2)$ et $\mathcal{E}_{\langle 1,2\rangle}(e_3)$ respectivement.

Modèles interactifs.

Supposons maintenant que $\mathbb{E}Y_{ue} - \mathbb{E}Y_{ue'}$ ne dépende pas seulement du couple (e_j,e'_j) des niveaux du jème facteur pour les traitements e et e'. Il y a alors *interaction entre les facteurs.*

Ces interactions peuvent prendre diverses formes. Envisageons la plus simple. Outre e et $e'\in\mathcal{E}$, considérons les traitements

$$\bar{e}=(\bar{e}_1,\dots,\bar{e}_m) \text{ et } \bar{e}'=(\bar{e}'_1,\dots,\bar{e}'_m) \text{ tels que, pour } k\neq j \text{ fixé,}$$
$$\bar{e}_i= \bar{e}'_i=e_i \ \forall i\neq j \ \&\ k,\ \bar{e}_k=\bar{e}'_k\neq e_k,\ \bar{e}_j=e_j,\ \bar{e}'_j\neq e'_j.$$

Supposons que

$$\mathbb{E}Y_{ue} - \mathbb{E}Y_{ue'} \neq \mathbb{E}Y_{u\bar{e}} - \mathbb{E}Y_{u\bar{e}'}$$

ou, de manière équivalente,

$$\mathbb{E}Y_{ue} - \mathbb{E}Y_{u\bar{e}} \neq \mathbb{E}Y_{ue'} - \mathbb{E}Y_{u\bar{e}'}$$

On dit alors qu'il y a *interaction (d'ordre 1) des facteurs* j *et* k.

Ainsi le modèle additif ne convient plus, il faut modifier l'expression de $\mathbb{E}Y$ en introduisant un terme supplémentaire pour prendre en compte cette interaction. Posons donc

$$\mathbb{E}Y = \eta_0\mathbb{1}_n + X_1\eta_1 + \cdots + X_m\eta_m + X_{\langle j,k\rangle}\eta_{\langle j,k\rangle}.$$

Ici $\eta_{\langle j,k\rangle}$ est le *paramètre (ou effet) d'interaction* des facteurs j et k; c'est une fonction réelle, certaine mais inconnue, sur $\mathcal{E}_j \times \mathcal{E}_k$. Quant aux colonnes de la matrice $X_{\langle j,k \rangle}$ ce sont, là encore, les images par D des indicatrices des parties de $\mathcal{E}$ obtenues en fixant les niveaux e_j et e_k des facteurs j et k.

Appelons ces ensembles les *{j,k}-tranches de* $\mathcal{E}$ et désignons les par

$$\mathcal{E}_{I \setminus \langle j,k \rangle}(e_j, e_k)$$

Supposons plus généralement qu'il y ait interaction entre tout couple de facteurs, $\mathbb{E}Y$ s'exprime alors de la manière suivante.

Modèle interactif simple

$$\mathbb{E}Y = \eta_0 \mathbb{1}_n + \sum_j X_j \eta_j + \sum_{j \neq k} X_{\langle j,k \rangle} \eta_{\langle j,k \rangle} \ , \ \mathrm{Cov}Y = \sigma^2 I_n .$$

Des interactions plus complexes peuvent intervenir qui implique plus de deux facteurs. On est alors amené à introduire dans l'expression de $\mathbb{E}Y$ des paramètres d'interaction d'ordre 2 et plus, et des matrices constituées des images par D d'indicatrices de tranches de $\mathcal{E}$ qui sont définies comme suit dans le cas général.

Définition 1.2. *Considérons le produit cartésien d'une famille finie d'ensembles finis:* $\mathcal{E} = \Pi\langle \mathcal{E}_i \,|\, i \in I \rangle$.

Pour tout $J \subset I$: $J \neq \emptyset$, *soit* $\bar{J} = J \setminus I$ *le complémentaire de* J *dans* I *et* $\mathcal{E}_J = \Pi\langle \mathcal{E}_i \,|\, i \in J \rangle$. *On appelle J-tranche de* $\mathcal{E}$ *tout sous-ensemble du type*

$$\mathcal{E}_{\bar{J}}(e_J) = \{(e_J, e_{\bar{J}}) \,|\, e_{\bar{J}} \in E_{\bar{J}}\}.$$

Par extension, on appelle également tranches de E tout singleton $\{e\} \subset \mathcal{E}$ *et* $\mathcal{E}$ *lui-même; on les note* $\mathcal{E}_{\emptyset}(e)$ *et* $\mathcal{E}_I(e_{\emptyset})$ *respectivement.*

Tout modèle est alors caractérisé par une famille $\mathcal{H}$ de parties de l'ensemble $I = \{1, \cdots, m\}$ des m facteurs telle que:

$$J \in \mathcal{H} \iff \eta_J \text{ figure dans le modèle.}$$

On a donc le modèle suivant

$$\mathbb{E}Y = \sum_{\mathcal{H}} X_J \eta_J \ , \ \mathrm{Cov}Y = \sigma^2 I_n \ ,$$

où X_J est formée des images par D des indicatrices des J-tranches de $\mathcal{E}$.

Il convient cependant d'imposer une contrainte à l'ensemble $\mathcal{H}$:

$$\eta_J \in \mathbf{Par}(\mathbb{E}Y) \Rightarrow \eta_K \in \mathbf{Par}(\mathbb{E}Y) \ \forall \ K \subset J,$$

où $\mathbf{Par}(\mathbb{E}Y)$ désigne l'ensemble des paramètres de $\mathbb{E}Y$ d'un modèle donné. Il s'agit de la *contrainte de marginalité* au sens de NELDER [1977]. Nous préférons utiliser la terminologie suivante.

Définition 1.3. *Soit* I *un ensemble fini. On dit qu'une famille,* $\mathcal{H}$, *de parties de* I *est hiérarchique si*

$$J \in \mathcal{H} \text{ et } K \subset J \Rightarrow K \in \mathcal{H}.$$

On appelle générateur de $\mathcal{H}$ la partie $\mathcal{H}^g \subset \mathcal{H}$ engendrant $\mathcal{H}$ par inclusion, c'est-à-dire qui est telle que

$$J \in \mathcal{H}^g \text{ et } K \subset J \Rightarrow K \in \mathcal{H}.$$

Exemple. Si $I=\{1,2,3\}$, la famille de parties de I

$$\mathcal{H}=\{\emptyset,\{1\},\{2\},\{3\},\{1,2\},\{2,3\}\}$$

est hiérarchique. Elle est engendrée par

$$\mathcal{H}^g = \{\{1,2\},\{2,3\}\}.$$

Par contre, $\mathcal{H}=\{\emptyset,\{1\},\{3\},\{1,2\}\}$ n'est pas hiérarchique car $\{2\}\notin\mathcal{H}$ et $\{2\}\subset\{1,2\}\in\mathcal{H}$.

En résumé, nous avons comme premier type de modèle pour l'analyse des expériences factorielles le modèle de Gauss-Markov suivant :

$$\mathbb{E}Y = \sum_{\mathcal{H}} X_J \eta_J \ , \ \text{Cov}Y = \sigma^2 I_n \ ,$$

où 1) $\mathcal{H}$ est une famille hierarchique de parties de l'ensemble I des facteurs,

2) X_J est formée des images par D des indicatrices des J-tranches de l'ensemble $\mathcal{E}$ des traitements,

3) $\eta_\emptyset \equiv \eta_0$ est un paramètre scalaire et, pour $J\in\mathcal{H}$: $J\neq\emptyset$, η_J est un paramètre vectoriel appartenant à $\mathbb{R}^{E_J}$, l'espace des fonctions réelles sur le produit cartésien $\mathcal{E}_J = \prod_J \mathcal{E}_j$.

2. MODELES SURPARAMÉTRÉS - CONNEXITÉ.

Les modèles introduits dans la première partie de ce chapitre ont un défaut majeur. La matrice du modèle,

$$X = (X_J \,|\, J\in\mathcal{H}),$$

est de rang inférieur au nombre de ses colonnes quel que soit le plan utilisé, complet ou fractionnaire. En fait aucun des paramètres n'est estimable car $X_\emptyset = X_J \mathbb{1}$, $\forall\ J\in\mathcal{H}$: $J\neq\emptyset$. Plus généralement, $\forall\ K\subset J\in\mathcal{H}$, toute colonne de X_K est somme de colonnes de X_J.

On est en présence d'un *modèle surparamétré.*

2.1. Plans connexes.

Définition 2.1. *Considérons un plan d'expérience représenté par une application donnée, d, d'un ensemble $\mathcal{U}$ d'unités expérimentales dans un ensemble $\mathcal{E}$ de traitements.*

Lorsque l'unité u *reçoit le traitement* e *supposons que*

$$\mathbb{E}Y_{ue} = {}^t\mathcal{M}(e)\ \eta$$

où η est un vecteur paramétrique de $\mathbb{R}^p$ et $\mathcal{M}$ est une application don-

née de $\mathcal{E}$ *dans* $\mathbb{R}^p$.

Quel que soit le plan utilisé, soit alors le modèle linéaire de paramètres $\eta\in\mathbb{R}^p$ *et* σ^2,

$$\mathbb{E}Y = X\eta \;,\; \mathrm{Cov}Y = \sigma^2 I,$$

avec X *matrice, d'ordre* $n\times p$, *dont la* u*-ème ligne est l'image par* $\mathcal{M}$ *de* d(u) *c'est-à-dire du traitement appliqué à l'unité* u.

On dit que ce modèle est surparamétré lorsque l'espace vectoriel engendré par les $\mathcal{M}$(e), $e\in\mathcal{E}$, *est un sous-espace strict* $\mathcal{V}$ *de* $\mathbb{R}^p$.

On dit que le plan utilisé est connexe si $\mathrm{Im}^tX = \mathcal{V}$.

Ainsi, le paramètre η n'est pas estimable quel que soit le plan utilisé, même si certaines de ses coordonnées le sont. Cependant tout plan connexe est adapté à l'estimation des fonctions paramétriques $K\eta$ telles que $\mathrm{Ker}K \supseteq \mathcal{V}^{\perp}$.

Remarques. 1) Les unités d'un plan connexe peuvent ne recevoir qu'une partie des traitements de $\mathcal{E}$. Mais il faut que le nombre n des unités soit au moins égal à $\dim\mathcal{V}$ pour qu'un plan soit connexe.
2) Pour les modèles qui ne sont pas surparamétrés, on appelle connexe tout plan tel que $\mathrm{Im}^tX = \mathbb{R}^p$.

Exemple 2. Reprenons le cas du modèle additif pour plan factoriel à m facteurs.

$$\mathbb{E}Y = \eta_0\mathbb{1}_n + X_1\eta_1 + \cdots + X_m\eta_m \text{ et } \mathrm{Cov}\,\mathbf{Y} = \sigma^2 I.$$

Comme $X_j\mathbb{1} = \mathbb{1}$, $\forall j$, la matrice du modèle

$$X = (\mathbb{1}_n|X_1|\cdots|X_m),$$

qui est d'ordre $n\times p$ avec $p=1+\Sigma_{j=1}^{m}q_j$, est de rang inférieur à p quel que soit le plan utilisé. Plus précisément on a ici

$$\mathrm{rg}X \leq 1+\Sigma_j(q_j-1) = p-m.$$

Quant au noyau de X il contient le sous-espace de $\mathbb{R}^p$ engendré par les lignes de la matrice suivante, d'ordre $m\times p$ et de rang m.

$$\left(\mathbb{1}_m\middle|-\mathrm{Diag}({}^t\mathbb{1}_{q_1},\cdots,{}^t\mathbb{1}_{q_m})\right).$$

(Il s'ensuit qu'aucun des paramètres du modèle n'est ici estimable quel que soit le plan utilisé.) Soit $\mathcal{V}$ le noyau de cette matrice. Quel que soit le plan utilisé on a donc $\mathrm{Im}^tX \subseteq \mathcal{V}$.

Considérons les fonctions paramétriques de la forme

$$\Sigma_{k=0}^{q_j-1} c_k\eta_j(k) \text{ avec } \Sigma_k c_k = 0,$$

appelées *contrastes sur les composantes de* η_j, le sous-espace de $\mathbb{R}^p$ qu'elles engendrent a pour dimension $\Sigma_j(q_j-1)=p-m-1$. Comme exemple de tels contrastes on trouve les différences deux à deux des $\eta_j(k)$, ou encore leurs écarts à $\bar{\eta}_j$, leur moyenne arithmétique: $\eta_j(k)-\bar{\eta}_j$.

Comme V est ici le supplémentaire orthogonal dans $\mathbb{R}^p$ de l'espace engendré par les lignes de

$$\left(\mathbb{1}_m \middle| -\mathrm{Diag}\,({}^t\mathbb{1}_{q_1},\cdots,{}^t\mathbb{1}_{q_m})\right),$$

tout contraste sur les composantes de η_j, $j=1,\cdots,m$, est estimable par un plan connexe.

Or ces contrastes engendrent un sous-espace de $\mathbb{R}^p$ de dimension p-m-1 alors que V est de dimension p-m. On peut donc se demander si des plans non connexes ne sont pas adaptés, eux aussi, à l'estimation de ces contrastes.

La réponse est négative. Soit en effet la fonction paramétrique

$$k^*[\eta] = \eta_0 + \Sigma_j \frac{1}{q_j}{}^t\mathbb{1}\eta_j \ , \text{ avec } \eta = {}^t[\eta_0, {}^t\eta_1, \cdots, {}^t\eta_m].$$

Cette fonction est orthogonale à tout contraste sur les composantes de chacun des η. Or

$${}^t\mathbb{1}\, X\eta = n\ \eta_0 + \Sigma_j {}^t\mathbb{1}\ X_j\eta_j,$$

- qui est estimable quel que soit le plan utilisé d'après la proposition I.2.2 - est combinaison linéaire de $k^*[\eta]$ et de contrastes.

Ainsi, tout plan adapté à l'estimation des contrastes sur les composantes des η_j, $j=1,\cdots,m$, l'est également à l'estimation de $k^*[\eta]$. Aussi a-t-on pour ce plan $\mathrm{Ker}X = V^\perp$, c'est-à-dire $\mathrm{Im}\,{}^tX = V$, car $k^*[\eta]$ est indépendante des contrastes. Ce plan est donc connexe.

2.2. Contraintes d'identification - Reparamétrisation.

Les modèles surparamétrés sont en fait des modèles qui ne sont pas identifiables au sens suivant : à un même vecteur $\mathbb{E}Y \in \mathrm{Im}X$ sont associés par X plusieurs vecteurs paramétriques $\eta \in \mathbb{R}^p$. On est donc naturellement conduit à restreindre le domaine de variation de η de façon à ce que, sous contrainte, le modèle soit identifiable pour les plans connexes.

Imposons alors à η d'appartenir à un sous-espace vectoriel de $\mathbb{R}^p$, plus précisément au noyau d'une application linéaire fixée. Précisons de quelle manière cette application doit être choisie pour que η soit estimable sous contrainte.

Proposition 2.2. *Considérons un modèle surparamétré et reprenons les notations de la définition* 2.1.

Utilisons un plan connexe. Alors une fonction paramétrique est estimable sous la contrainte linéaire $R\eta = 0$ *si et seulement si*

$$\mathbb{R}^p = V^\perp \oplus \mathrm{Ker}\ R.$$

Démonstration. Soit $z \in \mathrm{Im}X$. Les solutions de l'équation $X\eta=z$ forment un sous-espace affine de $\mathbb{R}^p$ de direction KerX.

Considérons alors une contrainte de la forme $\eta \in \mathrm{Ker}R$, où R est une matrice d'ordre t×p. Pour qu'il n'existe qu'une seule solution de cette équation qui satisfasse cette contrainte il faut et suffit que

$$\mathbb{R}^p = \mathrm{Ker}X \oplus \mathrm{Ker}R.$$

En effet c'est dans ce seul cas que l'intersection de KerR et de tout sous-espace affine de $\mathbb{R}^p$ de direction KerX est réduite à un point.

Mais comme cette condition induit

$$\mathrm{Ker}X \cap \mathrm{Ker}R = 0,$$

toute fonction paramétrique linéaire $K\eta$ vérifie

$$\mathrm{Ker}K \supseteq \mathrm{Ker}X \cap \mathrm{Ker}R$$

$$\Longleftrightarrow \quad K = AX + BR, \text{ où A et B sont des matrices.}$$

Aussi cette fonction est-elle estimable sous contrainte, voir RAO et MITRA [1971, Lemme 7.1.6].□

Définition 2.3. *Toute contrainte linéaire* $R\eta = 0$ *est dite d'identification pour un modèle linéaire surparamétré si*

$$\mathbb{R}^p = \mathcal{V}^{\perp} \oplus \mathrm{Ker}\ R.$$

Sous contrainte d'identification le vecteur β est lui-même estimable quand on utilise un plan connexe. On montre qu'il admet alors comme estimateur de Gauss-Markov l'unique solution du système

$$\begin{cases} {}^tXX\,\hat{\eta} = {}^tXY \\ R\hat{\eta} = 0 \end{cases}.$$

Cette solution s'écrit

$$\hat{\eta} = ({}^tXX + \lambda\,{}^tRR)^{-1}\,{}^tXY,$$

où λ est un scalaire non nul arbitrairement choisi.

Le théorème I.2.3 s'applique là encore, toute fonction paramétrique $K\eta$ a donc pour estimateur de Gauss-Markov sous contrainte l'aléa $K\hat{\eta}$. De plus, comme

$$({}^tXX + \lambda\,{}^tRR)^{-1}, \text{ avec } \lambda \neq 0,$$

est une inverse généralisée de ${}^tXX$, l'introduction d'une contrainte d'identification ne modifie pas l'estimateur de Gauss-Markov d'une fonction paramétrique qui est estimable en l'absence de contrainte.

L'emploi d'un modèle surparamétré est en général malcommode même sous contrainte d'identification. Pour éviter ces difficultés on peut procéder à une *reparamétrisation du modèle*.

Supposons KerR de dimension t (= rgX). Soit Z la matrice canonique d'une application injective de $\mathbb{R}^t$ dans $\mathbb{R}^p$, telle que ImZ = KerR. Le procédé consiste à substituer au modèle surparamétré le modèle suivant, de paramètres $\beta \in \mathbb{R}^t$ et σ^2,

$$\mathbb{E}Y = XZ\beta \text{ et } \mathrm{Cov}Y = \sigma^2 I,$$

où β est l'unique solution de l'équation $\eta = Z\beta$ avec $\eta \in \mathrm{Ker}R$. La matrice de ce modèle : XZ, qui est d'ordre n×t, est de rang t pour les seuls plans connexes. Dans ce cas toute fonction paramétrique $K\eta=KZ\beta$ admet pour estimateur de Gauss-Markov, d'après le théorème I.2.3,

$$KZ\,\hat{\beta} \text{ avec } \hat{\beta} = ({}^tZ\,{}^tXXZ)^{-1}\,{}^tZ\,{}^tX\,\mathbf{Y}.$$

En particulier on a

$$\hat{\eta} = Z\,({}^tZ\,{}^tXXZ)^{-1}\,{}^tZ\,{}^tX\,\mathbf{Y}$$

qui vérifie bien $R\hat{\eta} = 0$ puisque $\mathrm{Im}Z = \mathrm{Ker}R$ et

$${}^tXX\,\hat{\eta} = {}^tXX\,Z({}^tZ\,{}^tXXZ)^{-1}\,{}^tZ\,{}^tX\,\mathbf{Y} = {}^tX\,\mathbf{Y}$$

car $XZ({}^tZ\,{}^tXXZ)^{-1}\,{}^tZ\,{}^tX$ est le projecteur orthogonal de $\mathbb{R}^n$ sur $\mathrm{Im}XZ=\mathrm{Im}X$.

Exemple 2 (suite). Considérons la contrainte $R\eta = 0$, avec

$$R = \left(\, 0 \mid \mathrm{Diag}\,({}^t\mathbb{1}_{q_1},\dots,{}^t\mathbb{1}_{q_m}) \,\right)$$

d'ordre $m\times p$ et de rang p. Le noyau de R, qui est donc de dimension $p-m$, est engendré par le premier vecteur canonique de $\mathbb{R}^p$ et par les contrastes sur les composantes des η_j, $j=1,\dots,m$. Quant aux lignes de

$$M = \left(\, \mathbb{1}_m \mid -\mathrm{Diag}({}^t\mathbb{1}_{q_1},\dots,{}^t\mathbb{1}_{q_m}) \,\right),$$

elles engendrent $\mathcal{V}^{\perp}$ On a donc $p = \dim \mathrm{Ker}R + \dim \mathcal{V}^{\perp}$.

Par ailleurs, tout vecteur de $\mathcal{V}^{\perp}$ s'écrit ${}^tMz$ avec $z\in\mathbb{R}^m$. Or

$${}^tMz \in \mathrm{Ker}\,R \Leftrightarrow 0 = R\,{}^tMz \Leftrightarrow \mathrm{Diag}(q_1,\dots,q_m)z = 0 \Leftrightarrow z = 0.$$

Ainsi le seul vecteur commun à KerR et $\mathcal{V}^{\perp}$ est le vecteur nul.

On a donc $\mathbb{R}^p = \mathrm{Ker}R \oplus \mathcal{V}^{\perp}$, la contrainte $R\eta=0$ est d'identification.

Reparamétrons maintenant ce modèle. Pour $j=1,\dots,m$, soit une matrice P_j, d'ordre $(q_j-1)\times q_j$, telle que

$${}^t\mathbb{1}\,P_j = 0 \text{ et } {}^tP_jP_j = q_jI.$$

Soit $t = 1+\Sigma_j(q_j-1) = p-m$. Considérons

$$Z = \left(\begin{array}{c|c} 1 & 0 \\ \hline 0 & \mathrm{Diag}(P_1,\dots,P_m) \end{array}\right)$$

C'est la matrice d'une application injective car $\mathrm{rang}Z = t$. De plus,

$$RZ = \mathrm{Diag}\,({}^t\mathbb{1}P_1,\dots,{}^t\mathbb{1}P_m) = 0.$$

Ainsi $\mathrm{Im}Z = \mathrm{Ker}R$.

On peut donc substituer au modèle surparamétré initial - sous la contrainte d'identification $R\eta=0$ - le modèle linéaire suivant:

$$\mathbb{E}\mathbf{Y} = \beta_0\mathbb{1} + X_1P_1\beta_1 + \dots + X_mP_m\beta_m \text{ et } \mathrm{Cov}\,\mathbf{Y} = \sigma^2 I,$$

avec $\eta_0=\beta_0$ et $\eta_j=P_j\beta_j$, $j=1,\dots,m$.

Mais $\beta_j = q_j^{-1}\,{}^tP_j\eta_j$, avec ${}^t\mathbb{1}P_j = 0$. Le nouveau vecteur paramétrique β_j est donc formé de contrastes sur les composantes de η_j.

Quant aux matrices P_j, on peut les construire de bien des façons. On peut par exemple utiliser des polynomes orthogonaux, voir RAKTOE et al. [1981], ou bien encore des matrices de Helmert d'ordre q_j.

$$\begin{pmatrix} 1 & \sqrt{q/2} & \cdots & \sqrt{q/j(j-1)} & \cdots & 1/\sqrt{q-1} \\ 1 & -\sqrt{q/2} & & \vdots & & \vdots \\ \vdots & & & \sqrt{q/j(j-1)} & & \vdots \\ \vdots & & & & & \\ 1 & 0 & & -\sqrt{q(j-1)/j} & & 1/\sqrt{q-1} \\ & & & & & \\ 1 & & & & & -\sqrt{q-1} \end{pmatrix}$$

Matrice de Helmert d'ordre q.

3. ESPACES DE CONTRASTES - REPARAMÉTRISATION.

3.1. Espaces de contrastes sur un produit cartésien.

Nous allons reparamétrer les modèles d'analyse des expériences factorielles introduits dans la première partie de ce chapitre. Pour y parvenir nous allons utiliser certains sous-espaces de l'espace des fonctions définies sur le domaine expérimental.

Définition 3.1. *Soit* $\mathcal{E}=\Pi\{\mathcal{E}_i | i\in I\}$ *et la décomposition en somme directe suivante de l'espace des fonctions réelles sur* $\mathcal{E}_i$

$$\mathbb{R}^{E_i} = \Theta_{i,0} \oplus \Theta_{i,1}$$

avec: $\Theta_{i,0}$ *sous-espace des fonctions constantes,*

$\Theta_{i,1}$ *sous-espace des fonctions de moyennes nulles par rapport à une probabilité* ζ_i *sur* $\mathcal{E}_i$.

Notons ζ *la mesure produit des* ζ_i, $i\in I$. *Pour tout* $J\subset I$, *on appelle J-contraste sur* $\mathcal{E}$ *tout élément du sous-espace suivant de* $\mathbb{R}^E$

$$\Theta_{J,\zeta} = \otimes_{i\in I} \Theta_{i,\mathbb{1}_J(i)}$$

où $\mathbb{1}_J$ *est l'indicatrice de J dans I. En particulier* $\Theta_{\emptyset,\zeta}$ *est l'espace des fonctions constantes sur* $\mathcal{E}$.

Pratiquement, $\forall$ $J\subset I$: $J\neq\emptyset$, $\Theta_{J,\zeta}$ est constitué des fonctions

$$\theta(e_1,\cdots,e_m) = \prod_i \theta_i(e_i)$$

où $\sum\{\theta_i(e_i)\cdot\zeta_i(e_i) | e_i\in\mathcal{E}_i\}=0$ si $i\in J$, et θ_i est constante sur $\mathcal{E}$ si $i\notin J$.

Pour l'analyse des expériences factorielles on emploie deux types de mesures ζ_j sur $\mathcal{E}_j$. Il y a tout d'abord d'équiprobabilité.

On utilise aussi la mesure suivante qui dépend du plan. Soit un plan factoriel complet ou fractionnaire. Pour j=1,⋯,m, notons

$$n_j(e_j),\ e_j\in\mathcal{E}_j,$$

les fréquences d'apparition dans le plan des niveaux du jème facteur et n le nombre total de ses unités. Posons alors

$$\zeta_j(e)_j=n_j(e_j)/n,\ e_j\in\mathcal{E}_j.$$

L'emploi de cette mesure pour l'analyse des expériences factorielles donne lieu à controverses, voir par exemple LEWIS et JOHN [1976].

Remarque. Pour tout $J\subset I$: $J\neq\emptyset$, soit θ_J une fonction définie sur $\mathcal{E}_J$ de moyenne nulle par rapport à ζ_i sur chaque tranche

$$\mathcal{E}_{\{i\}}(e_{J\setminus\{i\}})\ \text{de}\ \mathcal{E}_J,\ e_{J\setminus\{i\}}\in\mathcal{E}_{J\setminus\{i\}},\ \forall\ i\in J,$$

c'est-à-dire telle que pour tout $e_{J\setminus\{i\}}\in\mathcal{E}_{J\setminus\{i\}}$ et tout $i\in J$:

$$\sum\left\{\theta_J(e_{J\setminus\{i\}},e_i)\cdot\zeta_i(e_i)\,\middle|\,e_i\in\mathcal{E}_i\right\}=0\ .$$

Alors la fonction constante, égale à $\theta_J(e_J)$, sur chaque tranche

$$\mathcal{E}_{\bar{J}}(e_J),\quad e_J\in\mathcal{E}_J$$

est un élément de $\Theta_{J,\zeta}$ et cette propriété est caractéristique.

Exemple. Soit I={1,2,3}, $\#\mathcal{E}_1=\#\mathcal{E}_2=2$, $\#\mathcal{E}_3=3$ et ζ la mesure d'équiprobabilité sur $\mathcal{E}=\mathcal{E}_1\times\mathcal{E}_2\times\mathcal{E}_3$. Considérons la fonction suivante sur $\mathcal{E}$

$\mathcal{E}_2$ ⊙ — $\mathcal{E}_3$ (en colonnes), $\mathcal{E}_1$ (en lignes)

1	1	1
-1	-1	-1

$\mathcal{E}_3$ (en colonnes), $\mathcal{E}_1$ (en lignes)

-1	-1	-1
1	1	1

Ici on a autant de tableaux que d'éléments de $\mathcal{E}_2$, chacun d'entre eux représente en fait une des tranches $\mathcal{E}_{\{1,3\}}(e_{\{2\}})$. Tout couple de lignes (resp. de colonnes) de même rang prises dans les deux tableaux représente une tranche $\mathcal{E}_{\{2,3\}}(e_{\{1\}})$ (resp. $\mathcal{E}_{\{1,2\}}(e_{\{3\}})$).

Cette fonction est un {1,2}-contraste sur $\mathcal{E}$ car c'est le produit tensoriel de deux fonctions de sommes nulles, l'une sur $\mathcal{E}_1$ et l'autre sur $\mathcal{E}_2$, et de la fonction constante égale à 1 sur $\mathcal{E}_3$. Elle est constante égale à $\theta_{\{1,2\}}(e_{\{1,2\}})$ sur toute ligne, c'est-à-dire sur toute tranche $\mathcal{E}_{\{3\}}(e_{\{1,2\}})$. Quant à $\theta_{\{1,2\}}$, elle a les valeurs suivantes :

$\theta_{(1,2)}$ — lignes : $\mathcal{E}_1$, colonnes : $\mathcal{E}_2$

1	-1
-1	1

La fonction $\theta_{\{1,2\}}$ est bien de somme nulle sur toute ligne et toute colonne de ce tableau, c'est-à-dire sur toute tranche

$$\mathcal{E}_{\{2\}}(e_{\{1\}}) \text{ et } \mathcal{E}_{\{1\}}(e_{\{2\}}) \text{ de } \mathcal{E}_{\{1,2\}} = \mathcal{E}_1 \times \mathcal{E}_2.$$

Exemple. Soient $I=\{1,2,3,\cdots,m\}$ où $m>3$, $\#\mathcal{E}_1 = \#\mathcal{E}_2=3$, $\#\mathcal{E}_3=2$ et ζ la mesure d'équiprobabilité sur $\mathcal{E} = \mathcal{E}_1\times\cdots\times\mathcal{E}_m$.

On obtient un J-contraste sur $\mathcal{E}$, $J=\{1,2,3\}$, en formant le produit tensoriel, d'une part, des fonctions qui prennent les valeurs

$$-1,\ 2,\ -1 \text{ sur } \mathcal{E}_1 \text{ et } \mathcal{E}_2,$$
$$-1,\ 1 \text{ sur } \mathcal{E}_3$$

et, d'autre part, des fonctions constantes égales à 1 sur $\mathcal{E}_3,\cdots,\mathcal{E}_m$.

Tout contraste de cette forme est une fonction constante égale à $\theta_J(e_J)$ sur toute tranche $\mathcal{E}_{\{4,\cdots,m\}}(e_J)$ de $\mathcal{E}$. Quant à la fonction θ_J, qui est définie sur le produit cartésien $\mathcal{E}_J=\mathcal{E}_1\times\mathcal{E}_2\times\mathcal{E}_3$, elle prend des valeurs tabulées comme suit.

$\mathcal{E}_3$ ⊙ — lignes : $\mathcal{E}_1$, colonnes : $\mathcal{E}_2$

-1	2	-1
2	-4	2
-1	2	-1

lignes : $\mathcal{E}_1$, colonnes : $\mathcal{E}_2$

1	-2	1
-2	4	-2
1	-2	1

On remarque que θ_J est bien de somme nulle sur toute tranche

$$\mathcal{E}_{\{1\}}(e_{\{2,3\}}),\ \mathcal{E}_{\{2\}}(e_{\{1,3\}}) \text{ ou } \mathcal{E}_{\{3\}}(e_{\{1,2\}}) \text{ de } \mathcal{E}_J=\mathcal{E}_1\times\mathcal{E}_2\times\mathcal{E}_3.$$

3.2. Décomposition de $\mathbb{R}^E$.

Les espaces de J-contrastes sur le produit cartésien $\mathcal{E}$ sont les termes d'une décomposition en somme directe de $\mathbb{R}^E$.

Théorème 3.2. *Considérons le produit cartésien $\mathcal{E}$ d'une famille finie d'ensembles finis. Alors l'espace des fonctions réelles sur $\mathcal{E}$ vérifie*

$$\mathbb{R}^E = \otimes\{\Theta_{J;\zeta} \mid J \subseteq I\}.$$

De plus les termes de cette décomposition sont orthogonaux pour le produit scalaire

$$\langle x,y\rangle_\zeta = \Sigma_{e\in E}\zeta(e)\ x(e)\ y(e).$$

Démonstration. La première partie est une conséquence directe d'une propriété générale des produits tensoriels, voir CHAMBADAL et OVAERT [1968] Th. 8.10, p 94-95. D'après cette propriété

$$\mathbb{R}^E,\ \underset{i}{\otimes}\mathbb{R}^{E_i} \text{ et } \oplus\{\Theta_{J;\zeta} \mid J \subseteq I\}$$

sont isomorphes. On en déduit le résultat en identifiant ces trois espaces.

Montrons alors que les espaces de contrastes sont orthogonaux. Soient J et K deux parties distinctes de I. Sans perte de généralité supposons $J \subset K$ et posons $M = J \backslash K$.

Soit $x \in \Theta_{J,\zeta}$ et $y \in \Theta_{K;\zeta}$. Comme $M \subset \overline{K}$, y est constante sur toute tranche $\mathcal{E}_M(e_{\overline{M}})$, $e_{\overline{M}} \in \mathcal{E}_{\overline{M}}$. Notons donc $y_{\overline{M}}(e_{\overline{M}})$ la valeur prise par y sur cette tranche. Quant à x, il peut se mettre sous la forme

$$x(e_M, e_{\overline{M}}) = x_M(e_M) x_{\overline{M}}(e_{\overline{M}})$$

puisque $\Theta_{J;\zeta}$ est un produit tensoriel. De même

$$\zeta(e_M, e_{\overline{M}}) = \zeta_M(e_M)\zeta_{\overline{M}}(e_{\overline{M}})$$

car ζ est une mesure produit. De plus, comme $M \neq \emptyset$, on a

$$\Sigma\{\zeta_M(e_M) x_M(e_M) \mid e_M \in \mathcal{E}_M\} = 0$$

par définition des espaces de contrastes.

$$\text{Donc } \langle x,y\rangle_\zeta = \Sigma\{\ y_{\overline{M}}(e_{\overline{M}}) \sum \{\zeta(e)\ x(e) \mid e \in \mathcal{E}_M(e_{\overline{M}})\}\ \mid e_{\overline{M}} \in \mathcal{E}_{\overline{M}}\ \}$$
$$= \Sigma\{\ y_{\overline{M}}(e_{\overline{M}})\ \zeta_{\overline{M}}(e_{\overline{M}})\ x_{\overline{M}}(e_{\overline{M}}) \sum\{\zeta_M(e_M)\ x_M(e_M) \mid e_M \in \mathcal{E}_M\}\ \mid e_{\overline{M}} \in \mathcal{E}_{\overline{M}}\ \} = 0. \square$$

Intéressons nous maintenant à la construction de bases adaptées à la décomposition de $\mathbb{R}^E$ en espaces de contrastes, c'est-à-dire d'une base dont on puisse extraire une famille génératrice pour chacun des Θ_J, $\forall J \subseteq I$.

Nous allons utiliser le produit tensoriel de matrices. Rappelons en la définition. Soit les matrices $A = (a_{ij})$, d'ordre $p \times q$, et B. Alors

$$A \otimes B = \begin{pmatrix} a_{11}B & \cdots & a_{1q}B \\ \cdots & & \cdots \\ a_{p1}B & \cdots & a_{pq}B \end{pmatrix}.$$

est appelé *produit tensoriel (direct ou de Kronecker)* de A et B.

Pour $i \in I = \{1, \cdots, m\}$ soit la matrice carrée régulière d'ordre q_i

$$P_i = (P_{i0} \mid P_{i1})$$

telle que $P_{i0} = \mathbb{1}$ et que toute colonne de P_{i1} est orthogonale à $\mathbb{1}$ par rapport à la mesure ζ_i sur $\mathcal{E}_i$. Soit P le produit tensoriel des P_i:

$$P = \otimes P_i.$$

Les colonnes de P forment une base pour $\mathbb{R}^E$. De plus les colonnes de

$$\otimes P_{i\,\mathbb{1}_J(i)} = (\underset{i\in J}{\otimes} P_{i1}) \otimes (\underset{i\notin J}{\otimes} P_{i0})$$

engendrent $\Theta_{J,\zeta}$. En effet, P_{i0} engendre $\Theta_{i,0}$ et $\mathrm{Im}P_{i1} = \Theta_{i,1}$.

Cette base est donc adaptée à la décomposition de $\mathbb{R}^E$ en espaces de contrastes.

Lorsque ζ est la mesure d'équiprobabilité sur $\mathcal{E}$ on peut choisir pour P_i la matrice de Helmert d'ordre $\#\mathcal{E}_i = q_i$ par exemple. En effet les colonnes de cette matrice forment une base de $\mathbb{R}^{E_i}$ orthonormale pour le produit scalaire usuel. De plus la première colonne de cette matrice engendre $\Theta_{i,0}$. Cette base est donc adaptée à la décomposition

$$\mathbb{R}^{E_i} = \Theta_{i,0} \oplus \Theta_{i,1}.$$

Par produit tensoriel on obtient la matrice de passage, P, de la base canonique dans la base adaptée de $\mathbb{R}^E$. L'inverse de cette matrice de passage s'obtient également par produit tensoriel et vérifie

$$P^{-1} = \frac{1}{\#\mathcal{E}}\,{}^tP,$$

D'autres bases orthogonales et adaptées sont utilisées. Elles aussi sont construites par produit tensoriel: les bases construites à partir de polynômes orthogonaux (voir par exemple RAKTOE, HEDAYAT et FEDERER [1981 Ch.4]), ou bien la *base de Yates* introduite dans la quatrième partie de ce chapitre.

Remarque. Pour ζ mesure d'équiprobabilité sur $\mathcal{E}$ on obtient sans peine en général les coordonnées dans la base adaptée d'un vecteur de $\mathbb{R}^E$. Ainsi quand tous les facteurs ont 2 ou 3 niveaux seulement et

$$P_i = \begin{pmatrix} 1 & -1 \\ 1 & 1 \end{pmatrix} \text{ ou bien } P_i = \begin{pmatrix} 1 & -1 & 1 \\ 1 & 0 & -2 \\ 1 & 1 & 1 \end{pmatrix}, \ \forall i,$$

on peut recourir à l'*algorithme de YATES* bien connu, voir par exemple BOX et DRAPER [1987, p.127-128 & 240-243].

Signalons par ailleurs une généralisation de cet algorithme, due à HOWELL [1969], valable pour toute matrice $P = \otimes P_i$.

Remarque. L'utilisation de bases orthogonales pour les espaces $\mathbb{R}^{E_i}$ n'est pas indispensable, d'autres bases peuvent être plus utiles en pratique. Considérons, par exemple, la matrice d'ordre q_i

$$P_i = q_i^{-1}\left(\begin{array}{c|c} \mathbb{1} & -{}^t\mathbb{1} \\ \hline & q_i I - J \end{array}\right).$$

Cette matrice est régulière, toutes ses colonnes - hormis la première - sont bien de sommes nulles. Les colonnes de cette matrice forment donc une base adaptée à la décomposition

$$\mathbb{R}^{E_i} = \Theta_{i,0} \overset{\perp}{\oplus} \Theta_{i,1}.$$

Cette base de $\mathbb{R}^{E_i}$ n'est pas orthogonale et on a

$$P_i^{-1} = \left(\begin{array}{c|c} \multicolumn{2}{c}{{}^t\mathbb{1}} \\ \hline -\mathbb{1} & I \end{array}\right).$$

Par produit tensoriel des P_i on obtient une base de $\mathbb{R}^E$.

Cette base est tout à fait appropriée quand les facteurs ont tous un niveau témoin. Repérons en effet les niveaux du ième facteur par les entiers 0 (pour le niveau témoin), $1,\cdots,(q_i-1)$.

Tout vecteur $z\in\mathbb{R}^{E_i}$ a alors pour nouvelles coordonnées,

$$\Sigma_i z_i \text{ et les } (z_i - z_0),\ i=1,\cdots,(q_i-1).$$

Ainsi les nouvelles coordonnées d'un vecteur de $\mathbb{R}^E$ (obtenues là aussi par produit tensoriel) s'expriment très simplement.

3.3. Modèles pour les expériences factorielles.

Nous allons utiliser les espaces de contrastes pour reparamétrer les modèles d'analyse des expériences factorielles d'une manière analogue à celle introduite par KURKIJIAN et ZELEN [1962], voir HARDIN et KURKIJIAN [1989] ou GUPTA et MUKERJEE [1989]. Pour y parvenir nous allons exploiter la propriété suivante.

Proposition 3.3. *Si $\mathcal{H}$ est une famille hiérarchique de parties de* I,

$$\Theta = \oplus\{\Theta_{J,\zeta} \mid J\in\mathcal{H}\}$$

est alors l'espace des fonctions constantes sur les tranches $\mathcal{E}_{\bar J}(e_J)$, $e_J\in\mathcal{E}_J$, $J\in\mathcal{H}^{\varepsilon}$.

Ainsi Θ *ne dépend pas de* ζ.

Démonstration. Pour une partie J donnée de I, soit $\mathcal{E}_J=\Pi_{i\in I}\mathcal{E}_i$ et ζ_J la mesure produit des ζ_i, $i\in J$.

Considérons l'application injective de $\mathbb{R}^{E_J}$ dans $\mathbb{R}^E$ qui associe à tout $\theta_J\in\mathbb{R}^{E_J}$ la fonction constante égale à $\theta_J(e_J)$ sur toute tranche $\mathcal{E}_{\bar J}(e_J)$, $e_J\in\mathcal{E}_J$. Notons Λ_J l'image de cette application.

Pour tout $K \subseteq J$, $\Theta_{K,\zeta}$ est l'image par cette application de l'espace des K-contrastes sur $\mathcal{E}_J$ par rapport à la mesure ζ_J. On a donc

$$\Lambda_J = \oplus\{\Theta_{K,\zeta} \mid K \subseteq J\}$$

puisque l'application ci-dessus est injective et que $\mathbb{R}^{E_J}$ est somme directe des sous-espaces de contrastes sur $\mathcal{E}_J$.

On a ainsi, pour toute famille hiérarchique de parties de I, $\mathcal{H}$, engendrée par $\mathcal{H}^g$,

$$\Theta = \Sigma\{\Lambda_J \mid J \in \mathcal{H}^g\} = \Sigma\{\oplus\{\Theta_{K,\zeta} \mid K \subseteq J\} \mid J \in \mathcal{H}^g\} = \oplus\{\Theta_{K,\zeta} \mid K \in \mathcal{H}\}$$

puisque $\cup\{\mathcal{P}(J) \mid J \in \mathcal{H}^g\} = \mathcal{H}$. □

Considérons un plan factoriel caractérisé par la matrice D (i.e. la matrice d'incidence des traitements aux unités). Supposons les réponses observées analysées au moyen du modèle surparamétré suivant:

$$\mathbb{E}Y = X\eta = \sum_{\mathcal{H}} X_J \eta_J \ , \ \mathrm{Cov}Y = \sigma^2 I_n \ ,$$

où $\mathcal{H}$ est une famille hiérarchique de parties de l'ensemble I des m facteurs.

Soit $X = (X_J \mid J \in \mathcal{H})$ la matrice de ce modèle. Elle est d'ordre $n \times p$ où $p = \sum_{J \in \mathcal{H}} \Pi\{q_j \mid j \in J\}$.

Comme les colonnes de X_J sont les images par D des indicatrices des J-tranches de $\mathcal{E}$, on a d'après la proposition 3.3

$$\mathrm{Im}X = \mathrm{Im}_D \Theta \text{ où } \Theta = \oplus\{\Theta_{J,\zeta} \mid J \in \mathcal{H}\}.$$

Considérons alors une base de $\mathbb{R}^E$ adaptée à la décomposition en espaces de contrastes et construite par produit tensoriel de matrices

$$P_i = (\mathbb{1} \mid P_{i1}) \ , \forall i \in I.$$

Soient $P_\emptyset = (1)$ et, pour tout $J \subseteq I$: $J \neq \emptyset$,

$$P_J = \otimes\{P_{j1} \mid j \in J\},$$

qui est donc une matrice d'ordre $(\prod_J q_j) \times \prod_J (q_j - 1)$. Quel que soit $J \in \mathcal{H}$ on a alors

$$\mathrm{Im}_D \Theta_{J,\zeta} = \mathrm{Im}X_J P_J.$$

$$\Rightarrow \mathrm{Im}X = \sum_{\mathcal{H}} \mathrm{Im}X_J P_J.$$

On peut donc remplacer le modèle surparamétré par le modèle de Gauss-Markov suivant pour l'analyse des réponses observées:

$$\mathbb{E}Y = \sum_{\mathcal{H}} X_J P_J \, \beta_J \ , \ \mathrm{Cov}Y = \sigma^2 I_n \ ,$$

où $P_J \beta_J = \eta_J$, $\forall J \in \mathcal{H}$.

La matrice de ce modèle est obtenue en plaçant côte à côte les blocs $X_J P_J$, $J \in \mathcal{H}$. Elle est donc d'ordre $n \times t$, où $t = \sum_{J \in \mathcal{H}} \Pi\{q_j - 1 \mid j \in J\}$.

Précisons maintenant quelles contraintes d'identification sont imposées implicitement aux paramètres du modèle surparamétré quand on utilise le modèle d'analyse ci-dessus.

Pour tout $J\in\mathcal{H}$: $J\neq\emptyset$, on a $P_J\beta_J = \eta_J$ où $P_J = \otimes_J P_{j1}$. Or ${}^t\mathbb{I}P_{j1} = 0$ $\forall j\in J$. D'après les propriétés des produits tensoriels tout paramètre η_J est donc fonction sur $\mathcal{E}_J$ de moyenne nulle sur toute tranche

$$\mathcal{E}_{J\setminus\{j\}}(e_j),\ \forall\ e_j\in\mathcal{E}_j \text{ et } j\in J.$$

Remarque. Implicitement on impose ici au paramètre $\eta\in\mathbb{R}^p$ d'appartenir à l'image d'une application linéaire Z de $\mathbb{R}^t$ sur $\mathbb{R}^p$ qui a pour matrice canonique $Z = \operatorname{diag}(P_J \mid J\in\mathcal{H})$.

Exemple 2 (suite). Reprenons l'exemple du modèle additif. Ici $\mathcal{H}$ est formée de $\emptyset$ et des singletons de $I=\{1,\cdots,m\}$. En utilisant la méthode ci-dessus, avec pour ζ la mesure d'équiprobabilité, on retrouve le modèle

$$\mathbb{E}Y = \beta_0\mathbb{I} + X_1P_1\beta_1 + \cdots + X_mP_m\beta_m,\ \operatorname{Cov}Y = \sigma^2 I_n,$$

en posant $X_j\equiv X_{\{j\}}$, $\beta_j\equiv\beta_{\{j\}}$, $P_j\equiv P_{\{j\}} = P_{j1}$. Alors

$$\eta_{\{j\}} = P_j\beta_j \iff \Sigma\{\eta_{\{j\}}(e_j) \mid e_j\in \mathcal{E}_j\} = 0.$$

Dans ces conditions le vecteur paramétrique η appartient bien au sous espace $\operatorname{Im}Z$ de $\mathbb{R}^p$ où

$$Z = \left(\begin{array}{c|c} 1 & 0 \\ \hline 0 & \operatorname{Diag}(P_1,\cdots,P_m) \end{array}\right).$$

4. GROUPES ABÉLIENS FINIS ET ESPACES DE CONTRASTES.

En munissant le domaine expérimental $\mathcal{E}$ d'une structure algébrique appropriée on peut grandement simplifier l'analyse et la construction de plans factoriels. Nous nous intéressons ici au cas particulier où $\mathcal{E}$ est identifié à un groupe abélien fini.

4.1. Groupes abéliens finis, représentations linéaires.

Rappelons pour commencer quelques définitions et propriétés classiques. On trouvera plus amples détails dans des manuels classiques comme celui de HALL [1959] et, pour ce qui concerne la représentation linéaire des groupes, dans des ouvrages spécialisés comme ceux de SERRE [1967] ou de MALLIAVIN [1981].

Définition 4.1. *Considérons un ensemble G muni d'une loi de composition interne notée* $*$ *. On dit alors que G est un groupe si la loi est associative, possède un élément neutre et si tout élément admet un symétrique.*

Ce groupe est dit abélien si cette loi est de plus commutative.

Si le groupe G est fini, on appelle ordre de G son cardinal.

Pour tout g élément d'un groupe G, soient g^{-1} le symétrique de g, $g^2 = g*g$ et plus généralement g^n le composé de g avec lui même n fois. Par extension notons g^0 l'élément neutre de G.

Définition 4.2. *Soit G un groupe. On appelle sous-groupe toute partie S de G telle que*

$$x \text{ et } y \in G \Rightarrow x*y^{-1} \in G.$$

On note alors $S \leq G$.

Soit $S \leq G$*. Pour* $g \in G$ *fixé, on appelle classe à gauche de g modulo S l'ensemble* $\{g*h \mid h \in S\}$.

On appelle sous-groupe propre de G tout sous-groupe S strictement inclus dans G. On note $S<G$.

Un sous-groupe S de G est dit normal (ou distingué) s'il vérifie:

$$g\, S\, g^{-1} = S,\ \forall\, g \in G.$$

Il est clair que toutes les classes à gauche ont même cardinal et qu'elles sont disjointes ou confondues.

Pour G fini le nombre des classes distinctes est noté $[G:S]$ et est appelé *indice de S dans G*. Ces classes constituent une partition de G.

On définit de même les classes à droite modulo $S \leq G$. Bien entendu, quand G est abélien la classe à gauche de g suivant S coïncide avec la classe de droite. On dit alors que c'est une *classe latérale de S*.

Remarquons par ailleurs que tout sous-groupe d'un groupe abélien est normal.

S'agissant de l'intersection de deux sous-groupes de G, on montre sans difficulté que c'est un sous-groupe. On peut donc définir les sous-groupes engendrés par une partie de G.

Définition 4.3. *Soit* $\mathcal{K}$ *une partie de G. L'intersection de tous les sous-groupes de G contenant* $\mathcal{K}$ *est appelé sous-groupe engendré par* $\mathcal{K}$ *et est noté* $G(\mathcal{K})$*. L'ensemble* $\mathcal{K}$ *est lui-même appelé le générateur de* $G(\mathcal{K})$.

En particulier on note $\langle g \rangle$ *le sous-groupe engendré par* $\{g\}$*. Ce sous-groupe est constitué de la suite*

$$g^0,\ g,\ g^2, \dots,\ g^n$$

jusqu'à ce que $g^{n+1} = g^0$*. S'il est fini ce groupe est dit cyclique.*

On appelle ordre d'un élément $g \in G$ *l'ordre du sous-groupe cyclique qu'il engendre.*

Il est clair que tout sous-groupe cyclique de G est commutatif.

S'il est d'ordre p, il est isomorphe à $\mathbb{Z}/p\mathbb{Z}$: l'ensemble des classes résiduelles d'entiers naturels modulo p. On a de plus la propriété suivante.

Proposition 4.4. *Pour qu'un groupe d'ordre supérieur à 1 et d'élément neutre* g^0 *ait comme seul sous-groupe propre* $\{g^0\}$ *il faut et il suffit qu'il soit cyclique d'ordre premier.*

Démonstration. Voir par exemple HALL [1959 Th.1.5.4].□

Définition 4.5. *Soit* $(G,*)$ *et* $(H,\circ)$ *deux groupes et* $\mathcal{M}$ *une application de G dans H.*

On dit que $\mathcal{M}$ *est un morphisme de groupe si*

$$(g_1,g_2)\in G^2 \Rightarrow \mathcal{M}(g_1*g_2) = \mathcal{M}(g_1)\circ\mathcal{M}(g_2).$$

L'ensemble des éléments de G qui ont l'élément neutre de H comme image par $\mathcal{M}$ *est appelé le noyau de* $\mathcal{M}$.

On dit que $\mathcal{M}$ *est un isomorphisme si* $\mathcal{M}$ *est bijective.*

L'image d'un morphisme de *G* dans *H* est un sous-groupe de *H*. Son noyau est un sous-groupe normal.

Proposition 4.6. *Tout groupe abélien fini, G, d'ordre* n *est isomorphe au produit de* m *groupes cycliques d'ordres* $q_1,\cdots,q_m$: $n=q_1\times\cdots\times q_m$.

L'ordre de tout élément divise l'exposant de G qui est l'entier

$$q = \mathrm{PPCM}\{q_1,\cdots,q_m\} \text{ et on a } q = \mathrm{Max}\{\#\langle g\rangle \mid g\in G\}.$$

De plus, si p *est un diviseur premier de* q, *alors G possède un élément d'ordre* p.

Démonstration. Voir HALL [1959 § 3.3].□

Exemple. Comme exemple de groupe abélien fini citons le produit de m groupes cycliques d'ordres p premier. C'est donc un groupe d'ordre p^m et d'exposant p. On dit qu'il s'agit d'un *groupe abélien élémentaire* et on le note $\mathbf{EA}(p^m)$.

Utilisons alors ces propriétés pour identifier le domaine expérimental $\mathcal{E}=\Pi_i\mathcal{E}_i$ d'un plan factoriel à un groupe abélien fini.

Posons $\#I=m$ et $\#\mathcal{E}_i=q_i$ pour $i=1,\cdots,m$. Ordonnons arbitrairement tout $\mathcal{E}_i$ et repérons ses éléments par les entiers $0,1,\cdots,q_i-1$. Munissons cet ensemble d'entiers de la loi d'addition modulo q_i.

Soit alors le produit des m groupes abéliens finis $\mathbb{Z}/q_i=\mathbb{Z}/q_i\mathbb{Z}$

$$G = \mathop{\times}_{i=1}^{m} \mathbb{Z}/q_i$$

C'est un groupe abélien qui va nous servir à repérer les éléments de $\mathcal{E}$. Il est d'ordre Πq_i et d'exposant $q=\mathrm{PPCM}\{q_i \mid i=1,\cdots,m\}$,

Remarque. Cette représentation est arbitraire, bien que naturelle. Si l'un des facteurs a un nombre de niveaux qui n'est pas premier, on peut envisager d'autres représentations. Par exemple tout ensemble de niveaux de cardinal 8 peut être identifié aux groupes $\mathbb{Z}/8$, $(\mathbb{Z}/2)^3$ ou $(\mathbb{Z}/4)\times(\mathbb{Z}/2)$.

Une fois le domaine expérimental $\mathcal{E}$ identifié à un groupe abélien, on peut construire une base adaptée à la décomposition de $\mathbb{R}^E$ en espaces de contrastes en utilisant les propriétés des représentations linéaires de ce type de groupes finis.

Définition 4.7. *Soient V un $\mathbb{C}$-espace vectoriel de dimension* n *et G un groupe fini.*

On appelle représentation linéaire du groupe G tout morphisme de G dans le groupe linéaire sur V. V est l'espace de représentation de G, ou plus brièvement la représentation de G, n *est le degré de cette représentation.*

Notons ρ un tel morphisme et ρ_g l'image qu'il donne de $g\in G$.

On dit qu'une représentation ρ: $G \longrightarrow GL(V)$ est irréductible si V n'est pas réduit au nul et s'il n'existe pas de sous-espace W propre de V qui soit stable par ρ_g, $\forall$ $g\in G$.

Exemple. Considérons une représentation de degré 1 du groupe abélien fini G. Il s'agit en fait d'un morphisme de G dans le groupe multiplicatif des nombres complexes non nuls. Comme G est fini et $g^q = g^0$ $\forall$ $g\in G$, avec q exposant de G, ce sont des racines q-èmes de l'unité qui représentent en fait les ρ_g

$$\rho_{(g^q)} = \rho_g^q = 1 \ \forall \ g\in G.$$

Définition 4.8. *Considérons deux représentations linéaires de G de même degré*

$$\rho^1 : G \longrightarrow GL(V_1) \text{ et } \rho^2 : G \longrightarrow GL(V_2).$$

On dit que ces deux représentations sont isomorphes s'il existe un isomorphisme linéaire A de V_1 sur V_2, indépendant de $g\in G$, tel que

$$\rho_g^1 = A^{-1}\circ\rho_g^2\circ A \ , \ \forall \ g\in G.$$

Définition 4.9. *Soit ρ: $G \longrightarrow GL(V)$ une représentation linéaire du groupe fini G.*

On appelle caractère de cette représentation le vecteur

$$\chi_\rho = (\text{trace } \rho_g \,|\, g\in G) \in \mathbb{C}^G.$$

Dans le cas particulier des groupes abéliens finis les caractères des représentations irréductibles ont les propriétés suivantes.

Remarque. Si V et W sont deux vecteurs colonnes à n éléments réels ou complexes, alors leur *produit d'Hadamard* est le vecteur colonne $V\odot W$

d'ordre n constitué des produits des éléments de même rang de V et W.

Proposition 4.10. *Considérons un groupe fini G d'exposant* q *et d'élément neutre* $\mathbb{1}$. *Munissons* $\mathbb{C}^G$ *du produit scalaire*

$$\langle\psi,\varphi\rangle = \frac{1}{\#G}\,\Sigma_g\,\overline{\psi(g)}\,\varphi(g).$$

Pour que G soit commutatif il est nécessaire et suffisant que ses représentations irréductibles soient toutes de degré 1.

Considérons dans ce cas les caractères des représentations irréductibles et non isomorphes de G. Ces caractères ont pour valeurs les racines q-èmes de l'unité et vérifient

$$1)\ \chi(\mathbb{1}) = 1, \qquad 2)\ \chi(g^{-1}) = \overline{\chi(g)}\ \forall\ g\in G.$$

De plus ils forment une base orthonormale de $\mathbb{C}^G$.

Munis du produit d'Hadamard ces caractères constituent un groupe abélien fini, G, isomorphe à G, appelé dual de G.*

Supposons $G=G_1\times G_2$ *alors*

$$\chi_1\in G_1^* \text{ et } \chi_2\in G_2^* \ \Rightarrow\ \chi_1\otimes\chi_2\in G^*$$

Démonstration. Voir par exemple HALL [1959 § 13.2] ou SERRES [1967.§ 1.2].□

Représentations irréductibles des groupes cycliques.

Soit G le groupe cyclique d'ordre p (*i.e.* $G=\mathbb{Z}/p$). Il est abélien. Aussi toute représentation linéaire de degré 1 est une rotation dans le plan d'Argand-Cauchy. Cette rotation est d'angle multiple de $k(2\pi/p)$ où $k\in\{0,1,\cdots,p-1\}$. Pour deux valeurs distinctes de k on a des représentations non-isomorphes.

Ces rotations nous donnent donc les p représentations irréductibles de G.

Si les caractères de ces représentations sont placés en colonne, côte à côte, on obtient une matrice carrée à éléments racines p-èmes de l'unité, dont les colonnes constituent une base orthonormée de $\mathbb{C}^G$. Plus précisément c'est la matrice de Fourier suivante.

G	Caractères					
0	1	1	1	......	1	1
1	1	ω	ω^2	......	ω^{p-2}	ω^{p-1}
2	1	ω^2	ω^4	......	$\omega^{2(p-2)}$	$\omega^{2(p-1)}$
.....	.....	.....	.....	......	.....	.....
p-1	1	ω^{p-1}	$\omega^{2(p-1)}$	......	$\omega^{(p-1)(p-2)}$	$\omega^{(p-1)^2}$

$$\omega = \exp i\,\frac{2\pi}{p}$$

Munies du produit d'Hadamard ces colonnes forment un groupe cyclique d'ordre p.

Caractères des groupes abéliens finis.

Considérons maintenant un groupe abélien fini, G, non cyclique et d'exposant q. C'est le produit de m groupes cycliques. On obtient donc la table des caractères des représentations irréductibles de G par produit tensoriel des tables des caractères des groupes composant G, c'est-à-dire de m matrices de Fourier. Ainsi cette table est une matrice carrée, d'ordre $|G|$, qui a pour éléments les racines q-èmes de l'unité, dont les lignes sont indexées par les éléments de G. Ses colonnes forment, là encore, une base orthonormée de $\mathbb{C}^G$. De plus, elles constituent un groupe isomorphe à G si on les munit du produit d'Hadamard.

Considérons un sous-groupe propre S de G. Extrayons de la table des caractères des représentations de G les lignes indexées par les éléments de S. Notons B la matrice d'ordre $|S|\times|G|$ ainsi obtenue.

Les colonnes de B nous donnent les caractères des représentations irréductibles de S. Mais, comme $|S|<|G|$, certaines de ces représentations sont isomorphes et ont donc mêmes caractères.

Ainsi de deux choses l'une pour tout couple de colonnes de B: ou bien ce couple est formé de vecteurs identiques, ou bien ces vecteurs sont orthogonaux dans $\mathbb{C}^S$. Par ailleurs, toute famille de $|S|$ colonnes orthogonales de B ont une structure de groupe abélien pour le produit d'Hadamard. Elles constituent donc le dual S^* du groupe S.

4.2. Base de Yates.

Base adaptée à la décomposition de $\mathbb{R}^E$ en espaces de contrastes.

Nous allons utiliser le dual du groupe G, c'est-à-dire l'ensemble des caractères des représentations irréductibles de G muni du produit d'Hadamard, pour construire une base de $\mathbb{R}^E$ adaptée à la décomposition en espaces de contrastes

$$\mathbb{R}^E = \oplus\{\Theta_J \mid J\subseteq I\},$$

en identifiant le domaine expérimental $\mathcal{E}=\prod_j \mathcal{E}_j$ au groupe $G=\times_j \mathbb{Z}/q_j$.

Soit $G=\times_{j=1}^{m} \mathbb{Z}/q_j$ et q l'exposant de G, on a donc $q=\mathrm{PPCM}\{q_j \mid j=1,\cdots,m\}$

Comme nous l'avons vu ci-dessus, les éléments de G^* constituent une base orthonormale de $\mathbb{C}^E$, l'espace des fonctions complexes sur $\mathcal{E}$. De plus, tout vecteur de cette base est lui-même produit tensoriel de m caractères des représentations irréductibles des $\mathbb{Z}/q_j$, $j=1,\cdots,m$, car G est produit de ces groupes cycliques.

Considérons alors les fonctions suivantes sur $G_j= \mathbb{Z}/q_j$

1) ξ_j telle que $\xi_j(k)=\exp(i\ 2\pi k/q_j)$, $k=0,1,\cdots,q_j-1$,

2) ξ_j^0 constante égale à 1 et $\xi_j^k = \overset{k}{\underset{l=1}{\odot}} \xi_j$.

Tout $\chi \in G^*$ s'écrit $\chi = \otimes \xi_j^{x_j}$ avec $x_j \in \mathbb{Z}/q_j$. On a donc quel que soit $y \in G$,

$$\chi(y) = \exp(i\, q^{-1} 2\pi [x,y]),$$

avec $x=(x_j \mid j=1,\cdots,m)$, $y=(y_j \mid j=1,\cdots,m)$ et $[x,y] = \Sigma_j x_j y_j \dfrac{q}{q_j}$ mod q.

Remarque. χ peut lui-même être identifié à l'élément x de G.

Au moyen de la base de $\mathbb{C}^E$ constituée par les éléments de G^*, nous voulons décomposer des fonctions à valeurs réelles sur $\mathcal{E}$. Quelles conditions faut-il imposer aux coefficients ?

Considérons $f=(f(e) \mid e \in \mathcal{E}) \in \mathbb{C}^E$, appelons conjuguée de f la fonction

$$\bar{f} = (\bar{f}(e) \mid e \in \mathcal{E}).$$

Soit les fonctions réelles sur $\mathcal{E}$

$$\text{Réel}[f] = (f+\bar{f})/2 \text{ et } \text{Imag}[f] = i(\bar{f}-f)/2.$$

Proposition 4.11. *Considérons une fonction* f *de* $\mathbb{C}^E$. *Pour que* f *soit à valeurs réelles il faut et suffit que, pour tout* $\chi \in G^*$,

1) *si* $\chi=\bar{\chi}$, $\langle\chi,f\rangle$ *soit réel,*

2) *si* $\chi \neq \bar{\chi}$, $\langle\chi,f\rangle$ et $\langle\bar{\chi},f\rangle$ *soient conjugués.*

Démonstration. Revenons à la table des caractères des représentations irréductibles du groupe cyclique d'ordre q_i. Notons ces caractères

$$\xi_i^0 = 1,\ \xi_i^1, \cdots, \xi_i^{p-1}, \text{ avec } p=q_i, .$$

Remarquons alors que $\xi_i^{p-k} = \bar{\xi}_i^k$, pour $k=1,\cdots,q_i-1$.

Donc ces caractères sont conjugués 2 à 2 quand ils ne sont pas à valeurs toutes réelles. Il en est de même de la table des caractères d'un groupe abélien fini quelconque puisque ce groupe est produit de groupes cycliques.

Considérons alors une fonction f sur $\mathcal{E}$ (identifié à G) à valeurs réelles. Ce vecteur de $\mathbb{C}^E$ a des coordonnées réelles ou conjuguées 2 à 2 dans la base constituées des $\underset{i}{\otimes} \xi_i^j$.

Inversement, tout vecteur ayant cette propriété est à valeurs réelles sur G.□

Proposition 4.12. *Soient* $I=\{1,2,\cdots,m\}$ *et* $J \subseteq I$. *Considérons les éléments de* G^* *produits tensoriels des caractères de* $\mathbb{Z}/q_i$ *qui sont de sommes nulles si* $i \in J$, *et constants si* $i \notin J$.

Tout J-contraste sur $\mathcal{E}$ *est combinaison linéaire de ces éléments de* G^* *avec des coefficients qui vérifient les conditions de la proposition 4.11.*

Cette décomposition est unique.

Démonstration. Reprenons la table C_i des caractères de $\mathbb{Z}/p$ avec $p=q_i$.

Remarquons alors que sont des fonctions de sommes nulles sur $\mathbb{Z}/p$ hormis le premier d'entre eux, ξ_i^0, qui est constant égal à 1.

Or la table des caractères des représentations irréductibles de *G* est égale à $C=\otimes_i C_i$. Donc les colonnes de C s'écrivent

$$\otimes_i \xi_i^{j(i)}, \text{ pour } i=1,\cdots,m \text{ et } j(i)=0,1,\cdots,q_i-1,$$

avec $\xi_i^0= \mathbb{1}$ et, pour tout i tel que $j(i)\neq 0$, ${}^t\mathbb{1}\ \xi_i^{j(i)}= 0$.

Reprenons alors la définition 3.1 et étendons la aux fonctions à valeurs complexes sur $\mathcal{E}_i$ et sur $\mathcal{E}$. Pour toute colonne χ de C, notons

$$J[\chi]=\{i\in I:\ j(i)\neq 0\}.$$

Ainsi χ est un $J[\chi]$-contraste (complexe) sur $\mathcal{E}$.

Soit J une partie de I et

$$C_J=(\chi\in C:\ J[\chi]=J)$$

Considérons les seules combinaisons linéaires des colonnes de cette matrice qui vérifient les conditions de la proposition 4.11. Ce sont des fonctions réelles sur $\mathcal{E}$, en fait des J-contrastes (réels) sur $\mathcal{E}$.

De plus les colonnes de cette dernière matrice forment une base pour l'espace des J-contrastes sur $\mathcal{E}$ puisqu'elles sont indépendantes et au nombre de $\Pi\langle q_j-1 \mid j\in J\rangle=\dim \Theta_J$.□

Corollaire. *Les éléments de G* constituent une base adaptée à la décomposition de* $\mathbb{R}^E$ *en espaces de contrastes sous réserve que les formes coordonnées vérifient les conditions de la proposition 4.11.*

Rappelons en outre que les éléments de cette base constituent un groupe abélien quand on les munit du produit d'Hadamard, propriété qui est utilisée implicitement par YATES [1937] dans ses travaux sur les expériences factorielles. Cette propriété est très utile pour ce type d'expérimentation. Elle nous conduit à retenir cette base pour l'analyse et la construction des plans factoriels.

Définition 4.13. *Soit un domaine expérimental* $\mathcal{E}$, *produit cartésien de* m *ensembles finis de tailles* q_i, $i=1,\cdots,m$, *identifié au groupe abélien fini*

$$G=\mathop{\times}_{i=1}^{m}\mathbb{Z}/q_i.$$

Soit $\mathbb{R}^E$ *l'espace des fonctions définies sur* $\mathcal{E}$ *et* $\mathbb{C}^E$ *celui des fonctions complexes.*

Considérons les caractères des représentations irréductibles de G comme des vecteurs de $\mathbb{C}^E$. *Toute fonction réelle sur* $\mathcal{E}$ *est alors combinaison linéaire unique de ces vecteurs qui constituent donc une base de* $\mathbb{R}^E$ *adaptée à la décomposition en espaces de contrastes sous réserve que les conditions de la proposition 4.11 soient satisfaites.*

Cette Base est dite de YATES.

Remarque. On déduit de la base de Yates une autre base de $\mathbb{R}^E$, adaptée celle-là à la décomposition en espace de contrastes. Au couple $(\chi,\bar{\chi})$: $\chi\neq\bar{\chi}$, d'éléments de G^* Il suffit de substituer le couple de vecteurs

$$\left(\frac{\sqrt{2}}{2}\ \text{Réel}[\chi],\ \frac{\sqrt{2}}{2}\ \text{Imag}[\chi]\right).$$

Si nous munissons $\mathbb{R}^E$ du produit scalaire

$$\langle f,g\rangle = \frac{1}{|\mathcal{E}|}\ \Sigma_{e\in\mathcal{E}}\ f(e)g(e)$$

cette dernière base est orthonormale. Mais, à l'opposé de la base de Yates, elle n'a pas une structure de groupe abélien pour le produit d'Hadamard.

Générateurs canoniques.

Comme nous l'avons vu plus haut tout élément χ de G^* s'écrit

$$\chi = \otimes\{\xi_i^{x_i} \mid i=1,\cdots,m\},$$

avec $x_i\in\{0,1,\cdots,t_i-1\}$ et ξ_i générateur du groupe $(\mathbb{Z}/q_i)^*$ dual de $\mathbb{Z}/q_i$.

Soit alors χ_i l'image de ξ_i par l'injection canonique de $(\mathbb{Z}/q_i)^*$ dans $G^*\simeq(\mathbb{Z}/q_i)^*$. Notons χ_i^0 la fonction constante égale à 1 sur $\mathcal{E}$ et

$$\chi_i^k = \odot_{j=1}^{k}\chi_i.$$

On dit que les χ_i, i=1,⋯,m, sont *les générateurs canoniques de G** car on a

$$\chi = \odot\{\chi_i^{x_i} \mid i=1,\cdots,m\},$$

Remarque. Pratiquement on note $\mathbb{I}$ (ou I) la fonction constante égale à 1 sur $\mathcal{E}$ et on désigne chaque générateur canonique par une majuscule latine. De plus, on ne fait pas apparaitre le symbole du produit d'Hadamard, suivant en cela les notations de Yates.

Ainsi, si A, B et C sont les générateurs canoniques de G^*, alors

B^2 désigne le produit $\mathbb{I}\odot B^2\odot\mathbb{I}$ (*i.e.* $\chi_1^0\odot\chi_2^2\odot\chi_3^0$),

AB^2C le produit $A\odot B^2\odot C$ (*i.e.* $\chi_1^1\odot\chi_2^2\odot\chi_3^1$).

Le premier est un {2}-contraste sur $\mathcal{E}$, le 2ème un {1,2,3}-contraste.

4.3. Modèles pour les expériences factorielles.

Considérons une fraction de plan factoriel *d* et D l'application de $\mathbb{R}^E$ sur $\mathbb{R}^U$ qu'elle induit (ou sa matrice canonique qui est donc la matrice d'incidence des traitements aux unités). Supposons que **Y**, le vecteur des aléas observés, vérifie:

$$\mathbb{E}\mathbf{Y}\in\mathrm{Im}_D\Theta,\ \text{où}\ \Theta=\{\Theta_J \mid J\subseteq\mathcal{H}\},\ \text{et}\ \mathrm{Cov}\mathbf{Y} = \sigma^2 I_n\ ,$$

avec $\mathcal{H}$ famille hiérarchique de parties de l'ensemble des facteurs et Θ_J espace des J-contrastes sur $\mathcal{E}$ pour la mesure d'équiprobabilité.

Nous allons déduire de la base de Yates un modèle décrivant en termes matriciels cette hypothèse. Ceci va nous conduire à introduire une matrice du modèle à éléments racines de l'unité et des paramètres complexes pour décrire $\mathbb{E}Y$. Il s'agit là d'une légère extension des modèles de Gauss-Markov.

Extrayons de la table des caractères des représentations irréductibles de G le bloc des colonnes qui - dans les conditions de la proposition 4.11 - engendrent $\Theta = \oplus\{\Theta_J \mid J\in\mathcal{H}\}$. Notons ce bloc

$$C_{\mathcal{H}}=(C_J \mid J\in\mathcal{H})$$

Reprenons la matrice du modèle surparamétré: $X=(X_J \mid J\in\mathcal{H})$. On a

$$\mathrm{Im}_D\Theta_J = \mathrm{Im}X_JC_J \Rightarrow \mathrm{Im}X = \sum_{\mathcal{H}} \mathrm{Im}X_JC_J.$$

dans les conditions de la proposition 4.11. Soit alors le modèle

$$\mathbb{E}Y = \sum_{\mathcal{H}} X_JC_J\beta_J \ , \ \mathrm{Cov}Y = \sigma^2 I_n \ ,$$

où tout β_J a des valeurs complexes telles que $C_J\beta_J$ est réelle sur $\mathcal{E}$.

Nous avons là une extension du modèle de Gauss-Markov usuel car matrice du modèle et vecteur colonne des paramètres sont à éléments complexes.

Les modèles linéaires pour vecteurs aléatoires complexes sont bien connus. Ils ont des propriétés analogues à celles que nous avons présentées dans le chapitre 1. Ils sont employés en particulier dans l'étude des processus temporels, voir par exemple MILLER [1974].

Les modèles complexes que nous utilisons ont une particularité. Alors que la matrice du modèle, X, et le vecteur paramétrique, β, ont leurs éléments complexes, les aléas observés et les fonctions paramétriques utilisées lors de l'analyse sont réelles. Ce type de modèle, introduit par GOOD [1958] pour analyser les expériences factorielles, est étudié en détail par KOBILINSKY [1990]. Compte tenu de la proposition 4.11 on peut le définir comme suit.

Définition 4.14. *Soit* X *une matrice à éléments complexes. Notons* $\bar{X}$ *la matrice obtenue en remplaçant les éléments de* X *par leurs conjugués.*

On dit que X *est autoconjuguée s'il existe une matrice de permutation* S *telle que* $\bar{X} = XS$

Soit **Y** *un vecteur aléatoire réel. On dit qu'on analyse* **Y** *au moyen d'un modèle linéaire à paramètres complexes lorsque*

1) $$\mathbb{E}Y = X\beta \text{ et } \mathrm{Cov}Y = \sigma^2 I$$

avec X, *matrice du modèle, et* β, *vecteur paramétrique, autoconjugués tels que* $\bar{X} = XS \Rightarrow \bar{\beta} = {}^tS\beta$.

2) *les seules fonctions paramétriques utilisées pour l'analyse sont à images réelles, c'est-à-dire sont de la forme* $K\beta$ *avec* $\bar{K}=KS$, *où* S *est la matrice telle que* $\bar{X}=XS$.

Les modèles introduits ci-dessus pour l'analyse des expériences factorielles sont bien de cette forme puisque toute matrice du modèle s'écrit $(X_J C_J \mid J \in \mathcal{H})$, avec $X_J C_J$ autoconjuguée.

Remarque. Il est clair que tout modèle vérifiant la définition 4.12 peut être reparamétré de sorte que la nouvelle matrice du modèle et le nouveau vecteur paramétrique soient tous deux à éléments réels.

Les conditions d'estimabilité, les expressions des estimateurs de Gauss-Markov et de leurs opérateurs de covariance, précisées dans le chapitre 1 s'appliquent aux fonctions paramétriques qui satisfont la définition 4.14, à une nuance près cependant. Dans toute expression où intervient la matrice du modèle (ou un de ses blocs) il convient de remplacer la transposée de cette matrice par son adjointe (c'est-à-dire la conjuguée de sa transposée). Il en est de même pour toute expression où intervient une matrice K qui définit une fonction paramétrique.

Quant aux matrices d'information, par exemple toute matrice des coefficients d'une équation normale réduite, elles sont hermitiennes.

Enfin les conditions de connexité, d'orthogonalité et d'équilibre s'étendent sans difficulté.

Remarque. L'algorithme de HOWELL [1969] peut être utilisé, lui aussi, pour analyser les résutats d'une expérience factorielle. On est alors ramené au modèle de GOOD [1958].

Plusieurs propriétés justifient qu'on emploie la base de Yates pour reparamétrer les modèles lorsqu'on étudie les plans d'expérience factoriels. Nous signalons ici deux propriétés dont nous nous servons ailleurs dans cet ouvrage.

Soit X la matrice du modèle obtenue à partir de cette base. Ses éléments sont des racines de l'unité. Donc les éléments diagonaux de X^*X, avec X^* adjointe de X, sont tous égaux au nombre des unités du plan. Il s'agit là d'une propriété qui permet de simplifier plusieurs raisonnements. Nous en donnerons une illustration dans le chapitre 6 lorsque nous nous intéresserons aux plans optimaux.

Nous avons déja signalé l'autre propriété: la base de Yates a une stucture de groupe abélien fini lorsqu'on ses vecteurs au moyen du produit d'Hadamard. Quand le plan est défini par une application d qui a pour image un sous-groupe de G (ou plus généralement une classe latérale d'un sous-groupe de G), cette propriété facilite grandement l'analyse. Nous le verrons dans le chapitre 5 lorsque nous étudierons ce type de plans. Cette propriété interviendra à d'autres occasions, par exemple, dans le chapitre 3, quand nous prouverons certaines propriétés des fractions de résolution IV.

RÉFÉRENCES

BOX,G.E.P., DRAPER,N.R.[1987]. *Empirical Model Building and Response Surfaces.* Wiley, New York.

CHAMBADAL,L.,OVAERTJ.L.,[1968]. *Algèbre linéaire et Algèbre tensorielle.* Dunod, Paris.

GOOD,I.J.[1958]. The interaction algorithm and practical Fourier analysis. *J. Royal Statist. Soc.* **B 20**:361-372. Addendum *J. Royal Statist. Soc.* **B 22** [1960]:372-375.

GUPTA,S., MUKERJEE,R.[1989]. *A Calculus for Factorial Arrangements.* Springer Verlag, Berlin.

HALL,M.[1959]. *The Theory of Groups.* Macmillan, New York.

HARDIN,J.M., KURKJIAN,B.M.[1989]. The calculus of factorial arrangements: a review and bibliography. *Comm. Statist. Theor. Meths.* **A 18**: 1251-1277.

HOWELL,J.R.[1969]. Algorithm 359: factorial analysis of variance. *Comm. of the A.C.M.* **12**:631-632.

KOBILINSKY, A.[1990]. Complex linear models and Cyclic designs. *Lin. Algebra Appl.* **127**:227-282.

KURKIJIAN,B., ZELEN,M.[1962]. A calculus for factorial arrangements. *Ann. Math. Statist.* **33**:600-619.

LEWIS,S.,JOHN,J.A.[1976]. Testing main effects in fractions of asymetrical factorial experiments. *Biometrika* **63**: 678-680.

MALLIAVIN,M.P.[1981]. *Les groupes finis et leurs représentations complexes.* Masson, Paris.

MILLER,K.S.[1974]. *Complex Stochastic Processes: an introduction to Theory and Applications.* Addison-Wesley, Reading, Massachusetts.

NELDER,J.A.[1977].A reformulation of linear models. *J. Royal Statist. Soc.* **A 140**:48-76, with discussion.

RAKTOE,B.L.,HEDAYAT,A.,FEDERER,W.T.[1981]. *Factorial Designs.* Wiley, New York.

RAO,C.R., MITRA,S.J.[1971]. *Generalized Inverse of Matrices and its Applications.* Wiley, New York.

SERRE, J.P.[1967]. *Représentations linéaires des groupes finis.* Hermann, Paris.

YATES, F. [1937]. *The design and analysis of factorial experiments.* Imperial Bureau of Soil Science, London.

3 Fractions de résolution R de plans factoriels

Dans ce chapitre nous abordons l'étude des classes de fractions de plans factoriels les plus utilisées pratiquement. Il s'agit des fractions dites de résolution R, où R est un entier positif (noté en chiffres romains), introduites par BOX et HUNTER [1961].

La première partie est consacrée aux fractions de résolution III. C'est un des dispositifs de base pour les applications industrielles qui sert en particulier à l'identification des facteurs actifs et à l'amélioration de la qualité des procédés de fabrication.

Nous examinons tout d'abord dans quelle condition une fraction est de résolution III puis nous en déduisons sa taille minimale. Nous caractérisons ensuite les fractions de résolution III orthogonales, puis les fractions équilibrées.

Pour être orthogonale une fraction de résolution III doit avoir une structure combinatoire précise, il faut qu'elle soit un *tableau à fréquences marginales d'ordre 2 proportionnelles*. Nous nous intéressons donc aux conditions dans lesquelles un tel dispositif est non seulement orthogonal mais aussi minimal, il faut qu'il constitue un *tableau orthogonal de force 2.* Nous étudions enfin des conditions d'existence de ces tableaux.

La construction de ces fractions est l'objet du chapitre 4.

Les fractions de résolution R, supérieure à III, sont introduites dans la deuxième partie de ce chapitre, en particulier celles qui sont de résolution IV. Nous utilisons les outils introduits dans le chapitre 2 pour caractériser les fractions orthogonales et déterminer le nombre minimum d'expériences.

Pour un nombre d'expériences fixé nous cherchons ensuite à savoir combien de facteurs peuvent intervenir dans des fractions de résolution IV et V orthogonales de plans symétriques.

Pratiquement on utilise en général des fractions de résolution IV et V *régulières*. On trouvera donc d'autres résultats dans le chapitre 5 qui est consacré à ce type de plan, en particulier à propos de leur construction.

S'agissant des fractions de résolution IV et V orthogonales mais non régulières, nous limitons à la bibliographie notre inventaire des méthodes de construction dans un souci de brièveté.

1. CONNEXITÉ, ORTHOGONALITÉ ET ÉQUILIBRE DES FRACTIONS DE RÉSOLUTION III.

1.1. Fractions connexes.

Considérons une fraction de plan factoriel de taille n. Soient m le nombre des facteurs et q_k le nombre de niveaux du kème facteur.

Pour k=1,⋯,m soit X_k la matrice d'ordre $n \times q_k$ à éléments

$$x^k_{ij} = \begin{cases} 1, \text{ si le kème facteur est à son jème niveau lors de l'expérience i,} \\ 0 \text{ sinon,} \end{cases}$$

matrice dite des indicatrices des niveaux du kème facteur.

Supposons que nous puissions faire l'hypothèse que les facteurs n'ont pas d'effet d'interaction sur la réponse considérée. On peut alors introduire le modèle suivant pour analyser les résultats des expériences.

Modèle 1 : $\mathbb{E}Y = \eta_0 \mathbb{1} + X_1\eta_1 + \cdots + X_m\eta_m$ et $\text{Cov } Y = \sigma^2 I$,

avec $\mathbb{1}$ colonne à éléments tous égaux à 1.

Ce modèle est surparamétré puisque, quel que soit le plan utilisé (qu'il soit complet ou non), les colonnes de la matrice du modèle,

$$X = \left(\mathbb{1} \,|\, X_1 \,|\, \cdots \,|\, X_m\right),$$

sont liées linéairement. On a en effet

$$X_j \mathbb{1} = \mathbb{1} \text{ pour } j=1,\cdots,m$$

ce qui implique

$$[\mathbb{1}] \subset \text{Im}X_j \cap \text{Im}X_k \text{ pour } j \neq k.$$

Ainsi KerX ne peut être réduit ou nul, il comprend en particulier les m vecteurs lignes indépendants

$$\begin{array}{c} \left(1 \,|\, -{}^t\mathbb{1}_{q_1} \,|\, 0 \,|\, 0 \cdots 0 \,|\, 0\right) \\ \left(1 \,|\, 0 \,|\, -{}^t\mathbb{1}_{q_2} \,|\, 0 \cdots 0 \,|\, 0\right) \\ \cdots \\ \left(1 \,|\, 0 \,|\, 0 \,|\, 0 \cdots 0 \,|\, -{}^t\mathbb{1}_{q_m}\right) \end{array} \qquad (1.1)$$

Définition 1.1. *Une fraction de plan factoriel est dite de résolution* III *si elle est connexe pour le modèle* 1, *c'est-à-dire si les colonnes de la matrice du modèle* 1,

$$X = \left(\mathbb{1} | X_1 | \cdots | X_m \right),$$

sont uniquement liées par

$$\mathrm{Im}X_j \cap \mathrm{Im}X_k = [\mathbb{1}], \ \forall j \neq k.$$

Pour toute fraction de résolution III, KerX est engendré par la famille (1.1) de vecteurs lignes. Aussi toute fonction paramétrique

$$K_j \eta_j \text{ telle que } {}^t\mathbb{1} K_j = 0$$

est estimable. On appelle toute fonction de cette forme *contraste sur les composantes de* η_j.

Une fraction est de résolution III si et seulement si

$$\mathrm{rang}X = \Sigma_j q_j - m + 1.$$

Pour qu'il en soit ainsi il est nécéssaire, mais non suffisant, que le nombre des lignes de X, c'est-à-dire que la taille de la fraction soit supérieure ou égale à cette quantité.

Définition 1.2. *Une fraction de plan factoriel est dite de résolution* III *minimale si sa taille* n *vérifie:*

$$n = \mathrm{rang}\ X = \Sigma_j q_j - m + 1.$$

Pour $\eta = (\eta_0, \eta_1, \cdots, \eta_m)$ soit la contrainte

$$R\eta = 0, \text{ avec } R = \left(0 \middle| \mathrm{Diag}({}^t\mathbb{1}_{q_1}, \cdots, {}^t\mathbb{1}_{q_m}) \right).$$

Pour toute fraction de résolution III on a

$$\mathbb{R}^p = \mathrm{Ker}X \oplus \mathrm{Ker}R, \text{ avec } p = 1 + \Sigma_j q_j.$$

Il s'agit donc d'une contrainte d'identification, autrement dit pour une fraction de résolution III, tous les paramètres composants η sont estimables sous cette contrainte.

L'emploi d'un modèle surparamétré est mal commode, même si on introduit une contrainte d'identification. Aussi est-il assez souvent préférable de reparamétrer le modèle d'analyse.

Pour les fractions de résolution III, on peut reparamétrer le modèle simplement en utilisant, pour $j=1,\cdots,m$, des matrices

$$P_j \text{ d'ordre } q_j \times (q_j - 1) \text{ telle que : } {}^tP_j \mathbb{1} = 0 \text{ et } {}^tP_j P_j = I.$$

En effet, la matrice

$$P = \mathrm{Diag}(1, P_1, \cdots, P_m)$$

vérifie ImP = KerR. Aussi peut-on utiliser le modèle suivant qui est équivalent au modèle 1 sous la contrainte d'identification ci-dessus et qui est donc régulier si et seulement si la fraction est de résolution III.

Modèle 2 : $\mathbb{E}Y = \beta_0 \mathbb{1} + X_1 P_1 \beta_1 + \cdots + X_m P_m \beta_m$ et $\text{Cov } Y = \sigma^2 I$.

1.2. Orthogonalité.

Nous allons utiliser les résultats de la 4ème partie du chapitre 1 pour caractériser les fractions de plans factoriels de résolution III orthogonales.

Proposition 1.3. *Considérons le modèle 2.*

Soit F_j *l'espace des combinaisons linéaires des composantes de* β_j *pour* $j=1,\cdots,m$.

Une fraction de plan factoriel est orthogonale pour l'estimation de $(F_1,\cdots,F_m)$ *si et seulement si, pour tout* $j\neq k$ *où* j *et* $k\in\{1,\cdots,m\}$,

$$ {}^tX_j X_k = \frac{1}{n}\, {}^tX_j \mathbb{1}\, {}^t\mathbb{1}\, X_k, $$

c'est-à-dire

$$ N_{jk} = \frac{1}{n} N_{jk} \mathbb{1}\, {}^t\mathbb{1}\, N_{jk}, \text{ où } N_{jk} = {}^tX_j X_k. $$

Démonstration. Considérons une fraction de résolution III analysée au moyen du modèle 2. Notons $[\mathbb{1}]$ le sous espace de $\mathbb{R}^n$ engendré par $\mathbb{1}$.

$\text{Im}X_jP_j$ est incluse dans un supplémentaire du noyau du projecteur $I - \frac{1}{n} J$ puisque $\text{Im}X_jP_j \cap [\mathbb{1}] = 0$. Par conséquent

$$ C_j = {}^tP_j\, {}^tX_j (I - \frac{1}{n} J)\, X_j\, P_j $$

est régulière pour $j=1,\cdots,m$.

D'après le corollaire du théorème I.4.3 il faut et suffit que

$$ C = {}^tP\, {}^tX (I - \frac{1}{n} J)\, X\, P = \text{Diag}(C_j \mid j=1,\cdots,m). $$

pour qu'une fraction de résolution III soit orthogonale pour l'estimation de $(F_1,\cdots,F_m)$. Autrement dit il faut et suffit que

$$ {}^tP_k\, {}^tX_k (I - \frac{1}{n} J)\, X_j\, P_j = 0, \ \forall j\neq k. \tag{a} $$

Sans perte de généralité supposons $k=1$ et $j=2$. Soient

$$ N_{12} = {}^tX_1 X_2,\ N_1 = {}^tX_1 \mathbb{1},\ N_2 = {}^tX_2 \mathbb{1}. $$

On a alors

$$ \text{(a)} \iff 0 = {}^tP_1 M P_2 \text{ avec } M = N_{12} - \frac{1}{n} N_1\, {}^tN_2 $$

$$ \iff 0 = \left(I - \frac{1}{q_1} J\right) M \left(I - \frac{1}{q_2} J\right) $$

par prémultiplication par P_1 et postmultiplication par ${}^tP_2$

$$ \iff 0 = M, \text{ puisque } M\, J = 0 \text{ et } J\, M = 0. $$

Ainsi toute fraction de résolution III est orthogonale pour l'estimation de $(F_1,\cdots,F_m)$ si et seulement si pour tous j et $k=1,\cdots,m$: $j\neq k$

$$N_{jk} = \frac{1}{n} N_j {}^t N_k \qquad \text{(b)}$$

où $N_{jk} = {}^t X_j X_k$ et $N_j = {}^t X_j \mathbb{1} = (n_i^j)$.

Montrons maintenant que tout plan vérifiant (b) est de résolution III. Nous devons démontrer que KerC est réduit au nul. Or on a ici

$$\text{(b)} \Rightarrow C = \mathrm{Diag}(C_j \mid j=1,\cdots,m), \text{ avec}$$
$$C_j = {}^tP_j {}^tX_j(I - \frac{1}{n} J)\, X_j\, P_j$$
$$= {}^tP_j \left(\mathrm{Diag}(n_i^j) - \frac{1}{n} N_j {}^tN_j\right) P_j.$$

Mais P_j est injective et $\mathrm{Im}P_j = \mathbb{1}^{\perp}$. La matrice C_j est donc régulière si et seulement si

$$\mathbb{1}^{\perp} \cap \mathrm{Ker}\left(\mathrm{Diag}(n_i^j) - \frac{1}{n} N_j {}^tN_j\right) = 0 \ \forall j.$$

Or, si $z = (z_i)$ est un vecteur colonne de ce noyau, on a

$$0 = n_i^j z_i - n_i^j \frac{\Sigma_i\, z_i\, n_i^j}{n} \iff z_i = \frac{\Sigma_i\, z_i\, n_i^j}{n}$$

puisque $n_i^j \neq 0$. Ainsi les coordonnées de z sont toutes égales, d'où

$$\mathrm{Ker}\left(\mathrm{Diag}(n_i^j) - \frac{1}{n} N_j {}^tN_j\right) = [\mathbb{1}] \ \forall j.$$

Donc tous les blocs diagonaux de C sont réguliers. Toute fraction qui vérifie (b) est de résolution III.□

Remarque. Notre démonstration de la proposition 1.3 s'apparente à celle proposée par MUKERJEE [1980] en partant d'une expression légèrement différente du modèle d'analyse.

On peut démontrer la proposition 1.3 en utilisant directement le théorème I.4.3 et le modèle 1.

Démonstration. Pour $k=1,\cdots,m$ notons F'_k l'espace des contrastes sur les composantes de η_k. Remarquons ici que

$$F'_k = \mathrm{Im}P_k = \mathrm{Im}_{P_k} F_k.$$

Soient $\mathcal{V}_k = \mathrm{Im}X_k$ et $\overline{\mathcal{V}}_k = \Sigma_{j\neq k} \mathcal{V}_j$.

La fraction utilisée est de résolution III si et seulement si

$$\mathcal{V}_j \cap \mathcal{V}_k = [\mathbb{1}] \quad \forall j \neq k.$$

On a dans ce cas $\displaystyle\bigcap_{j=1}^{m} \overline{\mathcal{V}}_j = \mathcal{V}_0$, avec $\mathcal{V}_0 = [\mathbb{1}]$.

Le théorème I.4.3 s'applique alors et donne la condition suivante d'orthogonalité pour l'estimation de $(F'_1,\cdots,F'_m)$

$$0 = {}^tX_j(I - \frac{1}{n} J)X_k \text{ pour tout } j \neq k.$$

Réciproquement, si cette condition est vérifiée, $V = \Sigma_j V_j$ est tel que

$$V \cap V_0^\perp = \bigoplus_{j=1}^m V_j \cap V_0^\perp,$$

puisque

$$V_j \cap V_0^\perp = \text{Im}(I - \frac{1}{n} J)\, X_j.$$

De plus on montre, comme précédemment, que

$$\text{rg}\,{}^tX_j(I - \frac{1}{n} J)\, X_j = q_j - 1 = \dim[V_j \cap V_0^\perp].$$

Mais comme les $V_0^\perp \cap V_j$ sont orthogonaux, $V_0^\perp \cap V_j$ et $V_0^\perp \cap \bar{V}_j$ sont eux mêmes orthogonaux. D'où, en désignant par $\bar{P}_{0j}$ le projecteur orthogonal sur $V_0^\perp \cap \bar{V}_j$,

$$I - \bar{P}_j = (I - \bar{P}_{0j})(I - P_0),$$

puis, comme $V_0^\perp \cap V_j = \text{Im}(I-P_0)X_j \subset \text{Ker}\, \bar{P}_{0j}$,

$$\text{Im}(I-P_j)X_j = \text{Im}_{I-\bar{P}_{0j}}\ V_0^\perp \cap V_j = V_0^\perp \cap V^j.$$

Ainsi $\dim(\bar{V}_j^\perp \cap V) = q_j - 1$ car $\bar{V}_j^\perp \cap V = \text{Im}(I-\bar{P}_j)X_j$, le plan utilisé est bien orthogonal pour l'estimation de $(F'_1, \cdots, F'_m)$.□

Remarque. Notons $\mathcal{S}_j$ un ensemble de symboles désignant les niveaux du jème facteur. Soit n_{uv} le nombre des unités auxquelles le facteur j est administré au niveau u et le facteur k au niveau v. Alors le plan vérifie les conditions de la proposition 1.3 lorsque

$$n \times n_{uv} = n_{u.} \times n_{.v}, \ \forall (u,v) \in \mathcal{S}_j \times \mathcal{S}_k \text{ et } \forall\, k \neq j.$$

On retrouve là une condition classique *d'orthogonalité* en Analyse de Variance, voir par exemple SEBER [1964] et PREECE [1977].

Intéressons nous maintenant aux fractions de résolution III qui sont à la fois minimales et orthogonales, on a la propriété suivante due à COLLOMBIER [1995].

Proposition 1.4. *Une fraction de résolution III minimale est orthogonale seulement si pour tout* $(j,k) \in \{1,\cdots,m\}^2$: $j \neq k$,

$$N_{jk} = {}^tX_jX_k = \frac{n}{q_jq_k} \mathbb{1}\,{}^t\mathbb{1}.$$

Démonstration. Voir COLLOMBIER [1995]. La démonstration se fait en 4 étapes.

1) Soit la matrice $\tilde{X} = (X_1 | \cdots | X_m)$ d'ordre $n \times (q_1 + \cdots + q_m)$. Par hypo-

thèse cette matrice a ici pour rang $n = \Sigma_j q_j - m + 1$.

On construit tout d'abord une matrice P d'ordre $(n+m-1)\times(n-1)$ et de rang n-1 telle que

$$^t P\, ^t\tilde{X}\, \tilde{X}\, P = n\, I_{n-1}.$$

Il s'agit en fait de

$$P = \mathrm{Diag}(P_1, P_2, \cdots, P_m),$$

où P_j d'ordre $q_j \times (q_j - 1)$ est telle que

$$^t(\mathbb{1}|P_j)\, ^tX_j X_j (\mathbb{1}|P_j) = nI.$$

2) Soit la matrice $M = \tilde{X}\, P\, ^tP\, ^t\tilde{X}$. On montre ensuite que

$$M = nI_n - J_n.$$

Cette propriété résulte des deux faits suivants. Tout d'abord, M est une matrice carrée d'ordre n telle que $M\mathbb{1} = 0$, d'autre part,

$$^t P\, ^t\tilde{X}\, \tilde{X}\, P = nI_{n-1}$$

donc la matrice M est de rang n-1 et a toutes ses valeurs propres non nulles égales à n.

3) On vérifie que $\qquad M = n\, \Sigma_j X_j R_j^{-1}\, ^tX_j - mJ.$

Cette expression de M et le fait que, par hypothèse,

$$^tX_1 X_j = \frac{1}{n} R_1 J R_j$$

permet alors de prouver que

$$^tX_1 X_1 = n/q_1 I.$$

On montre de même que $\qquad ^tX_j X_j = n/q_j I, \ \forall j.$

4) Comme $^tX_j \mathbb{1} = {}^tX_j X_j \mathbb{1}$ on en déduit que $\forall j \neq k$

$$^tX_j X_k = \frac{1}{n}\, ^tX_j \mathbb{1}\, ^t\mathbb{1}\, X_k \Rightarrow {}^tX_j X_k = \frac{n}{q_j q_k} \mathbb{1}\, ^t\mathbb{1}. \square$$

1.3. Équilibre factoriel.

Revenons à l'estimation de $(F_1, \cdots, F_m)$ dans le modèle 2. Intéressons nous maintenant aux conditions d'équilibre. Remarquons au préalable que la question de l'équilibre ne se pose que pour des facteurs à plus de deux niveaux.

Proposition 1.5. *Considérons le modèle 2.*

Soit F_j *l'espace des combinaisons linéaires des composantes de* β_j *pour* $j=1,\cdots,m$.

Une fraction de plan factoriel est équilibrée pour l'estimation de $(F_1, \cdots, F_m)$ *si et seulement si elle est orthogonale et si*

$$ {}^tX_jX_j = \frac{n}{q_j} I, \textit{ pour tout } j \textit{ tel que } q_j \geq 3 . $$

Démonstration. Tout d'abord il faut que la fraction soit orthogonale. D'après le corollaire du théorème I.4.3, la matrice d'information C doit donc s'écrire

$$ C = \text{Diag}\left({}^tP_j{}^tX_j(I - \frac{1}{n} J)X_jP_j \mid j=1,\cdots m\right), $$

après élimination de l'estimateur de l'effet moyen $\hat{\beta}_0$.

Il faut de plus qu'il y ait équilibre pour l'estimation de chacun des F_j. D'après la proposition I.4.8, il est ainsi si et seulement si on a

$$ {}^tP_j{}^tX_j(I - \frac{1}{n} J)X_jP_j = \lambda_jI \quad \forall j $$
$$ \Leftrightarrow {}^tX_j(I - \frac{1}{n} J)X_j = \lambda_j(I - \frac{1}{n} J) \quad \forall j, $$

puisque $P_j{}^tP_j = I - q_j^{-1}J$ et $X_j\mathbb{1} = \mathbb{1}$.

Cette condition est trivialement satisfaite quand $q_j = 2$. Supposons alors $q_j \geq 3$. Soit n_i^j le nombre d'unités du plan qui reçoivent le ième niveau du jème facteur et

$$ R_j = {}^tX_jX_j = \text{Diag}(n_i^j \mid i=1,\cdots,q_j). $$

Comme ${}^t\mathbb{1}\, X_j = {}^t\mathbb{1}\, R_j$, on a

$$ {}^tX_j(I - \frac{1}{n} J)X_j = R_j - \frac{1}{n} R_jJ\, R_j $$

Pour qu'il y ait équilibre pour l'estimation de chacun des F_j, il est donc nécessaire que les termes extra-diagonaux du second membre,

$$ \frac{1}{n} n_{i_1}^j n_{i_2}^j \quad \forall\ i_2 \neq i_1, $$

soient égaux. Posons $i_1 = 1$ puis $i_2 = 2$, on en déduit les conditions

$$ n_2^j = n_3^j = \cdots = n_{q_j}^j, \text{ puis } n_1^j = n_2^j. $$

On a donc $R_j = (n \times q_j^{-1})I$. Ainsi la fraction est équilibrée pour l'estimation de $(F_1,\cdots,F_m)$ seulement si on a à la fois

$$ {}^tX_jX_k = \frac{1}{n} R_jJ\, R_k \;\; \forall j \neq k \quad \text{et} \quad R_j = {}^tX_jX_j = (n \times q_j^{-1})I \;\; \forall j:\ q_j \geq 3. $$

Inversement, quand les deux conditions ci-dessus sont vérifiées, on a

$$ C = \text{Diag}(n \times q_j^{-1} I_{q_j} \mid j=1,\cdots,m). $$

Alors il est bien clair que la fraction utilisée est équilibrée pour l'estimation de $(F_1,\cdots,F_m)$, d'après les propositions I.4.3 et I.4.8. □

Corollaire. *Quand les conditions de la proposition 1.5 sont vérifiées la fraction est de résolution III. La propriété énoncée dans cette proposition est donc caractéristique des fractions de résolution III équilibrées.*

Remarques. 1) On retrouve ici la plupart des conditions utilisées par SHAH [1960] pour définir les *plans à équilibre factoriel*. Mais SHAH s'intéresse en fait aux plans factoriels complets en blocs.

2) L'emploi des termes *orthogonalité* et *équilibre* est très fréquent aussi bien en Statistique qu'en Combinatoire. Ceci se fait parfois sans grand souci de cohérence, voir à ce propos PREECE [1977,1982].

Ici on constate que ce sont les plans à équilibre factoriel qui coïncident avec les tableaux orthogonaux de force 2. Par contre nous verrons dans le paragraphe 4 que d'autres stuctures combinatoires, appelées tableaux équilibrés, définissent des fractions de plans factoriels de résolution III orthogonales.

1.4. Existence de fractions de plans factoriels de résolution III orthogonales.

Du point de vue combinatoire une fraction de plan factoriel de résolution III orthogonale est un *tableau à fréquences marginales d'ordre 2 proportionnelles*, voir PLACKETT [1946], ADDELMAN [1962], COLLOMBIER [1995].

Définition 1.6. *Considérons une fraction de plan à m facteurs. Pour* $j=1,\cdots,m$, *soit*

1) $S_j={}^t(0,1,\cdots,q_j-1)$, *avec* q_j *nombre de niveaux du jème facteur,*

2) la matrice dont la kème colonne est l'indicatrice des unités expérimentales qui reçoivent le jème facteur à son niveau k : X_j.

Alors, si $\forall(j,k)\in\{1,\cdots,m\}^2 : j\neq k$,

$$ {}^tX_jX_k = \frac{1}{n}\, {}^tX_j \mathbb{1}\, {}^t\mathbb{1}\, X_k \;, $$

on dit que le tableau, d'ordre $n\times m$,

$$ A = (X_1S_1|\cdots|X_mS_m), $$

est à fréquences marginales d'ordre (ou de force) 2 proportionnelles, ou bien qu'il est de type

$$ \mathbf{PFA}(n,m,q_1\times\cdots\times q_m;2). $$

n *est appelé la taille du tableau,* m *le nombre des contraintes (ou des facteurs) et* $q_1,\cdots,q_m$ *les nombres de symboles (ou de niveaux).*

On dit qu'on est en présence d'un tableau orthogonal de force 2, ou bien qu'il s'agit d'un tableau du type

$$ \mathbf{OA}(n,m,q_1\times\cdots\times q_m;2) $$

si les éléments de chacune des matrices ${}^tX_jX_k$, $\forall j\neq k$, *sont égaux.*

Il est clair que les tableaux orthogonaux de force 2 sont des cas particuliers de tableaux à fréquences marginales d'ordre 2 proportionnelles et qu'on a la condition nécessaire d'existence suivante qui porte sur leur taille.

Proposition 1.7. *Nécessairement la taille,* n, *de tout tableau du type* **OA**$(n,m,q_1\times\cdots\times q_m;2)$ *est multiple de tout produit*

$$q_j\times q_k \quad \forall(j,k)\in\{1,\cdots,m\}^2 : j\neq k.$$

Démonstration. Toute matrice ${}^tX_jX_k$, d'ordre $q_j\times q_k$, a ses éléments qui sont entiers tous égaux et de somme n, la taille du tableau. Donc n est nécessairement un multiple de $q_j\times q_k$ $\forall j\neq k$.□

Remarque. Le nombre d'unités requis pour un tableau orthogonal est souvent prohibitif. Supposons par exemple qu'il faille construire une fraction de résolution III orthogonale d'un plan à 5 facteurs, 2 à 4 niveaux et 3 à 3 niveaux. Si nous utilisons un tableau orthogonal de force 2 la fraction sera nécessairement de taille $n = 144 = \text{PPCM}(3\times3, 3\times4, 4\times4)$, ou un multiple de 144, alors que le modèle d'analyse ne comporte que $1+3\times2+2\times3 = 13$ paramètres, σ^2 excepté.

Préoccupons nous maintenant de l'existence des fractions de plans symétriques (*i.e.* dont les facteurs ont le même nombre de niveaux) qui sont de résolution III et orthogonales sans être des tableaux orthogonaux. Leur construction est envisagée dans le chapitre 4.

Définition 1.8. *Considérons un fraction de plan symétrique, c'est-à-dire tel que tous les facteurs ont le même nombre* q *de niveaux. Soit* A *le tableau qui représente cette fraction et qui est défini par les matrices* X_j *de la définition 1.6.*

On dit que ce tableau est équilibré de force 2 *à* q *symboles s'il y a égalité des produits*

$${}^tX_jX_k \quad \forall(j,k)\in\{1,\cdots,m\}^2 : j\neq k.$$

On a donc

$${}^tX_j\mathbb{1} = R\,\mathbb{1}, \text{ où } R = {}^tX_jX_j \quad \forall j.$$

Tout tableau A, *d'ordre* $n\times m$, *équilibré de force* 2 *et à* q *symboles est dit à fréquences marginales proportionnelles ou bien du type* **BPFA** $(n,m,q;2)$ *lorsque*

$${}^tX_jX_k = \frac{1}{n} R\,\mathbb{1}\,{}^t\mathbb{1}\,R,\ \forall j\neq k,\ \textit{avec}\ R = {}^tX_jX_j\ \forall j\ .$$

Limitons nous ici au cas particulier des tableaux de type **BPFA** tels que

$${}^tX_jX_j = \text{Diag}(n-sr, r,\cdots,r)\ \forall j, \text{ avec } n-sr>0 \text{ et } n-sr\neq r.$$

Proposition 1.9. *Soit un tableau équilibré de force* 2 *à* n *unités et* q=s+1 *symboles tel que*

$$ {}^{t}X_jX_j = \mathrm{Diag}(n-sr, r, \cdots, r) \ \forall j, $$

avec $0 < n-sr \neq r$.

Pour que ce tableau soit de type **BPFA**(n,m,q;2) *il faut que* $n=\mu\times t^2$ *avec* $\mu\in\mathbb{N}^*$ *sans facteur carré et* t *entier supérieur à* q.

Démonstration. Soit l'entier $\lambda=r^2/n$. On a $\lambda=\mu\times p^2$, où $p\in\mathbb{N}^*$ et μ est un entier sans facteur carré, d'où

$$ n\times\mu p^2 = n\times\lambda = r^2. $$

Par conséquent $u=r/p$ est un entier et μ divise donc u^2. Mais comme μ est sans facteur carré, il divise u.

Considérons alors l'entier $t=u/\mu=r/(\mu\times p)$. On a $n=\mu\times t^2$, $r=\mu\times t\times p$ et $n-sr=\mu\times t\times v$ avec p et v entiers strictement positifs distincts.

De plus $\mu t^2=n=s\times r+(n-sr)=\mu t(s\times p+v) \Rightarrow t=s\times p+v > s+1$ puisque $p\neq v$ □

Proposition 1.10. *Pour qu'un tableau de type* **BPFA**(n=sm+2,m,s+1;2) *tel que* ${}^{t}X_jX_j = \mathrm{Diag}(n-sr,r,\cdots,r)$ $\forall j$, *avec* $0 < n-sr \neq r$, *existe il faut que* $n\leq(s+2)r$.

Démonstration. Une démonstration détaillée de cette proposition est donnée dans COLLOMBIER [1995 Th3.5]. Indiquons-en les grandes lignes.

Soit $\tilde{X}_j$ constituée de toutes les colonnes de X_j hormis la première, puis

$$ M = \left(\mathbb{1}\,|\,\tilde{X}_1\,|\cdots|\,\tilde{X}_m\right). $$

La matrice M est d'ordre n×(n+1) puisque n=sm+2. Eliminons alors la ième ligne de M, nous obtenons donc une matrice carrée à éléments 0 ou 1, M_i telle que $\det {}^{t}M_iM_i$ est un carré parfait.

Soit k le nombre d'éléments égaux à 1 dans la ième ligne de M. On détermine tous les entiers k tels que $\det {}^{t}M_iM_i$ est un carré parfait. Notons $k_0, k_1, \cdots, k_u$ ces entiers.

On montre qu'un tableau de type **BPFA** satisfaisant les conditions de l'énoncé ne peut exister que si le système de Vandermonde suivant admet une solution entière:

$$ \begin{pmatrix} 1 & 1 & \cdots & 1 \\ k_0 & k_1 & \cdots & k_u \\ k_0^2 & k_1^2 & \cdots & k_u^2 \end{pmatrix} z = \begin{pmatrix} n \\ (n-2)r \\ (n-2)(r+\lambda(n-s-2)) \end{pmatrix}. $$

On vérifie alors qu'il ne peut en être ainsi quand $n>(s+2)r$.□

2. FRACTIONS DE RÉSOLUTION SUPÉRIEURE A III.

2.1. Résolution d'une fraction de plan factoriel.

Toute fraction (sans répétition) d'un plan factoriel est formée d'une partie $\mathcal{F}$ du domaine expérimental $\mathcal{E}$. Désignons donc par D la restriction de $\mathbb{R}^E$ au sous-espace des fonctions nulles sur $\mathcal{E}\backslash\mathcal{F}$, sous-espace identifié à $\mathbb{R}^F$. Cette application caractérise entièrement la fraction utilisée.

Considérons, d'une part, la décomposition de $\mathbb{R}^E$ en espaces de contrastes (pour la mesure d'équiprobabilité sur $\mathcal{E}$)

$$\mathbb{R}^E = \oplus\{\Theta_J \mid J\subseteq I\},$$

d'autre part, une base adaptée à cette décomposition. Supposons cette base choisie de sorte que Θ_J soit engendrée par les colonnes de

$$\otimes\{P_j \mid j=1,\cdots,m:\ j\in J\} \otimes \{\mathbb{1}_{q_j} \mid j=1,\cdots,m:\ j\notin J\},$$

où $(\mathbb{1}\,|\,P_j)$ est une matrice carrée à colonnes orthogonales telle que ${}^tP_jP_j = I$, pour $j=1,\cdots,m$.

Considérons la fraction représentée par l'application D. Soit X_j la matrice des indicatrices des niveaux du jème facteur. Pour tout $J\subset I$: $J\neq\emptyset$, notons X_J la matrice formée des produits d'Hadamard de tous les #J-uples de colonnes extraites chacune des matrices X_j, $j\in J$. X_J a pour ordre $n\times(\prod_J q_j)$. Soit aussi $X_\emptyset = \mathbb{1}$.

Par restriction aux seuls traitements constituant $\mathcal{F}$, on a alors

$$\text{Im D} \cong \mathbb{R}^F = \Sigma\{\text{Im}_D\ X_JP_J \mid J\subset I\}$$

avec $P_J = \otimes\{P_j \mid j\in J\}$ et $P_\emptyset = (1)$.

Pour tout vecteur aléatoire **Y**, à valeurs dans $(\mathbb{R}^F, \mathcal{B}_{\mathbb{R}^F})$, appelons *Modèle saturé* un modèle linéaire où

$$\mathbb{E}Y = \Sigma\{X_JP_J\ \beta_J \mid J\subseteq I\}$$

avec β_J vecteur paramétrique à dim Θ_J composantes.

Si $\mathcal{F}$ est strictement incluse dans $\mathcal{E}$ le modèle saturé ne peut pas être régulier car la matrice du modèle

$$X = (X_JP_J \mid J\subseteq I),$$

a ses colonnes linéairement dépendantes.

Supposons alors que nous puissions supposer négligeables a priori certaines interactions de sorte que les résultats soient analysés au moyen d'un modèle linéaire où

$$\mathbb{E}Y \in \text{Im}_D\Theta, \text{ avec } \Theta = \oplus\{\Theta_J \mid J\in\mathcal{H}\},$$

avec $\mathcal{H}$ famille hiérarchique de parties de I. On peut alors extraire de la base de $\mathbb{R}^E$ considérée ci-dessus, une base adaptée à la décomposition de Θ et en déduire comme modèle

$$EY = \Sigma\{X_J P_J \, \beta_J \mid J\in\mathcal{H}\} \text{ et } \text{Cov}Y = \sigma^2 I.$$

Il n'est pas toujours nécessaire d'estimer tous les paramètres
$$\beta_J, \quad J\in\mathcal{H},$$
pour interpréter les résultats de l'analyse, dans ce cas ce modèle peut ne pas être régulier. Ainsi en est-il éventuellement des fractions de résolution paire qui sont définies comme suit.

Définition 2.1. *Soit une fraction de plan factoriel analysée au moyen d'un modèle linéaire où*
$$\mathbb{E}Y = \Sigma\{X_J P_J \beta_J \mid J\in\mathcal{H}_r\}$$

avec $\mathcal{H}_r$ famille des parties de I de cardinal r au plus.

Cette fraction est dite de résolution R=2r+1 si β_J est estimable $\forall J\in\mathcal{H}_r : J\neq\emptyset$.

On dit que cette fraction est de résolution R=2r, si les β_J pour $J\in\mathcal{H}_r$ tels que $0<\#J<r$ sont estimables.

Remarque. On précise la résolution en utilisant des chiffres romains.

2.2. Fractions minimales.

Intéressons-nous maintenant à la taille des fractions de résolution fixée. Pour les fractions de résolution impaire on a le résultat préliminaire suivant.

Proposition 2.2. *Pour toute fraction de résolution impaire $\beta_\emptyset$ est estimable.*

Démonstration. Pour qu'une fraction soit de résolution 2r+1 il faut que
$$\text{Ker}X, \text{ avec } X = X_J P_J, \quad J\in\mathcal{H}_r$$
soit réduit au nul ou soit engendré par le seul vecteur ligne
$$^t z = (1,0,\cdots,0)$$
(en supposant les β_J ordonnés de sorte que $\beta_\emptyset$ vienne en premier).

Or $Xz = \mathbb{I}$ par construction. Donc z ne peut pas appartenir à KerX. Par conséquent, KerX est réduit au nul. $\square$

Ainsi pour toute fraction de résolution impaire le modèle est régulier. Il en résulte, par exemple, que pour toute fraction de résolution III la taille, n, de la fraction vérifie

$$n \geq 1 + \Sigma_i(q_i - 1)$$

car $\mathbb{E}Y = \beta_0\mathbb{1} + \Sigma_i X_i P_i \beta_i$ et la fraction est dite *minimale* quand il y a égalité.

De même pour les fractions de résolution V on a

$$n \geq 1 + \Sigma_{i=1}^{m}(q_i - 1) + \Sigma\{(q_i-1)(q_j-1) \mid i\&j=1,\cdots,m : i\neq j\}.$$

Définition 3.3. *Une fraction de résolution impaire de plan factoriel est dite minimale si sa taille est égale au nombre de paramètres du modèle (à l'exception de σ^2).*

Pour les fractions de résolution IV on a le résultat suivant du à MARGOLIN [1969].

Proposition 3.4. *Soit les nombres de niveaux des* m *facteurs d'un plan factoriel:* $q_1,\cdots,q_m$ *où* $q_m = \operatorname{Max}_i q_i$.

Alors la taille n *de toute fraction de résolution IV vérifie :*

$$n \geq q_m\left(\Sigma_{i=1}^{m}(q_i - 1) - (q_m - 2)\right).$$

Démonstration. Notre démonstration utilise la base de Yates, elle diffère de celle donnée par MARGOLIN, qui est incomplète. Elle repose sur la propriété suivante.

Soit $W_m = X_m P_m$ la matrice dont les colonnes sont les images par l'application restriction D des vecteurs de la base de Yates de $\Theta_{\langle m\rangle}$. Les colonnes de $(\mathbb{1}|P_m)$ forment un groupe cyclique pour le produit d'Hadamard. Or, comme chaque ligne de X_m a tous ses éléments nuls à l'exception de l'un d'entre eux qui est égal à 1, toute ligne de W_m est égale à l'une des lignes de P_m. Par conséquent les colonnes de $(\mathbb{1}|W_m)$ constituent un groupe cyclique pour le produit d'Hadamard.

Il s'ensuit que, si W_m^k désigne une des colonnes de W_m, on a

$$W_m^k \odot (\mathbb{1}|W_m) = (\mathbb{1}|W_m)\, S^k$$

où S est une matrice de permutation circulaire.

Soit alors une fraction de résolution IV analysée au moyen du modèle impliquant la base de Yates. Considérons les vecteurs colonnes des blocs suivants de la matrice du modèle

$$\mathbb{1}\ ;\ W_i,\ i=1,\cdots,m \text{ et } W_m \odot W_i,\ i=1,\cdots,m-1.$$

Ces vecteurs sont au nombre de

$$\begin{aligned} &1 + \Sigma_{i=1}^{m}(q_i-1) + \Sigma_{i=1}^{m-1}(q_i-1)(q_m-1) \\ &\quad = 1+(q_m-1)+\Sigma_{i=1}^{m}(q_i-1)(q_m-1+1)-q_m(q_m-1) = q_m[\Sigma_{i=1}^{m}(q_i-1)-(q_m-2)]. \end{aligned}$$

Montrons tout d'abord que toute famille de vecteurs de ce type est de cardinal maximum lorsque $q_m = \mathrm{Max}_i\, q_i$.

Soit $z_j=q_j-1$, $\forall j$, avec les z_j rangés par ordre croissant. On a

$$(z_m-z_j)(\Sigma_i z_i-z_m-z_j) \geq 0,\ j=1,\cdots,m-1$$
$$\Leftrightarrow\ q_m(\Sigma_i z_i-z_m) \geq z_j(\Sigma_i z_i-z_j),$$
$$\Leftrightarrow\ q_m\left(\Sigma_i(q_i-1)-(q_m-2)\right) \geq q_j\left(\Sigma_i(q_i-1)-(q_j-2)\right)$$

puisque $\Sigma_i(z_i-1)+1$ est une constante. Donc

$$q_m\left(\Sigma^m_{i=1}(q_i-1) - (q_m-1)\right)$$

est maximum lorsque $q_m= \mathrm{Max}_i\, q_i$.

Montrons ensuite que toute famille constituée des vecteurs colonnes de

$$\mathbb{I}\ ;\ W_i,\ i=1,\cdots,m \text{ et } W_i\odot W_m,\ i=1,\cdots,m-1$$

est libre lorsque la fraction est de résolution IV. Soit W^k_m la kème puissance d'Hadamard de W^1_m, la première colonne de W_m, puis

$$W_i\odot(\mathbb{I}\,|\,W_m) = (W_i\,|\,W^1_m\odot W_i\,|\,W^2_m\odot W_i\,|\cdots).$$

Supposons

$$\Sigma^{m-1}_{i=1}\ W_i\odot(\mathbb{I}\,|\,W_m)\ \lambda_i\ +\ (\mathbb{I}\,|\,W_m)\ \lambda_m = 0, \qquad \text{(a)}$$

où, pour $i\leq m-1$, ${}^t\lambda_i=({}^t\lambda_{i1},\cdots,{}^t\lambda_{im})$, avec λ_{ij} vecteur colonne à (q_i-1) éléments, et λ_m est un vecteur colonne à q_m éléments.

Il est clair, tout d'abord, qu'on a comme conditions nécessaires pour que la fraction soit de résolution IV, d'une part, pour $i\leq m-1$, $\lambda_{i1}= 0$, et, d'autre part, les éléments de rang $2,\cdots,m$ de λ_m sont nuls.

Formons alors les produits d'Hadamard des deux membres de la relation (a) par W^k_m, la kème puissance d'Hadamard de W^1_m. On a

$$\Sigma^{m-1}_{i=1}\ W_i\odot(\mathbb{I}\,|\,W_m)\ S^k\otimes I_{q_i-1}\ \lambda_i\ +\ (\mathbb{I}\,|\,W_m)\ S^k\lambda_m\ = 0,$$

avec S matrice de permutation circulaire d'une position à gauche. Donc pour que la fraction soit de résolution IV il faut aussi que :

1) $\lambda_{ik+1}= 0$ pour $i\leq m-1$,

2) les éléments de λ_m de rang $k+2,\cdots,k+m$ mod m soient nuls.

Mais cette dernière propriété doit être vérifiée pour $k=1,\cdots,q_m-1$.

Par conséquent il faut que $\lambda_i=0$, pour $i=1,\cdots,m$, pour que la fraction soit de résolution IV.

Il résulte des propriétés démontrées ci-dessus que la matrice du modèle doit être de rang au moins égal à

$$r = q_m(\Sigma_{i=1}^m (q_i-1)-(q_m-2)), \text{ avec } q_m = \operatorname{Max}_i q_i,$$

pour que la fraction soit de résolution IV. Mais ceci n'est possible que si la taille de la fraction vérifie $n \geq r$.□

Définition 2.5. *Une fraction de résolution IV de plan factoriel* $q_1\times\cdots\times q_m$*, avec* $q_m = \operatorname{Max}_i q_i$*, est dite minimale si elle a pour taille*

$$n = q_m\left(\Sigma_{i=1}^m (q_i-1) - (q_m-2)\right).$$

Les fractions de plan 2^m de résolution IV minimales comportent donc 2m unités. Elles ont une propriété caractéristique démontrée par MARGOLIN [1969].

Proposition 2.6. *Toute partie du domaine expérimental* $\{0,1\}^m$ *d'un plan factoriel* 2^m *est une fraction de résolution IV minimale si et seulement si elle s'identifie à un tableau d'ordre* $2m\times m$ *de la forme*

$$\left(\begin{array}{c|c} \mathbb{1} & F \\ \hline 0 & \bar{F} \end{array}\right),$$

où F *représente une fraction de résolution III minimale de plan* 2^{m-1}*, et* $\bar{F} = F + J \bmod 2$ *avec* $J = \mathbb{1}\,{}^t\mathbb{1}$.

Pour démontrer cette proposition on utilise le lemme suivant.

Lemme 2.7. *Soit* M *la matrice d'ordre* $n\times m$ *des coordonnées de* n *sommets du cube* $[-1,1]^m$*. Supposons* $n\geq m$ *et* $\mathrm{rg}M = m$.

Si tout produit d'Hadamard d'un nombre impair de colonnes de M *est combinaison linéaire des colonnes de cette matrice, alors* $n\leq 2m$ *et* M *comporte exactement* n-m *paires distinctes de lignes opposées.*

Démonstration. Soit M* la matrice d'ordre $2^m\times m$ qui a pour éléments les coordonnées de tous les sommets du cube $[-1,1]^m$ et S* la matrice constituée des colonnes de M* et de leurs produits d'Hadamard 3 à 3, 5 à 5 ⋯. La matrice S* est d'ordre $2^m\times 2^{m-1}$ et de rang 2^{m-1}. Quant aux lignes de S*, elles sont opposées deux à deux puisque le cube $[-1,1]^m$ est symétrique par rapport à l'origine. Par conséquent toute famille de vecteurs lignes de S* qui ne comporte pas de lignes opposées est libre.

Considérons maintenant la matrice M d'ordre $n\times m$. Soit alors S la matrice d'ordre $n\times 2^{m-1}$ formée des colonnes de M et de leurs produits d'Hadamard 3 à 3, 5 à 5 ⋯. On a rang S = rang M = m par hypothèse. De plus S ne peut avoir deux lignes égales par construction. Or S est un bloc de S*. Donc une ligne de S ne peut dépendre linéairement des autres lignes que si elle est opposée à l'une d'entre elles.

Supposons $n>2m$. On trouve alors dans S plus de m vecteurs lignes indépendants. On a donc rang S > m, ce qui est contraire à l'hypothèse. Ainsi $n\leq 2m$.

Enfin comme rang S = m, m lignes de la matrice S sont nécessairement distinctes et non opposées, chacune des n-m autres lignes est l'opposée d'une des m premières.□

Démonstration de la proposition 2.6. Pour toute fraction de plan 2^m notons

$$W_j = X_j \begin{pmatrix}-1\\1\end{pmatrix},\ M = \left(W_1 | \cdots | W_m\right) \text{ et } H = \left(\mathbb{1} | W_1 \odot W_2 | \cdots | W_1 \odot W_m\right)$$

Condition suffisante. Soit la fraction identifiée au tableau suivant

$$A = \left(\begin{array}{c|c} \mathbb{1} & F \\ \hline 0 & \bar{F} \end{array}\right),$$

où F représente une fraction de résolution III minimale de plan 2^{m-1}, et $\bar{F}$ = F+J mod 2. On a M = 2A-J.

La matrice $2(\mathbb{1}|F)-J$ est un bloc de M de rang m puisque c'est la matrice du modèle de la fraction de résolution III représentée par F. On a donc rang M=m. Mais $2(\mathbb{1}|F)-J$ est aussi un bloc de H. On a donc rang H=m. Par ailleurs ImM et ImH sont orthogonales par construction.

Par conséquent les colonnes des matrices M et H sont linéairement indépendantes. La fraction définie par le tableau A est donc de résolution IV. Elle est de plus minimale d'après la proposition 2.3 car elle comporte n=2m unités.

Condition nécessaire.

Montrons tout d'abord que tout produit d'Hadamard d'un nombre impair de colonnes de M appartient à ImM.

Le produit $W_1 \odot W_2 \odot W_k$, k>2, est un vecteur colonne d'ordre n=2m. Or, d'après la démonstration de la proposition 2.4, les vecteurs

$$W_j \text{ et } W_1 \odot W_j,\ j=1,\cdots,m,$$

forment une base de $\mathbb{R}^n$ car la fraction est de résolution IV minimale et le produit d'Hadamard de deux colonnes de D ne dépend pas des W_j.

On a donc
$$W_1 \odot W_2 \odot W_k = \sum \lambda_j W_j + \sum \mu_j W_1 \odot W_j,$$
$$\Rightarrow\ W_2 \odot W_k = \sum \lambda_j W_1 \odot W_j + \sum \mu_j W_j.$$

Mais alors $\mu_j = 0\ \forall j$ car $W_2 \odot W_k$ ne peut dépendre des W_j car la fraction est de résolution IV.

Raisonnons maintenant par récurrence, prouvons que si le produit d'Hadamard de 3, 5,⋯, 2p-1 colonnes de M est linéairement indépendant des W_j, alors il en est de même de tout produit de 2p+1 colonnes. Sans perte de généralité considérons

$$W_1 \odot W_2 \odot \cdots \odot W_{2p} \odot W_{2p+1}.$$

Comme $W_3 \odot \cdots \odot W_{2p+1} = \sum \lambda_k W_k$ par hypothèse, on a

$$W_1 \odot W_2 \odot W_3 \odot \cdots \odot W_{2p+1} = W_1 \odot W_2 (\sum \lambda_k W_k) = \sum \lambda_k W_1 \odot W_2 \odot W_k,$$

Or le dernier membre est combinaison linéaire des W_j d'après ce qui précède.

Comme la propriété est vraie pour p=1, elle est vraie par récurrence quel que soit p. Ainsi tout produit d'Hadamard de 2p+1 colonnes de D est combinaison linéaire des W_j.

La condition nécessaire résulte alors du lemme 2.7. En effet d'après ce lemme, comme la fraction est minimale, M a seulement n=2m lignes qui doivent être toutes distinctes et opposées par paires. □

Corollaire. *Soit* $(\mathbb{1}|M|H)$ *la matrice du modèle d'une fraction de résolution IV d'un plan* 2^m, *où*

$$M = (W_1|\cdots|W_m) \text{ avec } W_j = X_j \begin{pmatrix} -1 \\ 1 \end{pmatrix}$$

et H *est formée des produits d'Hadamard 2 à 2 des colonnes de* M.

Si cette fraction est minimale on a

$$\mathrm{Im}M \perp \mathbb{1} \text{ et } \mathrm{Im}M \perp \mathrm{Im}H.$$

Exemple. Des tables de fractions de plans 2^k de résolution III minimales pour $k \leq 9$ sont dressées par DODGE et AFSARINEJAD [1985]. Chaque plan figurant dans l'une de ces tables permet de construire une fraction de résolution IV de plan 2^m, avec m = k+1, minimale.

On obtient ainsi des fractions de plan 2^{10}, de résolution IV en 20 unités à partir de la table 11 de DODGE et AFSARINEJAD. Par exemple le premier plan de cette table donne la fraction suivante (le tableau la décrivant est ici transposé).

$$\left(\begin{array}{cccccccccc|cccccccccc}
0&0&1&1&1&1&1&1&1&1&1&1&0&0&0&0&0&0&0&0\\
0&1&0&1&1&1&1&1&1&1&1&0&1&0&0&0&0&0&0&0\\
0&0&0&1&1&1&1&1&1&1&1&1&1&0&0&0&0&0&0&0\\
0&0&0&0&1&1&1&1&1&1&1&1&1&1&0&0&0&0&0&0\\
0&0&0&0&0&1&1&1&1&1&1&1&1&1&1&0&0&0&0&0\\
0&0&0&0&0&0&1&1&1&1&1&1&1&1&1&1&0&0&0&0\\
0&0&0&0&0&0&0&1&1&1&1&1&1&1&1&1&1&0&0&0\\
0&0&0&0&0&0&0&0&1&1&1&1&1&1&1&1&1&1&0&0\\
0&0&0&0&0&0&0&0&0&1&1&1&1&1&1&1&1&1&1&0\\
\hline
0&0&0&0&0&0&0&0&0&0&1&1&1&1&1&1&1&1&1&1
\end{array}\right)$$

Remarque. Que F soit, ou non, une fraction de résolution III de plan 2^{m-1} minimale il est clair que le tableau

$$A = \left(\begin{array}{c|c} \mathbb{1} & F \\ \hline O & \bar{F} \end{array}\right)$$

définit une fraction de résolution IV de plan 2^m.

2.3. Orthogonalité.

Nous allons étudier quelques propriétés des fractions de plans factoriels qui ont la structure combinatoire suivante.

Définition 2.8. RAO [1947,1973].

Soit l'ensemble $I=\{1,\cdots,m\}$ *des facteurs d'un plan de domaine expérimental* $\mathcal{E}$. *Notons* q_j *le nombre de niveaux du jème facteur.*

Pour toute fraction $\mathcal{F}$ *de* $\mathcal{E}$, *de taille* n, *et pour tout* $J\subseteq I$ *non vide soit la fonction entière sur* $\mathcal{E}_J=\Pi\{\mathcal{E}_i\,|\,i\in J\}$.

$$n_J : e_J \longmapsto \#[\mathcal{E}_{\bar{J}}(e_J) \cap \mathcal{F}].$$

On dit que $\mathcal{F}$ *est un tableau orthogonal de force* s *à* m *contraintes (ou facteurs) si, pour tout* J *de cardinal* s, n_J *est constante sur* $\mathcal{E}_J$ *c'est-à-dire si*

$$n_J(e_J) = \frac{n}{\#\mathcal{E}_J}\ ,\ \forall\ e_J\in\mathcal{E}_J.$$

Si les facteurs ont tous le même nombre, q, *de niveaux on dit que le tableau est à* q *symboles (ou niveaux) ou qu'il est du type*

OA(n,m,q;s).

Les fractions constituant des tableaux orthogonaux de force 3 ou plus ont une propriété caractéristique démontrée par MUKERJEE [1980].

Proposition 2.9. *Soit* $\mathcal{H}_r$ *la famille des parties de* I *de cardinal* r *ou moins, où* $r\geq 2$.

Considérons une fraction $\mathcal{F}$ *de* $\mathcal{E}$ *et un modèle linéaire où*

$$\mathbb{E}Y = \Sigma\{X_J P_J \beta_J\,|\,J\in\mathcal{H}_r\}.$$

Pour tout $J\in\mathcal{H}_r$ *désignons par* F_J *l'espace des combinaisons linéaires des composantes de* β_J.

(i) Pour que la fraction $\mathcal{F}$ *soit orthogonale pour l'estimation de*

$$\{F_J\,|\,J\in\mathcal{H}_r:\ J\neq\emptyset\}$$

il faut et suffit que $\mathcal{F} = \mathcal{E}$ *si* 2r>m, *ou bien que* $\mathcal{F}$ *soit un tableau orthogonal de force* 2r *sinon.*

(ii) Soit $\mathcal{K}_r$ *la famille des parties non vides de* I *d'ordre inférieur strictement à* r. *Notons* F *l'ensemble des combinaisons linéaires estimables des composantes de* $(\beta_J\,|\,J\subseteq I:\ \#J=r)$.

Pour que la fraction $\mathcal{F}$ *soit orthogonale pour l'estimation de*

$$\{F,\ F_J\,|\,J\in\mathcal{K}_r\}$$

il faut et suffit que $\mathcal{F}=\mathcal{E}$ *si* 2r-1>m, *ou bien que* $\mathcal{F}$ *soit un tableau orthogonal de force* 2r-1 *sinon.*

Démonstration. Nous prouvons ici la propriété *(ii)* en utilisant le théorème 4.3 du chapitre 1, la démonstration de la propriété *(i)* est analogue. Cette démonstration diffère en partie de celle donnée par MUKERJEE [1980].

Soient $V_J = \mathrm{Im}\, X_J P_J$ et $W = \mathrm{Im}\{X_K P_K \mid K \subseteq I:\ \#K = r\}$. Pour que les F_J soient estimables pour tout $J \in \mathcal{K}_r$ if faut, d'une part, que les V_J soient deux à deux d'intersection nulle et, d'autre part, que $V_J \cap W = 0\ \forall J$. On a alors, en reprenant les notations du théorème I.4.3,

$$\overline{V}_J = \oplus\{V_K \mid K \in \mathcal{K}_r:\ K \neq J\} \oplus W \oplus \mathrm{Im}\mathbb{1},$$
$$\overline{W} = \oplus\{V_K \mid K \in \mathcal{K}_r\} \oplus \mathrm{Im}\mathbb{1}.$$

D'après le corollaire du théorème I.4.3, la fraction est donc orthogonale si et seulement si les conditions suivantes sont vérifiées:

(1) $\forall\ K \neq J,\ J \in \mathcal{H}_r,\ K \in \mathcal{K}_r:\ {}^tP_K\, {}^tX_K (I - P_0) X_J P_J = 0$, où $P_0 = \frac{1}{n} J$ avec $J = \mathbb{1}\,{}^t\mathbb{1}$,

(2) $\forall\ K \in \mathcal{K}_r:\ {}^tP_K\, {}^tX_K (I - P_0) X_K P_K$ est régulière.

Condition nécessaire. Raisonnons par récurrence.

a) Soient $J \in \mathcal{H}_r$, $K \in \mathcal{K}_r$ tels que $J \cap K = \varnothing$. Montrons tout d'abord que si n_J et n_K sont des fonctions constantes sur $\mathcal{E}_J$ et $\mathcal{E}_K$ respectivement, alors $n_{J \cup K}$ est constante sur $\mathcal{E}_J \times \mathcal{E}_K$.

Soit P_{CJ} la matrice telle que

$$\underset{j \in J}{\otimes} (\mathbb{1} \mid P_j) = (\mathbb{1} \mid P_{CJ}).$$

On a $\mathrm{Im}[X_L P_L \mid L \subseteq J:\ L \neq \varnothing] = \mathrm{Im} X_J P_{CJ}$. Définissons de même P_{CK}. D'après ce qui précède pour que le plan soit orthogonal il faut que

$${}^tP_{CK}\, {}^tX_K (I - P_0) X_J\, P_{CK} = 0$$
$$\Rightarrow\ {}^tX_K (I - P_0) X_J = 0 \text{ car } P_{CJ}\, {}^tP_{CJ} = nI - J,\ X_J \mathbb{1} = \mathbb{1} \text{ et } (I - P_0)\mathbb{1} = 0$$
$$\Rightarrow\ {}^tX_K X_J = \mathrm{Diag}\{n_K(e_K) \mid e_K \in \mathcal{E}_K\}\ \mathbb{1}\,{}^t\mathbb{1}\ \mathrm{Diag}\{n_J(e_J) \mid e_J \in \mathcal{E}_J\}$$

$\Rightarrow\ {}^tX_K X_J$ est à éléments tous égaux si n_J et n_K sont constantes sur $\mathcal{E}_K$ et $\mathcal{E}_J$ respectivement.

Or les éléments de ${}^tX_K X_J$ sont les valeurs prises par $n_{J \cup K}$ sur $\mathcal{E}_J \times \mathcal{E}_K$ car $J \cap K = \varnothing$. Ainsi $n_{J \cup K}$ est constante sur $\mathcal{E}_J \times \mathcal{E}_K$.

b) Pour amorcer la récurrence montrons maintenant que pour toute partie J de I de cardinal 2, n_J est constante sur $\mathcal{E}_J$.

Sans perte de généralité supposons $J = \{1,2\}$. Pour i=1,2 soit

$$D_i = \mathrm{diag}\{\ n_{\{i\}}(e_i) \mid e_i \in \mathcal{E}_i\} = {}^tX_i X_i.$$

Notons X_1^j la jème colonne de X_1. Pour qu'il y ait orthogonalité il faut que les conditions suivantes soient satisfaites:

(4) $\quad {}^tP_1\, {}^tX_1 (I - P_0) X_1 P_1$, où $P_0 = \frac{1}{n} J$, est régulière,

$$(5) \qquad {}^t X_1 (I-P_0) X_2 = 0,$$

$$(6) \qquad {}^t P_1 {}^t X_1 (I-P_0) X_J P_J = 0.$$

Or, ${}^t X_1 X_J = \text{diag}\{{}^t X_1^j \; X_2 \,|\, j=1,\cdots,t_1\} = \frac{1}{n}\, D_1 \otimes {}^t \mathbb{1}\; D_2$ d'après (5), car $D_i \mathbb{1} = {}^t X_i \mathbb{1}$ pour i=1,2, D'où, d'après les propriétés des produits tensoriels en notant que $P_J = P_1 \otimes P_2$. ,

$${}^t X_1 X_J P_J = \frac{1}{n}\, D_1 P_1 \otimes {}^t \mathbb{1}\; D_2 P_2 \text{ et } {}^t \mathbb{1}\; X_J P_J = \frac{1}{n}\; {}^t \mathbb{1}\; D_1 P_1 \otimes {}^t \mathbb{1}\; D_2 P_2,$$

Ainsi $\qquad (6) \Rightarrow {}^t P_1 (D_1 - \frac{1}{n}\, D_1 J\, D_1) P_1 \otimes {}^t \mathbb{1}\; D_2 P_2 = 0$

On a donc ${}^t \mathbb{1}\; D_2 P_2 = 0$ puisque la matrice

$${}^t P_1 (D_1 - \frac{1}{n}\, D_1 J\, D_1) P_1 = {}^t P_1 X_1 (I-P_0) X_1 P_1$$

est régulière. D'où

$${}^t \mathbb{1}\; D_2 = (n/q_2)\mathbb{1} \text{ car } P_2 {}^t P_2 = q_2 I - J.$$

On démontre de même que ${}^t \mathbb{1}\; D_1 = (n/q_1)\mathbb{1}$. Ainsi, d'après (5), la matrice ${}^t X_1 X_2$, qui est à éléments $n_J(e_J)$, vérifie

$${}^t X_1 X_2 = \frac{1}{n}\; {}^t X_1 \mathbb{1}\, {}^t \mathbb{1} X_2 = \frac{1}{n}\, D_1 \mathbb{1}\, {}^t \mathbb{1}\; D_2 = \frac{n}{q_1 q_2}\; J.$$

Par conséquent n_J est constante sur $\mathcal{E}_J$.

c) Par récurrence il résulte de a) et b) que $\mathcal{F}$ est nécessairement un tableau orthogonal de force 3, puis 4,⋯,2r-1 (ou bien m, si 2r-1 > m, auquel cas on a donc $\mathcal{F}=\mathcal{E}$ nécessairement).

Condition suffisante. Soit q_i le nombre des niveaux du ième facteur et $q_J = \prod_{i\in J} q_i$. Pour tout couple (J,K) de parties de I, notons

$$s = n\, \frac{q_{J\cap K}}{q_J \times q_K},\; \ell = q_{K\setminus J},\; c = q_{J\setminus K} \text{ et } b = q_{J\cap K}.$$

Pour $J \in \mathcal{H}_r$ et $K \in \mathcal{K}_r$ avec $K \neq J$ supposons $n_{J\cup K}$ constante. ${}^t X_K X_J$ est alors une matrice diagonale par blocs à b blocs diagonaux tous égaux à $sJ_{\ell c}$. Ainsi

$${}^t X_K X_J = sI_b \otimes J_{\ell c}.$$

Or, par construction, $P_J = P_{J\cap K} \otimes P_{J\setminus K}$, avec ${}^t \mathbb{1}_c P_{J\setminus K} = 0$. Donc

$${}^t X_K X_J P_J = (sI_b \otimes J_{\ell c})(P_{J\cap K} \otimes P_{J\setminus K}) = P_{J\cap K} \otimes J_{\ell c} P_{J\setminus K} = 0.$$

Par conséquent $\qquad {}^t P_K {}^t X_K (I-P_0) X_J P_J = {}^t P_K {}^t X_K \; X_J P_J$

puisque $n_{J\cup K}$ constante $\Rightarrow n_J$ constante $\Rightarrow {}^t \mathbb{1}\; X_J P_J = (n/q_J)\, {}^t \mathbb{1}\; P_J = 0$. D'où

$${}^t P_K {}^t X_K (I-P_0) X_J P_J = 0$$

d'après ce qui précède. Ainsi la condition (1) est bien vérifiée.

Considérons maintenant la matrice

$$ {}^tP_K\,{}^tX_K(I-P_0)X_KP_K. $$

Comme $n_{J\cup K}$ est constante, n_K l'est aussi. Ainsi

$$ {}^tP_K\,{}^tX_K(I-P_0)X_KP_K = {}^tP_K\,{}^tX_KX_KP_K = (n/q_K)\,{}^tP_KP_K = (n/q_K)\ I. $$

Cette matrice est donc régulière, en d'autres termes la condition (2) est vérifiée, elle aussi. □

On déduit immédiatement de cette proposition une propriété caractéristique des fractions de résolution supérieure à III orthogonales. On a plus précisémént le résultat suivant.

Corollaire. *La condition (i) de la proposition 2.9 est nécessaire et suffisante pour que la fraction $\mathcal{F}$ soit orthogonale pour l'estimation de $\{F_J \mid J\in\mathcal{K}_r\}$.*

Soit F' l'espace des combinaisons linéaires de $\beta_\emptyset$ et des composantes des β_J où $\#J=r$.

Alors il faut et suffit que la condition (ii) de la proposition 2.9 soit vérifiée pour que $\mathcal{F}$ soit orthogonale pour l'estimation de $\{F', F_J \mid J\in\mathcal{K}_r\}$.

S'agissant de la construction des fractions orthogonales de résolution R>III des plans symétriques et asymétriques (donc des tableaux orthogonaux de force 3 ou 4), deux cas sont à envisager.

1) Supposons le domaine expérimental $\mathcal{E}$ identifié à un groupe abélien fini, *G*. Une fraction $\mathcal{F}$ est alors dite *régulière*, si elle est formée d'un sous-groupe de *G* ou d'une classe latérale d'un sous-groupe.

Les propriétés et méthodes de construction de ce type de fraction sont étudiées dans le chapitre 5.

2) Pour les fractions orthogonales sans être régulières on connait quelques procédés de construction qu'il serait trop long de présenter ici. Pour les travaux les plus anciens sur ce sujet on se reportera à la thèse de MAURIN [1970] et aux chapitres 4 et 5 du livre de DEY [1985]. D'autres méthodes de construction de fractions de résolution IV orthogonales sont décrits par MUKHOPADHYAY [1981], GUPTA et NIGAM [1985], GOSWAMI [1992].

2.4. Fractions de résolution IV et V de plans q^m orthogonales.

Considérons les fractions orthogonales de résolution R des plans factoriels symétriques q^m, $m\geq R$, c'est-à-dire les tableaux orthogonaux de force $s=R-1$ à q symboles et m contraintes, et en particulier les fractions de résolution IV ou V. La taille de tout tableau de ce type vérifie nécessairement

$$n = \lambda\, q^{R-1},$$

où λ est un entier, appelé *index* du tableau orthogonal.

S'agissant de la taille d'un tableau orthogonal de force s à q symboles deux questions se posent;
1) Pour un nombre fixé de contraintes quelle taille doit avoir un tableau orthogonal?
2) Pour une taille fixée combien peut-on avoir de contraintes (ou de facteurs)?

On trouve dans la bibliographie peu de travaux sur la première question. Signalons cependant la propriété suivante.

Proposition 2.10. RAY-CHAUDURI & SINGHI [1988]
Soit q, s *et* $m \geq s$ *trois entiers positifs fixés. Alors il existe un entier* $\lambda(s,q,m)$ *tel que*

$$\lambda \geq \lambda(s,q,m) \Rightarrow \exists\ \mathbf{OA}(\lambda q^{s}, m, q; s).$$

Nombre maximum de contraintes.

Par contre de nombreux auteurs se sont efforcés d'apporter des réponses à la deuxième question. Nous en faisons ici un rapide inventaire. Dans un souci de brièveté les démonstrations sont omises pour la plupart. On se reportera pour plus d'informations aux travaux et ouvrages cités en référence.

Pour λ, q et s fixés, désignons par $m(\lambda,s,q)$ le nombre maximum de contraintes. S'agissant des propriétés et des valeurs de $m(\lambda,s,q)$, considérons tout d'abord le cas où $q=2$ pour lequel on connait deux propriétés qui apportent des réponses partielles à la question posée.

Proposition 2.11. *Pour tout* s *impair et* $q=2$ *on a*

$$m(\lambda,q,s) = m(\lambda,q,s-1) + 1.$$

Démonstration. Soit A un tableau orthogonal de force s-1, paire, à 2 symboles notés 0 et 1, m contraintes, de taille $n=\lambda\ 2^{s-1}$.

Considérons un sous-tableau B formé de s colonnes de A. Pour tout

$$z=(z_1,\cdots,z_s)\in\{0,1\}^{s},$$

notons 1) $w(z)$ le nombre de z_i qui sont égaux à 1,

2) $n(z)$ le nombre de lignes de B qui sont égales à z.

Comme A est un tableau de force s-1, les $n(z)$ ne prennent au plus que 2 valeurs distinctes, plus précisément on a

$$n(z) = \begin{cases} n(0) & \text{quand } w(z) \text{ est pair} \\ \lambda - n(0) & \text{quand } w(z) \text{ est impair} \end{cases}.$$

Soit maintenant $\bar{B} = B+J \bmod 2$ et $\bar{z} = z+(1,\cdots,1) \bmod 2$. Notons $\tilde{n}(z)$ le nombre de lignes égales à z dans B ou $\bar{B}$. Par construction on a

$$\tilde{n}(z) = n(z) + n(\bar{z}).$$

Mais, comme s est impair, $w(z)$ et $w(\bar{z})$ sont de parités opposées. Donc

$$\tilde{n}(z) = \lambda, \ \forall \ z \in \{0,1\}^s$$

Par conséquent

$$\tilde{A} = \left(\begin{array}{c|c} \mathbb{1} & A \\ \hline 0 & \bar{A} \end{array} \right)$$

est un tableau orthogonal de force s et comporte m+1 contraintes.

Réciproquement tout tableau $\tilde{A}$ de force s, à 2 symboles et m+1 contraintes, peut se mettre sous cette forme avec A tableau orthogonal de force s-1 à m contraintes.□

Proposition 2.12. BLUM, SCHATZ et SEIDEN [1970].

Pour tout tableau orthogonal de force s, *à* q=2 *symboles, d'index* λ *impair tel que* $\lambda \leq s-1$, *on a* $m(\lambda,q,s) = s+1$.

Démonstration. Voir HEDAYAT et STUFKEN [1988 p.54-55].□

Intéressons nous maintenant aux tableaux d'index $\lambda=1$, $m(\lambda,q,s)$ a alors les valeurs suivantes.

Proposition 2.13. BUSH [1952].

Pour tout tableau orthogonal de force s, *à* q *symboles et d'index* $\lambda=1$, *le nombre maximum de contraintes vérifie*

$$m(\lambda=1,q,s) = \begin{cases} s+1 \ \textit{si} \ q \leq s, \\ q+s-1 \ \textit{si} \ q \ \textit{est pair tel que} \ s \leq q, \\ q+s-2 \ \textit{si} \ q \ \textit{est impair tel que} \ 3 \leq s \leq q. \end{cases}$$

Démonstration. Voir RAGHAVARAO [1970 § 2.2 et 2.4] ou MAURIN [1970 Ch.4].□

Fractions de résolutions IV.

Considérons le cas particulier des fractions de résolution IV, c'est-à-dire des tableaux de force 3. D'après la proposition 2.4 on a

$$n \geq q \left((m-1)(q-1) + 1 \right).$$

Par conséquent le nombre de facteurs vérifie nécessairement

$$m \leq \left[\frac{\lambda q^2 - 1}{q-1} \right] + 1,$$

où [x] désigne la partie entière du réel x.

En particulier on a $m \leq q+2$ quand $\lambda=1$ c'est-à-dire $n=q^3$. Mais cette borne ne peut être atteinte que si q est pair d'après la proposition 2.13. Si q est impair on déduit le résultat suivant de la proposition 2.13.

Corollaire. *Soit* A *un tableau orthogonal d'ordre* n×m, *de force 3 à* q *niveaux, de taille* $n=\lambda q^3$. *Supposons* $\lambda=1$ *et* q *impair, alors* $m \le q+1$.

Proposition 2.14. BOSE & BUSH [1952 Th.2C].

Soit A *un tableau orthogonal d'ordre* n×m, *de force 3 à* q *niveaux, de taille* $n = \lambda q^3$.

Supposons $\lambda-1$ *divisible par* q-1 *et notons* $t=(\lambda-1)/(q-1)$. *Alors on a nécessairement*

$$m \le \left[\frac{\lambda q^2-1}{q-1} \right] - 1.$$

si $(q-1)^2(q-2)$ *n'est pas divisible par* qt+2.

Corollaire. *Soit un tableau orthogonal de force 3, à* q niveaux *et de taille* $n=q^4$. *Si 36 n'est pas divisible par* q+2, *le nombre de facteurs vérifie*

$$m \le q^2+ q.$$

Exemple. Pour q=3 et $n=q^4=81$ le corollaire de la proposition 2.14 s'applique puisque 36 n'est pas divisible par q+2=5. Ainsi le nombre m de facteurs ne peut excéder 12 d'après le théorème de BOSE et BUSH.

En fait SEIDEN [1955] prouve que $m \le 10$ dans ce cas. Le sous-groupe de $(\mathbb{Z}/3)^{10}$ engendré par les lignes de la matrice

$$\begin{pmatrix} 0&0&0&0&1&1&1&1&1&1 \\ 0&0&1&1&0&0&1&1&2&2 \\ 1&0&1&2&1&2&1&2&1&2 \\ 0&1&1&2&1&2&2&1&2&1 \end{pmatrix}$$

nous donne une fraction de résolution IV orthogonale de taille 81, de même que toute classe latérale de ce sous-groupe, voir BOSE et BUSH [1952] pour le procédé de construction. Il s'agit en fait d'une *fraction régulière*, voir le chapitre 5 à ce propos.

Fractions de résolution V.

Venons-en maintenant aux fractions de résolution V de plan factoriel symétrique. Pour qu'une fraction de plan q^m soit orthogonale il faut et suffit qu'elle constitue un tableau orthogonal de force 4 à q symboles. Sa taille vérifie donc nécessairement $n = \lambda\, q^4$ avec λ index entier. De plus les colonnes de la matrice du modèle doivent être indépendantes, donc

$$n \ge 1 + m(q-1) + \frac{m(m-1)}{2}(q-1)^2$$

$$\Rightarrow m \le \left[\frac{1}{2(q-1)}\left((q-3) + \sqrt{(q-3)^2+ 8(n-1)}\right)\right].$$

Mais cette borne n'est pas atteinte pour toutes les valeurs de λ et de q. Ainsi pour q=2 et 3, on a les valeurs de $m(\lambda,q,4)$ précisées dans la table 1, qui sont dues à BUSH[1952], SEIDEN et ZEMACH [1966], puis YAMAMOTO et al. [1984,1991], SATO et al.[1985].

Dans tous les cas, hormis quand q=2 et λ=1, $m(\lambda,q,4)$ est strictement inférieure à la borne ci-dessus et on trouve au moins un exemple de tableau orthogonal à m(λ,q,4) contraintes dans l'article de SEIDEN et ZEMACH [1966] ou ceux de YAMAMOTO et al. [1984,1991].

Table 1. Nombre maximum de facteurs, fractions de résolution V orthogonales de plans q^m

q	2	2	2	2	2	2	2	3	3
λ	1	2	3	4	5	6	7	1	2
m(λ,q,4)	5	6	5	8	6	≥7	6	5	5

Remarque. La proposition 2.12 s'applique ici lorsque λ=3 car λ est alors impair et λ≤s-1. On retrouve ainsi m(3,2,4)=s+1=5. Par contre λ=5 est bien impair mais alors λ>s-1, la proposition 2.12 ne s'applique pas dans ce cas. En fait on a ici m(5,2,4)=6 > s+1.

Remarque. On construit sans difficulté des fractions de plan 2^{s+1} de résolution s+1, orthogonales car régulières, de taille 2^s donc minimales, voir chapitre 5. D'après la proposition 2.12, le recours à des fractions orthogonales de taille n = λ 2^s, d'index λ impair tel que 1<λ≤s-1, ne peut donc se justifier puisqu'elles ne permettent pas de faire intervenir plus de s+1 facteurs.

Exemple de fraction minimale d'index λ>1.

Le sous-groupe de $(\mathbb{Z}/3)^{11}$ engendré par les lignes de la matrice suivante, ou bien l'une de ses classes latérales est une fraction de résolution V de plan 3^{11} d'index λ=3 et de taille 243, donc minimale. C'est une fraction régulière.

$$\begin{pmatrix} 1&0&0&0&0&1&1&1&1&1&0 \\ 0&1&0&0&0&1&2&2&1&0&1 \\ 0&0&1&0&0&1&1&2&0&2&2 \\ 0&0&0&1&0&1&2&0&2&1&2 \\ 0&0&0&0&1&1&0&1&2&2&1 \end{pmatrix}.$$

RÉFÉRENCES

ADDELMAN,S.[1962]. Orthogonal main-effects plans for asymmetrical factorial experiments. *Technometrics* **4**:21-46.

BLUM,J.R.,SCHATZ,J.A.,SEIDEN,E.[1970].On 2-level orthogonal arrays of odd index. *J. Combinatorial Theory* 9:239-243.

BOSE,R.C.,BUSH,K.A.[1952]. Orthogonal arrays of strengh two and three *Ann. Math. Statist.* **23**:508-524.

BOX,G.E.P., HUNTER,J.S.[1961]. The 2^{k-p} fractional factorial designs, I, *Technometrics* **3**:311-352, II, *Technometrics* **3**:449-458.

BUSH, K.A.[1952]. Orthogonal arrays of index unity. *Ann. Math. Statist.* **23**:426-434.

COLLOMBIER,D.[1995]. Tableaux à fréquences marginales d'ordre 2 proportionnelles. *Linear Algebra Appl.*, sous presse.

DEY,A.[1985]. *Orthogonal fractional factorial designs.* Wiley Eastern, New Dehli.

DODGE,Y.,AFSARINEJAD,K.[1985]. Minimal 2^n connected factorial experiments. *Comp. Statist. & Data Analysis* **3**:187-200.

GOSWAMI,K.K.[1992]. On the construction of orthogonal factorial designs of resolution IV. *Commun. Statist.-Theory Meth.* **21**:3561-3570.

GUPTA,V.K., NIGAM,A.K.[1985]. A class of asymetrical orthogonal resolution-IV designs. *J. Statist. Plann. Inference* **11**:381-383.

HEDAYAT,A.,STUFKEN,J.[1988]. Two-symbol orthogonal arrays. In *Optimal Design and Analysis of Experiments* (Y.Dodge,V.V.Fedorov,H.Wynn eds). North-Holland, Amsterdam, p.47-58.

MARGOLIN,B.H.[1969]. Resolution IV fractional factorial designs. *J. Royal Statist. Soc.* **B** **31**:514-523.

MAURIN,J.[1970]. *Groupes finis et construction de tableaux orthogonaux.* Thèse de Doctorat d'État, Université de Paris, Faculté des Sciences

MUKERJEEE,R.[1980]. Orthogonal fractional factorial plans. *Calcutta Statist. Ass. Bull.* **29**:143-160.

MUKHOPADHYAY,A.C.[1981]. Construction of some series of orthogonal arrays. *Sankhyā* **43**:81-92.

PLACKETT,R.L.[1946]. Some generalizations in the multifactorial design. *Biometrika* **33**:328-332.

PREECE,D.A.[1977].Orthogonality and designs: a terminological muddle. *Utilitas Math.* **12**:201-223.

PREECE,D.A.[1982].Balance and designs: another terminological muddle. *Utilitas Math.* **21C**:85-186.

RAGHAVARAO,D.[1971]. *Constructions and Combinatorial Problems in Design of Experiments.* Wiley, New York (Dover, New York [1988]).

RAO,C.R.[1947]. Factorial experiments derivable from combinatorial arrangements of arrays. *J. Royal Statist. Soc.* **B** **9**:128-139.

RAO,C.R.[1973].Some combinatorial problems of arrays and applications to design of experiments. In *A Survey of Combinatorial Theory* (J.N. Srivastava ed.). North-Holland, Amsterdam, p.349-359.

RAY-CHAUDURY,D.K., SINGHI,N.M.[1988]. On existence and number of orthogonal arrays. *J. Combin. Theory* **A** **47**:28-36; Corrigendum *J. Combin. Theory* **A** **66** [1994]:237.

SATO,M., KURIKI,S., YAMAMOTO,S.,[1985]. The non-existence of a two-symbol orthogonal array of strength 4, 7 constraints and index 7. *TRU Math.* **21**:181-193.

SEBER,G.A.F.[1964]. Orthogonality in Analysis of variance. *Ann. Math. Statist.* **35**:705-710.

SEIDEN,E.[1955]. Further remark on the maximum number of constraints of an orthogonal array. *Ann. Math. Statist.* **26**:759-763.

SEIDEN,E., ZEMACH,R.[1966]. On orthogonal arrays. *Ann. Math. Statist.* **37**:1355-1370.

SHAH,B.V.[1960]. Balanced factorial experiments. *Ann. Math. Statist.* **31**:502-514.

YAMAMOTO,S., FUJII,Y., NAMIKAWA,T., MITSUOKA,M.[1991]. Three-symbol orthogonal arrays of strength t having t+2 constraints. *SUT J.Math.* **27**:93-111.

YAMAMOTO,S.,KURIKI,S.,SATO,M.[1984]. On existence and construction of some 2-symbol orthogonal arrays. *TRU Math.* **20**: 317-331.

4 Construction des fractions de résolution III orthogonales

Ce chapitre est consacré à la construction des fractions de plans factoriels de résolution III orthogonales, c'est-à-dire des tableaux à fréquences marginales d'ordre 2 proportionnelles et des tableaux orthogonaux de force 2.

Il s'agit d'un sujet d'un grand intérêt non seulement du point de vue théorique, pour les spécialistes d'Analyse combinatoire, mais aussi pratique, pour les statisticiens et les autres utilisateurs de plans expérimentaux. En témoignent une abondante bibliographie et un nombre sans cesse croissant de systèmes experts et de logiciels qui font appel à ces tableaux.

Nous nous limitons ici essentiellement à la construction des fractions de taille réduite, minimales ou presque. S'agissant des plans où les facteurs sont tous à deux niveaux nous sommes donc conduits à nous intéresser aux *matrices d'Hadamard*. La première partie de ce chapitre leur est dévolue.

Les *matrices d'Hadamard généralisées* font l'objet de la deuxième partie. Elles jouent en effet un rôle essentiel par la suite, en particulier pour la construction des tableaux orthogonaux par la *méthode des différences*.

La construction des tableaux orthogonaux de force 2 est l'objet de la troisième partie. Nous nous limitons ici aux procédés les plus fructueux: méthode des différences complétée éventuellement par une *agrégation des contraintes*.

La dernière partie est consacrée aux tableaux à fréquences marginales proportionnelles qui ne sont pas des tableaux orthogonaux. Dans le cas des plans asymétriques, les fractions ainsi obtenues peuvent être très utiles car leur taille est particulièrement réduite. Ceci justifie l'intérêt porté à ces tableaux.

Dans ce bilan nous nous sommes efforcés de faire état des travaux les plus récents, accompagné d'exemples, tout en précisant les résultats concrets de ces recherches pour les fractions de plans comptant une centaine d'unités au plus.

1. MATRICES D'HADAMARD.

Dans le cas où les facteurs sont tous à 2 niveaux les fractions de résolution III minimales et orthogonales s'obtiennent directement à partir des *matrices d'Hadamard.* C'est donc à la construction de ces matrices que nous consacrons cette première partie.

Nous allons utiliser pour cette construction non seulement des groupes abéliens finis mais surtout des corps finis. Nous commençons donc par donner les quelques définitons et propriétés indispensables à leur sujet.

1.1. Corps de Galois.

Rappelons tout d'abord la définition d'un corps.

Définition 1.1. *Soit un ensemble, $\mathcal{K}$, muni de deux lois de composition internes appelées addition et produit ou multiplication, notées + et × respectivement .*

On dit que $(\mathcal{K},+,\times)$ est un corps s'il satisfait aux trois axiomes suivants :
(i) $(\mathcal{K},+)$ est un groupe abélien, appelé groupe additif de $\mathcal{K}$,
(ii) $\mathcal{K}\backslash\{0\}$, où 0 est l'élément neutre de l'addition, muni du produit, est un groupe, appelé groupe multiplicatif de $\mathcal{K}$,
(iii) le produit est distributif par rapport à l'addition.

Un corps est dit commutatif lorsque son groupe multiplicatif est abélien .

Tout corps fini, d'ordre n, est appelé *Corps de Galois* et est noté **GF**(n). Toutes les propriétés des corps de Galois utilisées ici sont classiques.

Théorème 1.2. *Tout corps de Galois, $\mathcal{K}$, est commutatif, d'ordre* p *ou* p^n, *où* p *est un nombre premier.*

Pour l'addition un corps de Galois est un groupe abélien élémentaire. Vis à vis de la multiplication $\mathcal{K}\backslash\{0\}$ est un groupe cyclique.

$\mathcal{K}$=**GF**(p) *est formé des classes résiduelles de la division entière par* p.

Soit $\mathcal{K}[x]$ l'ensemble des polynômes à une indéterminée sur $\mathcal{K}$. Alors **GF**(p^n) *est constitué des classes résiduelles de la division euclidienne des éléments de $\mathcal{K}[x]$ par un polynôme donné de degré* n, *irréductible et normalisé.*

Remarque. Par commodité les éléments de $\mathcal{K}$=**GF**(p) sont représentés par les restes de la division entière par le nombre premier p. Quant aux éléments de **GF**(p^n), ils sont représentés par les restes de la division euclidienne de $\mathcal{K}[x]$ par le polynôme irréductible qui sert à construire le corps.

Définition 1.3. *On appelle racine primitive d'un corps fini, $\mathcal{K}$, tout générateur de son groupe multiplicatif. L'ordre d'un élément non nul est l'ordre du sous-groupe multiplicatif qu'il engendre.*

Les puissances paires de toute racine primitive sont appelées les carrés (ou résidus quadratiques) de $\mathcal{K}$, les puissances impaires les non-carrés (ou résidus non-quadratiques).

On appelle fonction de Legendre sur $\mathcal{K}$, la fonction χ suivante à valeurs 0,1 *ou* -1.

$$\chi(0) = 0 \text{ et } \chi(z) = \begin{cases} 1 & \text{si } z \text{ est un carré} \\ -1 & \text{si } z \text{ est un non-carré} \end{cases}.$$

Exemple. Considérons le corps de Galois $\mathbf{GF}(2^2)$ formé des restes des divisions des polynômes sur le corps $\mathbf{GF}(2)$ par le polynôme irréductible de degré 2 :

$$P(x) = x^2 + x + 1.$$

Ce corps a x pour racine primitive, 1 et x+1 sont donc ses carrés. Par ailleurs on a les tables suivantes.

Table d'addition

0	1	x	x+1
1	0	x+1	x
x	x+1	0	1
x+1	x	1	0

Table de multiplication

1	x	x+1
x	x+1	1
x+1	1	x

1.2. Construction des Matrices d'Hadamard.

Définition 1.4. *On appelle matrice d'Hadamard d'ordre* n *toute matrice* H_n, n×n, *à éléments* -1 *et* 1 *telle que*

$${}^tH_nH_n = n\,I_n.$$

On dit qu'une matrice d'Hadamard est semi-normalisée lorsque les éléments de sa première colonne sont égaux à 1, *on l'a dit normalisée quand il en est ainsi de la première ligne et de la première colonne.*

Deux matrices d'Hadamard de même ordre sont dites équivalentes quand on peut déduire l'une de l'autre par une suite d'opérations suivantes:

permutation de lignes, permutation de colonnes,
multiplication par -1 *de lignes, de colonnes.*

Considérons une matrice d'Hadamard. En multipliant chacune de ses lignes par l'élément qui figure en première colonne, on obtient une matrice semi-normalisée équivalente. En multipliant chaque colonne de cette seconde matrice par l'élément de tête on obtient une matrice normalisée.

Nécessairement l'ordre d'une matrice d'Hadamard est égal à 2 ou à un multiple de 4. Pour $n \geq 3$ on obtient cette condition en écrivant que trois des produits scalaires des colonnes de H_n sont nuls.

Soit $\otimes$ le produit de Kronecker (direct ou tensoriel) de matrices, c'est-à-dire l'opération qui, à tout couple de matrices

$$A = (a_{ij}) \text{ d'ordre } m \times n \text{ et } B \text{ d'ordre } m' \times n',$$

associe la matrice suivante, à $m \times m'$ lignes et $n \times n'$ colonnes,

$$A \otimes B = (a_{ij} B)$$

On déduit aisément des matrices d'Hadamard les unes des autres en utilisant ce produit. Soit deux matrices d'Hadamard H et H' d'ordres n et n'. Alors $H \otimes H'$ est une matrice d'Hadamard d'ordre $n \times n'$ car

$${}^t(H \otimes H')(H \otimes H') = {}^tH\, H \otimes {}^tH' H' = nI_n .$$

Considérons le tableau A, d'ordre $n \times (n-1)$, formé par les colonnes d'une matrice d'Hadamard semi-normalisée, la première exceptée. Il s'agit d'un tableau orthogonal de force 2 à n unités, n-1 contraintes et deux symboles. En effet

$${}^t\mathbb{1}A = 0 \text{ et } {}^tAA = nI_{n-1} \Rightarrow {}^tX_jX_k = \frac{n}{4}\, J_2 \ \forall k \neq j.$$

Ce tableau définit donc une fraction de résolution III minimale et orthogonale d'un plan 2^m, c'est-à-dire d'un plan à m facteurs, tous à 2 niveaux.

On appelle souvent *plan de Plackett-Burman* ce type de fraction.

Méthodes de construction de PALEY.

On dispose de plusieurs méthodes pour construire des matrices d'Hadamard. Il y a tout d'abord deux méthodes dues à PALEY [1933] qui font appel à la fonction de Legendre sur les corps de Galois.

Supposons n-1 premier ou puissance d'un nombre premier, congru à 3 modulo 4. Alors on peut utiliser le corps $\mathcal{K}=\mathbf{GF}(n-1)$ pour construire une matrice d'Hadamard d'ordre n (première méthode de PALEY, voir HEDAYAT & WALLIS [1978] ou WALLIS [1988]).

Comme $n-1 \equiv 3$ modulo 4, tout carré est l'opposé d'un non-carré (voir WALLIS [1988]). Soit alors Q la matrice carrée d'ordre n-1 dont l'élément de la ième ligne et de la jème colonne est donné par $\chi(i-j)$, avec i et j éléments de $\mathcal{K}$ ordonné arbitrairement. Q est circulante et antisymétrique et on montre que la matrice suivante est d'Hadamard.

$$\left(\begin{array}{c|c} & -{}^t\mathbb{1} \\ \hline \mathbb{1} & Q+I \end{array}\right)$$

Exemple. Cette méthode permet de construire des matrices d'Hadamard d'ordre n=4,8,12, entre autres, mais pas pour n=16. Ainsi pour n=8, $\mathcal{K}$=**GF**(7) a pour racine primitive 3. En effet le groupe multiplicatif de $\mathcal{K}$ est donné par

3^0	3	3^2	3^3	3^4	3^5
1	3	2	6	4	5

On a donc 1, 2 et 4 pour carrés, 3, 6 et 5 pour non-carrés sur $\mathcal{K}$. La première colonne de la matrice Q est à éléments $\chi(i)$, $i=0,1,\cdots,6$. Plus précisément

i	0	1	2	3	4	5	6
$\chi(i)$	0	1	1	-1	1	-1	-1

Les autres colonnes de Q se déduisent de la première par permutations circulaires.

En utilisant cette première méthode de Paley on obtient donc la matrice d'Hadamard suivante; ici - et + désignent les entiers -1 et 1 respectivement,

$$\left(\begin{array}{c|ccccccc}
+ & - & - & - & - & - & - & - \\ \hline
+ & + & - & - & + & - & + & + \\
+ & + & + & - & - & + & - & + \\
+ & + & + & + & - & - & + & - \\
+ & - & + & + & + & - & - & + \\
+ & + & - & + & + & + & - & - \\
+ & - & + & - & + & + & + & - \\
+ & - & - & + & - & + & + & +
\end{array}\right)$$

PALEY [1933] utilise encore des corps de Galois pour construire des matrices d'Hadamard d'ordre

$$n = 2(p^k+ 1) \text{ avec p premier tel que } p^k \equiv 1 \bmod 4.$$

Soient Q la matrice construite ci-dessus au moyen de la fonction de Legendre sur **GF**(p),

$$S = \begin{pmatrix} 0 & {}^t\mathbb{1} \\ \mathbb{1} & Q \end{pmatrix} \text{ et } H_n = S \otimes \begin{pmatrix} 1 & -1 \\ 1 & -1 \end{pmatrix} + I_n \otimes \begin{pmatrix} 1 & -1 \\ -1 & 1 \end{pmatrix}.$$

H est une matrice d'Hadamard d'ordre $n = 2(p^k+ 1)$.

Exemples. Pour n=4,8,12 on obtient ainsi des matrices d'Hadamard qui sont équivalentes à celles données par la première méthode. En effet on sait qu'il n'existe qu'une classe d'équivalence pour ces valeurs de n, voir SEBERRY [1972].

Lorsque n=16 on sait qu'il y a cinq classes d'équivalence. Or 16=2(7+1). La deuxième méthode de Paley nous donne donc une matrice d'Hadamard qui représente une de ces classes.

Pour $n \leq 100$, où n=2 ou 0 mod 4, on obtient des matrices d'Hadamard pour toutes les valeurs de n, exceptée n=92, au moyen des méthodes de Paley. On a en effet dans ce cas $n-1 = 91 = 7 \times 13$ et $(n/2)-1 = 45 = 5 \times 9$.

Méthode de construction de WILLIAMSON.

Un autre procédé de construction, du à WILLIAMSON [1944], est d'un grand intérêt tant du point de vue théorique que pratique. Il donne des matrices d'Hadamard d'ordre 4n, avec n impair. Ce procédé repose sur la propriété suivante.

Proposition 1.5. *Supposons qu'il existe quatre matrices d'ordre* n: A, B, C, D, *dites de Williamson, c'est-à-dire à éléments* ±1, *telles que*

(i) $$A^tA + B^tB + C^tC + D^tD = nI_n,$$

(ii) pour tout couple (X,Y) X≠Y *extrait de* {A,B,C,D} *on ait*

$$X^tY = Y^tX.$$

Alors la matrice suivante est d'Hadamard:

$$H = \begin{pmatrix} A & B & C & D \\ -B & A & -D & C \\ -C & D & A & -B \\ -D & -C & B & A \end{pmatrix}.$$

On connait de nombreuses matrices de Williamson d'ordre impair, entre autres, les matrices d'ordre 3 à 25 repertoriées par HEDAYAT et WALLIS [1978 Table 4] qui sont toutes circulantes.

Remarque. Il suffit de préciser la première ligne d'une matrice de Williamson circulante car les autres lignes s'obtiennent par permutations circulaires.

Exemple. Pour n = 3, 5, 7 on construit les matrices de Williamson en permutant circulairement les 4 lignes suivantes, respectivement pour A, B, C et D. Ici + désigne l'élément 1 et - l'élément -1.

	n=3	n=5	n=7
A	+ + -	+ + + - -	+ + + + - - -
B	+ - -	+ - + + -	+ + + - - - -
C	+ - -	+ - - - -	+ + - + + - +
D	+ + +	+ - - - -	+ - + + + + -

Pour de plus amples informations sur les propriétés et procédés de construction des matrices d'Hadamard voir par exemple HEDAYAT et WALLIS [1978], SEBERRY [1972] ou AGAIN [1980].

2. MATRICES D'HADAMARD GÉNÉRALISÉES.

Dans le cas général la plupart des procédés de construction des tableaux orthogonaux utilisent des *matrices aux différences* sur des groupes finis et en particulier des *matrices d'Hadamard généralisées.*

2.1. Définitions et conditions d'existence.

Définition 2.1. *Etant donné un groupe fini* $(G,+)$ *d'ordre* q, *considérons une matrice* M *d'ordre* $q\lambda \times k$, *à éléments* $m_{ij} \in G$.

On dit que M *est une matrice aux différences sur* G *si, pour tout couple* (h,j) *de colonnes, on obtient* λ *fois chaque élément de* G *quand on forme les différences*

$$m_{ij} - m_{ih} \quad \forall i = 1,\cdots,q\lambda.$$

On note cette matrice $\mathbf{DM}(q\lambda,k,G)$.

On appelle matrice d'Hadamard (généralisée) sur le groupe G *toute matrice carrée aux différences sur ce groupe. On note cette matrice* $\mathbf{GH}(q\lambda,G)$.

Cette matrice est dite semi-normalisée quand sa première colonne est constituée uniquement de e, l'élément neutre de G*, normalisée s'il en est ainsi des premières ligne et colonne.*

Soit une matrice $\mathbf{GH}(q\lambda,G)$ *normalisée. On appelle coeur le bloc carré d'ordre* $q\lambda-1$ *obtenu en éliminant les premières ligne et colonne de cette matrice.*

Remarque. Soit $S=\{(g,g) \mid g\in G\}$, S est un sous-groupe cyclique de $G\times G$. M est une matrice aux différences sur G lorsque, dans tout couple de colonnes de M, on trouve λ éléments de S et de chacune de ses classes latérales.

Exemple. Toute matrice d'Hadamard est une matrice d'Hadamard généralisée sur le groupe $\mathbb{Z}/2$.

Remarque. La notion de matrice d'Hadamard généralisée sur un groupe est due à DRAKE [1979]. BUTSON [1962] a introduit un autre type de matrices dites aussi d'Hadamard généralisées. Il s'agit de matrices carrées n×n à éléments racines q-èmes de l'unité,

$$H_n(s), \text{ telles que: } \quad H^*_n(s)\, H_n(s) = nI_n,$$

où M* désigne la matrice adjointe (transposée-conjuguée) de M.

Lorsque q est premier on retrouve les *matrices équimodulaires*, de MASUYAMA [1957]. Il s'agit de matrices carrées aux différences, dont l'ordre est nécessairement multiple de q, voir la démonstration de BUTSON [1962 Th 3.1] par exemple.

Toute matrice d'Hadamard généralisée sur le groupe cyclique des racines q-èmes de l'unité est une matrice d'Hadamard généralisée au sens de Butson. L'inverse n'est pas vrai sauf lorsque q est premier.

Nous nous limitons ici aux matrices d'Hadamard généralisées sur un groupe abélien. En effet seules ces matrices sont actuellement employées pour construire des tableaux orthogonaux de taille modérée. Nous adaptons donc l'énoncé des résultats à ce cas. Dans les articles de JUNGNICKEL et DE LAUNEY, cités en référence, figurent des énoncés plus généraux et les démonstrations qui sont omises ici par souci de brièveté. On y trouvera aussi des compléments sur l'existence et la construction de matrices non-carrées aux différences.

Préoccupons nous en premier lieu des conditions d'existence des matrices d'Hadamard sur des groupes abéliens.

Proposition 2.2. *Soit G un groupe abélien d'ordre* $q=2^k \times r > 2$, *avec* r *impair. Supposons que son 2-sous-groupe de Sylow (c'est-à-dire son seul sous-groupe d'ordre* 2^k*) soit cyclique.*

Alors λ *doit être pair pour qu'il existe une matrice* **GH**$(q\lambda,G)$.

Exemple. $G=\mathbb{Z}/4$ est un groupe cyclique d'ordre 4. Donc il ne peut pas exister de matrice **GH**$(12,G)$ car $12=3\times4$. Cependant on sait construire une matrice **GH**(12,**EA**(4)) au moyen d'une méthode itérative décrite plus loin.

Proposition 2.3. DE LAUNEY [1986 Th 1.5 *(ii)*].

Soient $n\in\mathbb{N}$ *impair,* $n=f\times h$ *où* h *est un carré et* f *est sans facteur carré, et G un groupe abélien d'ordre* q *impair.*

Pour qu'une matrice **GH**(n,G) *existe il faut que, pour tout facteur premier* p *de* q *et pour tout entier* $z \not\equiv 0 \bmod p$ *divisant* f, z *soit un élément d'ordre impair du groupe multiplicatif de* **GF**(p).

Remarque. **GF**(p) possède un nombre impair d'éléments. Tout non-carré de ce corps est donc d'ordre pair. Ainsi z doit non seulement être un carré de **GF**(p), mais encore un carré d'ordre impair. Or il y a des carrés d'ordre pair dans **GF**(p) lorsque $p \equiv 1 \bmod 4$.

Exemple. Montrons qu'il n'existe pas de matrice **GH**$(15,\mathbb{Z}/5)$. Ici n=15 et q=5. Donc $n=f=3\times5$ et $z \equiv 3 \bmod 5$. Mais 3 n'est pas un carré de **GF**(5).

De même, il n'existe pas de matrice **GH**$(15,\mathbb{Z}/3)$ car $z=5 \equiv 2 \bmod 3$ n'est pas un carré de **GF**(3).

Plus généralement, on montre ainsi qu'aucune matrice **GH**$(5\times3^m,\mathbb{Z}/3)$ ne peut exister. Signalons cependant qu'on sait déduire une matrice **DM**$(15,7,\mathbb{Z}/3)$ d'une matrice de BHASKAR RAO de paramètres v=7, k=4 et $\lambda=2$, se reporter à ce sujet à la troisième partie de ce chapitre.

Exemple. Montrons qu'il n'existe pas de matrice **GH**$(21,\mathbb{Z}/7)$. Comme n=21, on a $f=3\times7$. Pour p=3 on a $z=7 \equiv 1 \bmod 3$ qui est donc un carré d'ordre impair. La condition d'existence de la proposition 2.3 est donc satisfaite dans ce cas. Pour $p=7$ on a par contre $z=3$ qui est une racine primitive de **GF**(7), donc un non-carré.

2.2. Construction des matrices d'Hadamard généralisées.

Venons en maintenant à la construction des matrices d'Hadamard généralisées. On a tout d'abord la propriété suivante.

Proposition 2.4. *Soient G et G' deux groupes abéliens, le premier d'ordre* q *et le second d'ordre un diviseur de* q*. Considérons alors un morphisme surjectif Φ de G sur G'.*

Soit une matrice aux différences **DM**$(q\lambda,k,G)$:

$$M=(m_{ij}) \text{ et } \Phi(M) \text{ la matrice à éléments } \Phi(m_{ij}).$$

Alors $\Phi(M)$ est une matrice aux différences sur G'. Il s'agit en fait d'une matrice **DM**$(q\lambda,k,G')$.

Méthodes polynômiales.

Une première classe de méthodes vise la construction de matrices **GH**$(s\lambda,G)$ où $\lambda=1,2,4$ et $q=p^k$ avec p premier. G est ici le groupe additif du corps de Galois $\mathcal{K}$ = **GF**(p^k), donc du groupe **EA**(p^k).

Ces matrices sont décomposées en λ^2 blocs carrés d'ordre q. Les lignes et colonnes de chaque bloc sont indexées par x et $y\in$**GF**(p^k) et les éléments de tout bloc sont égaux à $f(x,y)$ où f, qui dépend du bloc considéré, est un polynôme du second degré sur $\mathcal{K}$ à deux indéterminées.

1) Cas λ=1.

Lorsque $\lambda=1$ on obtient une matrice d'Hadamard généralisée H à éléments h_{xy}, x et $y\in$**GF**(p^k), en posant

$$h_{xy} = xy.$$

Cette matrice est donc formée par la table de multiplication sur ce corps, élément neutre de l'addition compris. On obtient de la sorte une matrice **GH**(p^k,G) normalisée.

On peut aussi poser $\qquad h_{xy} = (x-y)^2.$

La matrice ainsi obtenue est symétrique. Elle est en outre circulante lorsque $k=1$.

Exemple. Soit G le groupe additif de **GF**(2^2). La table de multiplication sur ce corps nous donne la matrice **GH**(4,**EA**(4)) suivante

$$H = \begin{pmatrix} 00 & 00 & 00 & 00 \\ 00 & 01 & 10 & 11 \\ 00 & 10 & 11 & 01 \\ 00 & 11 & 01 & 10 \end{pmatrix}.$$

Par contre, quand on pose

$$h_{xy} = (x-y)^2,$$

on obtient la matrice d'Hadamard généralisée symétrique suivante

$$H = \begin{pmatrix} 00 & 01 & 11 & 10 \\ 01 & 00 & 10 & 11 \\ 11 & 10 & 00 & 01 \\ 10 & 11 & 01 & 00 \end{pmatrix}.$$

Remarquons que cette matrice n'est pas circulante, on a ici p=2 et k=2.

2) Cas $\lambda=2$ et p impair.

Quand $\lambda=2$ la matrice obtenue est en quatre blocs carrés, $q\times q$ avec $q = p$ ou p^k. A chaque bloc est associé un polynôme qui en donne les éléments.

Proposition 2.5. DAWSON [1985]

Soit $q = p$ *ou* p^k *où* p *est un nombre premier impair. Considérons une matrice*

$$H = \begin{pmatrix} H_{11} & H_{12} \\ H_{21} & H_{22} \end{pmatrix}$$

dont les blocs sont carrés, d'ordre q, *à éléments dans* **GF**(q).

Indexons les lignes et colonnes de ces blocs par les éléments de **GF**(q). *Supposons*

$$H_{ij} = \left(h^{ij}_{xy}\right), \textit{ avec } h^{ij}_{xy} = a_{ij}y^2 + b_{ij}xy + c_{ij}x^2, \ x \textit{ et } y \in \mathbf{GF}(q).$$

Alors H *est une matrice d'Hadamard sur le groupe additif de* **GF**(q), *c'est-à-dire sur* **EA**(q), *si les 4 conditions suivantes sont satisfaites sans qu'aucun des numérateurs ou dénominateurs ne soit nul :*

1) $(a_{11}-a_{21})/(b_{11}b_{21}) = (a_{12}-a_{22})/(b_{12}b_{22})$

2) $(c_{11}-c_{12})/(b_{11}b_{12}) = (c_{21}-c_{22})/(b_{21}b_{22})$

3) $4(a_{11}-a_{21})(c_{11}-c)_{12}/(b^2_{11}b_{21}b_{12}) = (b_{11}b_{22}-b_{12}b_{21})/(b_{11}b_{12}b_{21}b_{22})$

4) $\chi(b_{11}b_{12}b_{21}b_{22}) = -1$, *i.e. le produit des* b_{ij} *est un non-carré de* **GF**(q).

Plusieurs classes de polynômes sont connues qui vérifient les conditions du théorème de DAWSON.

Citons tout d'abord deux classes de polynômes, dues toutes deux à MASUYAMA [1969], qui permettent d'obtenir directement des matrices normalisées. La première classe est définie par:

$$h^{11}_{xy} = xy, \qquad\qquad h^{12}_{xy} = x^2 + xy,$$

$h^{21}_{xy} = -xy + (1-r^{-1})y^2/4,$ $\qquad$ $h^{22}_{xy} = rx^2 - rxy + (r-1)y^2/4,$

où r est un non-carré de $\mathcal{K}$.

Remarque. Les polynômes de MASUYAMA comportent en fait des termes de premier degré. Mais ces termes sont superflus, aussi les avons nous éliminés.

Pour $p^k \geq 5$, $k \geq 1$, MASUYAMA obtient des matrices symétriques en se servant de la classe suivante:

$$h^{11}_{xy} = xy, \qquad h^{12}_{xy} = xy - a^{-1}x^2/4,$$

$$h^{21}_{xy} = xy - a^{-1}y^2/4, \qquad h^{22}_{xy} = (x^2 + y^2 - 4axy)/(a^{-1} - 4a),$$

où $a \neq 0$ et $4a^2-1$ est un non-carré de $\mathcal{K}$.

Une autre classe de polynômes est due à JUNGNICKEL [1979 Th 2.4], les matrices qu'elle donne ne sont pas normalisées. Il s'agit de:

$$h^{11}_{xy} = xy + x^2/4, \qquad h^{12}_{xy} = xy + r\,x^2/4,$$

$$h^{21}_{xy} = xy - y^2 - x^2/4, \qquad h^{22}_{xy} = r^{-1}(xy - y^2 - x^2/4),$$

où r est un non-carré de $\mathcal{K}$.

Exemple. Considérons le corps $\mathcal{K}$=**GF**(3). On obtient les quatre blocs suivants en utilisant les polynomes de JUNGNICKEL :

$$H_{11} = \begin{pmatrix} 0 & 0 & 0 \\ 1 & 2 & 0 \\ 1 & 0 & 2 \end{pmatrix}, \; H_{12} = \begin{pmatrix} 0 & 0 & 0 \\ 2 & 0 & 1 \\ 2 & 1 & 0 \end{pmatrix}, \; H_{21} = \begin{pmatrix} 0 & 2 & 2 \\ 2 & 2 & 0 \\ 2 & 0 & 2 \end{pmatrix}, \; H_{22} = \begin{pmatrix} 0 & 1 & 1 \\ 1 & 1 & 0 \\ 1 & 0 & 1 \end{pmatrix},$$

qui donnent une matrice **GH**(6,$\mathbb{Z}$/3). Après normalisation puis permutation des 2 dernières lignes nous obtenons ainsi la matrice suivante.

$$H = \left(\begin{array}{ccc|ccc} 0 & 0 & 0 & 0 & 0 & 0 \\ 0 & 1 & 2 & 1 & 2 & 0 \\ 0 & 2 & 1 & 1 & 0 & 2 \\ \hline 0 & 2 & 2 & 0 & 1 & 1 \\ 0 & 1 & 0 & 2 & 1 & 2 \\ 0 & 0 & 1 & 2 & 2 & 1 \end{array}\right).$$

Il s'agit en fait d'une matrice donnée par la première classe de polynômes de MASUYAMA.

Exemple. Considérons le corps $\mathcal{K}$=**GF**(5). La 2ème classe de polynômes introduite par MASUYAMA donne ici, en posant a=1, les blocs suivants dont on déduit une matrice **GH**(10,$\mathbb{Z}$/5) normalisée et symétrique.

$$H_{11}=\begin{pmatrix}0&0&0&0&0\\0&1&2&3&4\\0&2&4&1&3\\0&3&1&4&2\\0&4&3&2&1\end{pmatrix}\quad H_{12}={}^tH_{21}=\begin{pmatrix}0&0&0&0&0\\1&2&3&4&0\\4&1&3&0&2\\4&2&0&3&1\\1&0&4&3&2\end{pmatrix}\quad H_{22}=\begin{pmatrix}0&3&2&2&3\\3&4&1&4&3\\2&1&1&2&4\\2&4&2&1&1\\3&3&4&1&4\end{pmatrix}.$$

3) Cas $\lambda=4$.

Pour $\lambda = 4$ et p premier impair tel que $p^k \geq 7$ et $k\geq 1$, DAWSON [1985] introduit un procédé de construction de matrices $\mathbf{GH}(4p^k,\mathbf{EA}(p^k))$ divisées en 16 blocs. Il s'agit là encore d'une méthode polynômiale.

Méthodes itératives.

Notons $*$ la *somme de Kronecker de matrices*, c'est-à-dire l'opération qui, à tout couple de matrices $A=(a_{ij})$ et B, associe la matrice

$$A*B = (a_{ij}J+B),$$

(*i.e.* la matrice formée des blocs $a_{ij}J+B$, où J est constituée de 1).

Si A et B ont pour ordres respectifs $m\times n$ et $m'\times n'$, $A*B$ possède $m\times m'$ lignes et $n\times n'$ colonnes.

Proposition 2.6. *La somme de Kronecker de 2 matrices aux différences sur un même groupe est une matrice aux différences sur ce groupe.*

Ainsi on peut construire itérativement des matrices d'Hadamard généralisées sur un groupe G par somme de Kronecker de matrices $\mathbf{GH}(n,G)$. Par exemple, quels que soient p premier et $k\geq 1$, avec $m\geq 0$, $n\geq 0$, $r\geq 1$ tels que $m+n\leq r$, on obtient de la sorte des matrices

$$\mathbf{GH}(2^m4^np^{rk},\mathbf{EA}(p^k))$$

en partant de matrices construites par les méthodes polynômiales.

Une autre méthode, due à DE LAUNEY [1986 Th 2.3], permet de construire itérativement des matrices d'Hadamard généralisées d'ordre $q^r(q+1)$, $r\geq 1$, sur un groupe G à partir d'une matrice $\mathbf{GH}(q+1,G)$ quand $q = p^k$ avec p premier.

Dans un souci de brièveté nous limitons la présentation de ce procédé à la première itération, c'est-à-dire à la construction de matrices $\mathbf{GH}(q(q+1),G)$. Cette première itération peut être considérée comme une extension d'une méthode proposée par SEBERRY [1980] dans le cas où q et q+1 sont puissances de nombres premiers.

Soit, d'une part, C le coeur d'une matrice $\mathbf{GH}(q+1,G)$ après normalisation et d'autre part, A une matrice $\mathbf{GH}(q,\mathbf{EA}(q))$ obtenue par la première méthode polynômiale. Représentons par des matrices $q\times q$ de permutation les éléments du groupe $\mathbf{EA}(q)$, en particulier les éléments de A. Soit alors A_{ij} la matrice représentative de l'élément a_{ij} de A.

Considérons la matrice A_C en $q\times q$ blocs, carrés d'ordre q, égaux à

CA_{ij}, pour i et j=1,⋯,q. Notons E_q (resp. E_{rq}) la matrice d'ordre q×1 (resp. r×q) à termes tous égaux à l'élément neutre de G.

Alors la matrice suivante est du type **GH**(q(q+1),G):

$$\left(\begin{array}{c|c} E_{qq} & C^{t}_{*}E_q \\ \hline C{*}E_q & A_C \end{array}\right).$$

Exemple. Soient q = 3 et G = **EA**(4). Considérons les matrices

$$C = \begin{pmatrix} 01 & 10 & 11 \\ 10 & 11 & 01 \\ 11 & 01 & 10 \end{pmatrix} \quad \text{et } A = \begin{pmatrix} 0 & 0 & 0 \\ 0 & 1 & 2 \\ 0 & 2 & 1 \end{pmatrix}$$

et représentons les éléments du groupe cyclique $\mathbb{Z}/3$ par les matrices 3×3 de permutations circulaires. Nous obtenons alors la matrice **GH**(12,**EA**(4)) suivante

$$\left(\begin{array}{ccc|ccc|ccc|ccc}
00 & 00 & 00 & 01 & 01 & 01 & 10 & 10 & 10 & 11 & 11 & 11 \\
00 & 00 & 00 & 10 & 10 & 10 & 11 & 11 & 11 & 01 & 01 & 01 \\
00 & 00 & 00 & 11 & 11 & 11 & 01 & 01 & 01 & 10 & 10 & 10 \\ \hline
01 & 10 & 11 & 01 & 10 & 11 & 01 & 10 & 11 & 01 & 10 & 11 \\
01 & 10 & 11 & 10 & 11 & 01 & 10 & 11 & 01 & 10 & 11 & 01 \\
01 & 10 & 11 & 11 & 01 & 10 & 11 & 01 & 10 & 11 & 01 & 10 \\ \hline
10 & 11 & 01 & 01 & 10 & 11 & 11 & 01 & 10 & 10 & 11 & 01 \\
10 & 11 & 01 & 10 & 11 & 01 & 01 & 10 & 11 & 11 & 01 & 10 \\
10 & 11 & 01 & 11 & 01 & 10 & 10 & 11 & 01 & 01 & 10 & 11 \\ \hline
11 & 01 & 10 & 01 & 10 & 11 & 10 & 11 & 01 & 10 & 01 & 10 \\
11 & 01 & 10 & 10 & 11 & 01 & 11 & 01 & 10 & 01 & 10 & 11 \\
11 & 01 & 10 & 11 & 01 & 10 & 01 & 10 & 11 & 10 & 11 & 01
\end{array}\right).$$

Suites génératrices.

DE LAUNEY [1992a,b] a introduit récemment un nouveau procédé de construction de matrices d'Hadamard généralisées. Ici interviennent 2 groupes. Le premier est le groupe G auquel appartiennent les éléments de la matrice qu'on souhaite construire. Quant au deuxième groupe, noté ici G', il sert à indexer lignes et colonnes de cette matrice.

DE LAUNEY obtient des matrices d'Hadamard à partir de certaines suites sur $G' \times G$. Nous restreignons ici cette classe de suites en leur imposant de former une partie du produit de ces deux groupes.

Définition 2.7. *Soit les groupes abéliens G et G', le premier d'ordre* q, *le deuxième d'ordre* qλ *et d'élément neutre noté* 0.

Considérons une partie $\mathcal{S}$, de cardinal qλ, *du produit $G' \times G$ et supposons qu'on obtienne* λ *fois chaque élément de*

$$(G' \setminus \{0\}) \times G$$

en formant toutes les différences entre éléments de $\mathcal{S}$.

$\mathcal{S}$ est alors appelée suite génératrice d'une matrice d'Hadamard d'index λ sur G.

L'usage du terme *suite génératrice* se justifie par la propriété suivante dont la démonstration ne présente pas de difficultés.

Proposition 2.8. *Soit $\mathcal{S} \subset G' \times G$ une suite génératrice, d'index λ, d'une matrice d'Hadamard sur G. Considérons l'application de G' sur G*

$$f:\ x \longmapsto y \text{ tel que } (x,y) \in \mathcal{S}.$$

Alors la matrice H, *carrée d'ordre* qλ, *dont lignes et colonnes sont indexées par les éléments de G', telle que*

$$H=(h_{ij}) \text{ avec } h_{ij}=f(i-j),$$

est une matrice d'Hadamard généralisée sur G.

Remarque. On dit d'une matrice obtenue en utilisant cette propriété qu'elle est *développée selon G'*.

Exemple. Quand $G = \mathbb{Z}/3$ et $G' = (\mathbb{Z}/3) \times \mathbf{EA}(4)$, DE LAUNEY [1992a, Ex.3.8] propose la suite génératrice suivante pour une matrice **GH**(12,$\mathbb{Z}/3$):

$$\mathcal{S}=\{(0,0,0,1),(0,0,1,1),(0,1,0,2),(0,1,1,2),(1,0,0,2),(1,0,1,0),$$
$$(1,1,0,2),(1,1,1,0),(2,0,0,2),(2,0,1,0),(2,1,1,2),(2,1,0,0)\}.$$

Ordonnons les éléments de G' en plaçant en premier le sous-groupe cyclique C engendré par (1,0,1) puis la classe latérale (0,1,0)+C, on a ainsi

$$G'=\{(0,0,0),(1,0,1),(2,0,0),\cdots,(2,0,1),(0,1,0),(1,1,1),\cdots,(2,1,1)\}.$$

On déduit alors de la proposition 2.8 une matrice **GH**(12,$\mathbb{Z}/3$) en 4 blocs d'ordre 6 circulants :

$$H_{11} = H_{22} = \mathrm{Circ}(1,0,2,1,2,0),\ H_{12} = H_{21} = \mathrm{Circ}(2,2,2,2,0,0).$$

Signalons qu'on connait deux autres matrices **GH**(12,$\mathbb{Z}/3$), l'une est obtenue empiriquement par SEIDEN [1954], l'autre est construite par DE LAUNEY [1989 Ex.4.6].

Exemple. Lorque $G' = G$ est le groupe additif de **GF**(q) il est clair que

$$\mathcal{S} = \{(x,x^2) \mid x \in \mathbf{GF}(q)\}$$

est une suite génératrice d'une matrice **GH**(q,G). En l'utilisant on retrouve la méthode polynômiale avec

$$h_{xy} = (x-y)^2.$$

On connait diverses suites génératrices pour les matrices d'index λ=q, l'ordre du groupe G des éléments. Dans ce cas cette méthode peut donc être vue comme une alternative aux constructions d'une matrice **GH**(q,G): 1) par somme de Kronecker de 2 matrices d'index λ=1 sur G, voir la proposition 2.6,

2) par image d'une matrice d'index λ=1 sur $G'=G^2$ par un homomorphisme de G' sur G, voir la propositon 2.4.

Proposition 2.9. DE LAUNEY [1992b Th.3.1 & 3.3].

Soit $G'=\mathbb{Z}/p^2$ *et* $G=\mathbb{Z}/p$ *avec* p *premier. Alors on obtient une matrice* $\mathbf{GH}(p^2,G)$ *développée selon* G'*, à partir de la suite génératrice*

$$\mathcal{S} = \{ (px+y,\ xy) \mid (x,y)\in(\mathbb{Z}/p)^2\}$$

ou bien, quand p *est impair,*

$$\mathcal{S} = \{ (px+y,\ y(x + \tfrac{p+1}{2})) \mid (x,y)\in(\mathbb{Z}/p)^2\}$$

Ces suites engendrent des matrices d'Hadamard symétriques et circulantes.

Proposition 2.10. DE LAUNEY [1992b Th.3.5].

Soit $q=p^k$, *avec* p *premier et* $k\geq 1$, ω *une racine primitive du corps* $\mathbf{GF}(q^2)$ *et pour* $i=0,1,\cdots,q$,

$$C_i = \omega^i\{ 1,\ \omega^{q+1},\ \omega^{2(q+1)},\cdots,\omega^{(q-2)(q+1)}\}.$$

Si G' *est le groupe additif de* $\mathbf{GF}(q^2)$ *et si* $G=\{g_1,\cdots,g_q\}$ *est un groupe abélien d'ordre* q, *alors*

$$\mathcal{S} = \bigcup_{i=2}^{q}\Big(C_i\times\{g_i\}\Big) \cup \Big(\{0\}\cup C_0\cup C_1\Big)\times\{g_1\}$$

est une suite génératrice d'une matrice $\mathbf{GH}(q^2,G)$ *développée selon* G'.

Exemple. En utilisant la première suite génératrice de la proposition 2.9 on obtient comme matrice d'Hadamard d'ordre 9 sur $\mathbb{Z}/3$:

$$H = \mathrm{Circ}(0,0,0,0,1,2,0,2,1).$$

Soit $\mathcal{K}=\mathbf{GF}(3)$, puis le corps $\mathbf{GF}(3^2)$ formé des restes des divisions des polynômes de $\mathcal{K}[x]$ par le polynôme irréductible sur $\mathcal{K}$:

$$P(x) = x^2+ x + 2.$$

x est une racine primitive pour ce corps. La proposition 2.10 nous donne dans ce cas une matrice $\mathbf{GH}(9,\mathbb{Z}/3)$ symétrique et circulante par blocs, eux-mêmes circulants, à savoir :

$$H = \mathrm{Circ}\left\{ \begin{pmatrix} 0&0&0\\ 0&0&0\\ 0&0&0 \end{pmatrix}, \begin{pmatrix} 0&2&1\\ 1&0&2\\ 2&1&0 \end{pmatrix}, \begin{pmatrix} 0&1&2\\ 2&0&1\\ 1&2&0 \end{pmatrix} \right\}.$$

Remarque. La proposition 2.10 donne des suites génératrices de matrices d'Hadamard sur des groupes commutatifs autres que les groupes abéliens élémentaires, par exemple une matrice 16×16 sur $\mathbb{Z}/4$.

On trouvera en fin de chapitre, dans la table 1, un résumé des résultats connus actuellement sur l'existence et la construction des matrices d'Hadamard généralisées d'ordre $n\leq 33$, donc des matrices qui permettent d'obtenir des tableaux orthogonaux de taille 100 au plus.

3. TABLEAUX ORTHOGONAUX DE FORCE 2.

La construction des tableaux orthogonaux de force 2 a donné lieu à une abondante bibliographie. RAGHAVARAO [1971] et DEY [1985] font un bilan des travaux anciens, pour les travaux récents se reporter aux articles de WANG et WU [1991], de HEDAYAT, PU et STUFKEN [1992].

Signalons de plus que ces structures sont encore appelées *plans transversaux* en Combinatoire voir BETH, JUNGNICKEL & LENZ [1985].

3.1. Méthode des différences.

Les procédés courants de construction des tableaux orthogonaux de force 2 utilisent la *méthode des différences*, introduite par BOSE et BUSH [1952], avec quelques aménagements. Cette méthode repose sur des propriétés générales que nous allons démontrer tout d'abord.

Définition 3.1. *Soit G un groupe fini et H un sous-groupe de G.*

On dit qu'une suite $\mathcal{S} \subseteq G$ est H-uniforme, d'index λ, sur G si elle est formée des seuls éléments de H répétés λ fois chacun.

Une suite G-uniforme est dite uniforme.

Lemme 3.2. *Soit G_1 et G_2 deux groupes abéliens d'ordres respectifs* q_1 *et* q_2. *Considérons le morphisme surjectif*

$$\Phi : (G_1)^2 \times (G_2)^2 \longrightarrow G_1 \times G_2$$
$$(a_1, a_2, b_1, b_2) \longmapsto (a_1+a_2, b_1+b_2).$$

(i) Si $\mathcal{S}_1$ et $\mathcal{S}_2$ sont deux suites sur $G_1 \times G_2$, où $\mathcal{S}_1$ est uniforme d'index λ, alors $\Phi(\mathcal{S}_1 \times \mathcal{S}_2)$ est une suite uniforme, d'index $\#\mathcal{S}_2 \times \lambda$.

(ii) Supposons $G_1 = G_2 = G$. Soit le sous-groupe H de G constitué des couples (g,g), $g \in G$. Considérons les deux suites suivantes sur G^2:

1) *$\mathcal{S}_1$ une suite H-uniforme d'index λ,*

2) *$\mathcal{S}_2 = \{(a_i, b_i) \mid i=1,\cdots,\#\mathcal{S}_2\}$ telle qu'on obtienne μ fois tout élément de G en formant les différences $a_i - b_i$.*

Alors $\Phi(\mathcal{S}_1 \times \mathcal{S}_2)$ est une suite uniforme, d'index $\lambda\mu$, sur G^2.

(iii) Considérons le sous-groupe de $G_1 \times G_2$: $H = \{(g_1, 0) \mid g_1 \in G_1\}$, où 0 est l'élément neutre de G_2. Soit les suites suivantes sur $G_1 \times G_2$:

1) *$\mathcal{S}_1$ une suite H-uniforme d'index λ,*

2) *$\mathcal{S}_2 = \{(a_i, b_i) \mid i=1,\cdots,\mu q_1 q_2\}$, où μq_2 des a_i (resp. μq_1 des b_i) sont égaux à chaque élément de G_1 (resp. de G_2).*

Alors $\Phi(\mathcal{S}_1 \times \mathcal{S}_2)$ est une suite uniforme d'index $\lambda\mu q_1$.

Démonstration.

(i) Considérons un couple $(a_3,b_3) \in G_1 \times G_2$ et le système

$$\begin{cases} a_1+a_2=a_3 \\ b_1+b_2=b_3 \end{cases}.$$

Pour (a_2,b_2) fixé, λ éléments de $\mathcal{S}_1$ sont égaux à (a_3-a_1,b_3-b_1) car $\mathcal{S}_1$ est uniforme d'index λ. Ainsi, en parcourant la suite $\mathcal{S}_2$, on trouve $\#\mathcal{S}_2\times\lambda$ éléments de $\mathcal{S}_1$ qui sont solutions de ce système. Il y a donc $\#\mathcal{S}_2\times\lambda$ éléments de $\mathcal{S}_1\times\mathcal{S}_2$ qui ont (a_3,b_3) pour image par Φ.

Par conséquent $\Phi(\mathcal{S}_1\times\mathcal{S}_2)$ est une suite uniforme d'index $\#\mathcal{S}_2\times\lambda$.

(ii) Toute classe latérale de $H\leq G^2$ est caractérisée par la différence

$$a_1-b_1,\ (a_1,b_1)\in G^2.$$

Donc toute classe $g+H$, $g\in G^2$, est représentée μ fois dans $\mathcal{S}_2$ par hypothèse. Aussi $\Phi(H\times\mathcal{S}_2)$ est-elle une suite uniforme d'index μ. En effet,

$$\{(a_1+h,\ b_1+h)\,|\,h\in H\} = g+H,\ \forall(a_1,b_1)\in g+H\ .$$

Par conséquent $\Phi(\mathcal{S}_1\times\mathcal{S}_2)$ est une suite uniforme d'index $\lambda\mu$ car $\mathcal{S}_1$ est une suite H-uniforme d'index λ.

(iii) Pour $(a_1,b_1)\in G_1\times G_2$ fixé, on a

$$\{(a_1+g_1,\ b_1)\,|\,g_1\in G_1\} = G_1\times\{b_1\}.$$

Ainsi $\Phi(H\times\mathcal{S}_2)$ est constituée de μq_1 répliques des $G_1\times\{g_2\}$, $g_2\in G_2$, il s'agit donc d'une suite uniforme d'index μq_1.

Mais $\mathcal{S}_1$ est une suite H-uniforme d'index λ, la suite $\Phi(\mathcal{S}_1\times\mathcal{S}_2)$ est donc uniforme d'index $\lambda\mu q_1$ sur $G_1\times G_2$.□

Pour représenter les *symboles* des tableaux orthogonaux, c'est-à-dire les niveaux des facteurs des plans factoriels, nous utiliserons désormais de groupes abéliens finis. Il nous faut donc modifier la définition de ces tableaux pour tenir compte de ce choix.

Définition 3.3. *Soit* G_i, $i=1,\cdots,m$, *des groupes abéliens finis et* G *leur produit. Notons* q_i *l'ordre de* G_i *et* $g=(g_1,\cdots,g_m)$ *tout élément de* G.

Pour $(j,k)\in\{1,\cdots,m\}^2: j\neq k$, *considérons le morphisme surjectif*

$$\Phi_{jk}:\ \begin{array}{ccc} G & \longrightarrow & G_j\times G_k \\ g & \longmapsto & (g_j,g_k). \end{array}$$

On dit alors d'un tableau A, *d'ordre* $n\times m$, *qu'il est orthogonal de force* 2 *sur* G *si l'ensemble de ses lignes a pour image par tout morphisme* Φ_{jk} *une suite uniforme, d'index* $n/(q_jq_k)$, *sur* $G_j\times G_k$.

Exemple. Si $H = (\mathbb{1}|H_1)$ une matrice d'Hadamard semi-normalisée d'ordre n, alors $2^{-1}(H_1+J)$ est un tableau orthogonal de force 2 sur $(\mathbb{Z}/2)^m$, à m=n-1 contraintes et de taille n.

La *méthode des différences* est fondée sur la propriété suivante qui généralise le théorème 3 de BOSE et BUSH [1952]. Elle est énoncée sous une forme analogue par WANG et WU [1991].

Proposition 3.4. *Considérons deux groupes abéliens* $G=G_1^{m_1}\times\cdots\times G_k^{m_k}$ *et* G'. *Notons* 0 *l'élément neutre de tout groupe et* 0_n *tout vecteur colonne formé de* n *répliques de l'élément neutre d'un groupe donné.*

Soit deux tableaux orthogonaux A *et* A' *de force* 2 *sur* G *et* G' *respectivement,*

1) $A = (A_1|\cdots|A_k)$ *d'ordre* $n\times m$, *où* $m = m_1+\cdots+m_k$,

2) A' *à* n' *lignes,*

et $D=(D_1|\cdots|D_k)$, *d'ordre* $n'\times m'$, *telle que tout* D_j *soit une matrice aux différences sur* G_j. *Notons* $*$ *la somme de Kronecker*

Alors le tableau $(A*D|0_n*A')$, *où* $A*D=(A_1*D_1|\cdots|A_k*D_k)$, *est orthogonal de force* 2 *sur* $G\times G'$.

Démonstration. Cette proposition résulte du lemme 3.2.

Soit A_j et $D_{j'}$ les colonnes de A et D. Considérons deux colonnes $A_h*D_{h'}$ et $A_j*D_{j'}$ de $A*D$, avec A_h et $D_{h'}$ (resp. A_j et $D_{j'}$) à éléments dans G_h (resp. dans G_j).

Supposons tout d'abord $h\neq j$. A est un tableau orthogonal, (A_h,A_j) constitue donc une suite $\mathcal{S}_1$ uniforme sur $G_h\times G_j$. Quant à $(D_{h'},D_{j'})$ c'est une suite $\mathcal{S}_2$ sur $G_1\times G_2$. Enfin $\mathcal{S}_1\times\mathcal{S}_2= (A_h*D_{h'},A_j*D_{j'})$. D'après le lemme 3.2 *(i)* l'image de $\mathcal{S}_1\times\mathcal{S}_2$ par $\Phi_{hh',jj'}$ est par conséquent une une suite uniforme sur $G_h\times G_j$.

Supposons maintenant h=j, donc $A_h=A_j$. Alors, la suite $\mathcal{S}_1=(A_j,A_j)$ est H-uniforme avec

$$H = \{(g_j,g_j)\,|\,g_j\in G_j\}.$$

Par ailleurs, comme $D_{h'}$ et $D_{j'}$ sont des colonnes d'une même matrice aux différences sur G_j, la suite $\mathcal{S}_2= (D_{h'},D_{j'})$ vérifie les conditions de la partie *(ii)* du lemme 3.2. Là encore, $\mathcal{S}_1\times\mathcal{S}_2=(A_h*D_{h'},A_j*D_{j'})$ a donc pour image par $\Phi_{hh',jj'}$ une suite uniforme sur $G_h\times G_j= G_j^2$.

Soit A'_ℓ une colonne de A'. Supposons $O_n={}^t(0,\cdots,0)$, avec 0 élément neutre de G_ℓ. Notons q_j et q_ℓ les ordres respectifs de G_j et G_ℓ. Considérons les suites $\mathcal{S}_1=(A_j,O_n)$ et $\mathcal{S}_2=(D_{j'},A'_\ell)$ à éléments dans $G_j\times G_\ell$. Nous devons prouver maintenant que l'image de $\mathcal{S}_1\times\mathcal{S}_2$ par $\Phi_{jj',\ell}$ est une suite uniforme. Mais cette propriété résulte immédiatement du lemme 3.2 *(iii)*. En effet tout élément de G_j figure n/q_j fois dans A_j et n'/q_j dans $D_{j'}$, de plus, tout élément de G_ℓ apparait n'/q_ℓ fois dans A'_ℓ.

Enfin, il est clair que O_n*A' est un tableau orthogonal sur G'.□

Corollaire. *La proposition 3.4 reste valable quand on remplace* A *ou/ et* A′ *par un vecteur colonne à éléments dans G ou G′ à condition que ces éléments y figurent un même nombre de fois.*

On dit qu'on utilise *la méthode des différences* quand on se sert de la proposition 3.4 et de son corollaire pour construire un tableau orthogonal. Cette méthode permet de construire une grande variété de tableaux orthogonaux de force 2, donc de fractions de résolution III orthogonales pour des plans symétriques aussi bien qu'asymétriques. On obtient des fractions de tailles réduites quand on utilise des matrices d'Hadamard généralisées comme matrices aux différences.

Exemple. Envisageons tout d'abord le cas des plans symétriques, avec des facteurs à $q = p$ ou p^k niveaux, p premier. Supposons par exemple $q = 2^2$. Le corps **GF**(q), obtenu en utilisant le polynôme irréductible sur **GF**(2): $P(x) = x^2+ x + 1$, est formé de 0, 1, x et x+1 avec x pour racine primitive.

La table de multiplication sur ce corps nous donne une matrice de type **GH**(4,**EA**(2^2)) notée H_4. Soit alors

$$A = A'= C_4={}^t(0,1,x,x+1),$$

qui est donc à éléments dans G = **EA**(2^2). D'après le corollaire de la proposition 3.4, le tableau

$$\tilde{A}_{16}= (A*H_4\,|\,O_4*A')$$

est orthogonal de force 2 sur G^5. Il comporte 16 unités, il est donc minimal. On obtient plus précisément le tableau suivant (transposé ici) en numérotant de 0 à 3 les éléments 0, 1, x et x+1 de G :

0	0	0	0	1	1	1	1	2	2	2	2	3	3	3	3
0	1	2	3	0	1	2	3	0	1	2	3	0	1	2	3
0	1	2	3	1	0	3	2	2	3	0	1	3	2	1	0
0	2	3	1	1	3	2	0	2	0	1	3	3	1	0	2
0	3	1	2	1	2	0	3	2	1	3	0	3	0	2	1

On peut itérer le procédé pour obtenir des tableaux orthogonaux de plus grande taille, plus précisémént des tableaux

$$\mathbf{OA}(4^k, G^m; 2), \quad m=(4^k-1)/3,$$

qui sont donc minimaux.
Soit par exemple la matrice d'Hadamard généralisée d'ordre 16 sur G:

$$H_{16} = H_4 * H_4.$$

Alors
$$\tilde{A}_{64} = (C_4 * H_{16} \,|\, O_4 * \tilde{A}_{16})$$

est un tableau orthogonal de force 2 sur G^{21} d'après le corollaire de la proposition 3.4.

Exemple 1. Donnons maintenant un exemple de construction de fractions de plans asymétriques.

Soit un tableau orthogonal d'ordre 12×11 à éléments dans $G_1 = \mathbb{Z}/2$

$$A^1_{12} = 2^{-1}(J+H_1),$$

où $H=(\mathbb{1}\,|\,H_1)$ est une matrice d'Hadamard semi-normalisée d'ordre 12.

Notons D_{12} une matrice $\mathbf{GH}(12, G_2)$, où $G_2 = \mathbb{Z}/3$, puis

$$C_3 = {}^t(0,1,2) \text{ et } C_{12} = {}^t(0,1,\cdots,11).$$

Considérons alors les deux tableaux suivants, de taille 36 :

$$1)\ \tilde{A}^1_{36} = (C_3 * D_{12} \,|\, O_3 * A^1_{12}), \qquad 2)\ \tilde{A}^2_{36} = (C_3 * D_{12} \,|\, O_3 * C_{12}).$$

Ces tableaux sont orthogonaux de force 2, d'après le corollaire de la Proposition 3.4, la premier sur

$$(\mathbb{Z}/3)^{12} \times (\mathbb{Z}/2)^{11},$$

et le deuxième sur

$$(\mathbb{Z}/3)^{12} \times \mathbb{Z}/12.$$

Les deux tableaux sont minimaux.

3.2. Autres méthodes de construction.

Nous présentons maintenant deux autres méthodes de construction qui peuvent être utilisées isolément ou conjointement avec la méthode des différences.

Tableaux orthogonaux résolubles.

Dans certains cas on obtient un tableau orthogonal par simple ajout d'une colonne à un autre tableau orthogonal.

Définition 3.5. *Soit deux entiers* n *et* q *tels que* q *divise* n *et un tableau orthogonal, d'ordre* n×m, *sur le groupe* $G = \times G_j$.

On dit que ce tableau est résoluble s'il peut être partitionné en q *blocs, tous d'ordre* (n/q)×m, *de telle sorte que les éléments du jème groupe composant G figurent un même nombre de fois dans la jème colonne de chaque bloc.*

Proposition 3.6. *Soit* A *un tableau orthogonal de force 2 et d'ordre* n×m, *sur le groupe* $G=\times G_j$ *et* C_q *le vecteur colonne d'ordre* q *formé des éléments de* $\mathbb{Z}/q$.

Supposons A *résoluble en* q *blocs. Permutons si nécessaire les lignes de* A *de façon à placer ces blocs les uns au dessus des autres.*

Alors $(A|O_{n/q}*C_q)$ *est orthogonal de force 2 sur* $G\times\mathbb{Z}/q$.

Démonstration. Par construction le tableau

$$\tilde{A} = (A|O_{n/q}*C_q)$$

est formé des blocs

$$(B_i|i*\mathbb{I}),\ i=0,1,\cdots,q-1.$$

Or, pour j=1,⋯,m, on trouve dans la jème colonne de B_i tout élément de G_j le même nombre, λ_j, de fois. Donc, dans tout sous-tableau formé de la jème et de la dernière colonne de $\tilde{A}$, j≤m, les éléments de $G_j\times\mathbb{Z}/q$ apparaissent λ_j fois. Ainsi le tableau $\tilde{A}$ est bien orthogonal.□

SUEN [1989] a fait une étude détaillée des tableaux orthogonaux à 2 symboles et de taille 4λ, résolubles en λ ou 2λ blocs. Il a abouti aux conclusions suivantes.

1) Si λ=1 ou bien est pair, on peut toujours construire un tableau orthogonal **OA**(4λ,2λ,2;2) qui est résoluble en 2λ blocs. En ajoutant une colonne, on en déduit un tableau orthogonal sur

$$(\mathbb{Z}/2)^{2\lambda}\times\mathbb{Z}/2\lambda,$$

de taille 4λ qui est donc minimal.

Si λ>1 est impair, on sait construire un **OA**(4λ,m=2,2;2) résoluble en 2λ blocs. De plus il n'existe pas de tableau de ce type qui soit à m>2 contraintes.

2) Si λ=2 ou 0 mod 4, il existe un **OA**(4λ,3λ,2;2) résoluble en λ blocs On en déduit un tableau orthogonal de taille λ, donc minimaln sur

$$(\mathbb{Z}/2)^{3\lambda}\times\mathbb{Z}/\lambda.$$

Si λ>2 et λ ≡ 2 mod 4, il existe un **OA**(4λ,2λ+2,2;2) résoluble en λ blocs.

Enfin SUEN [1989] donne des tableaux **OA**(4λ,m,2;2) résolubles en λ blocs, pour λ=3,5,7,9 et k=4,8,12,13 respectivement.

Exemple 1 (suite). L'utilisation de la méthode des différences avec des tableaux orthogonaux résolubles donne de nouvelles constructions. Revenons à l'exemple 1 ci-dessus.

D'après les résultats de SUEN [1989] il y a deux tableaux orthogonaux résolubles de taille 12=4λ, où λ=3, à 2 symboles, l'un en 2λ=6 blocs à 2 contraintes, l'autre en λ=3 blocs et 4 contraintes. On en déduit les tableaux orthogonaux

$$A^2_{12} \text{ sur } (\mathbb{Z}/2)^2\times\mathbb{Z}/6, \text{ et } A^3_{12} \text{ sur } (\mathbb{Z}/2)^4\times\mathbb{Z}/3.$$

En utilisant alors la méthode des différences on en déduit deux nouveaux tableaux orthogonaux de taille 36 :

$$3)\ \tilde{A}^3_{36} = (C_3 * D_{12} | O_3 * A^2_{12}),\quad 4)\ \tilde{A}^4_{36} = (C_3 * D_{12} | O_3 * A^3_{12}).$$

$\tilde{A}^3_{36}$ est un tableau sur $(\mathbb{Z}/2)^2\times(\mathbb{Z}/3)^{12}\times\mathbb{Z}/6$, $\tilde{A}^4_{36}$ sur $(\mathbb{Z}/2)^4\times(\mathbb{Z}/3)^{13}$. Aucun de ces deux derniers tableaux n'est minimal.

Agrégation de contraintes.

Dans certaines circonstances, on peut aussi remplacer quelques colonnes d'un tableau orthogonal par d'autres colonnes et obtenir ainsi un autre tableau orthogonal. On utilise ici une propriété des fonctions réelles sur les groupes abéliens élémentaires $\mathbf{EA}(p^k)$ où p est un nombre premier.

Soit G un groupe de ce type. G admet $r=(p^k-1)/(p-1)$ sous-groupes cycliques C_h, $h=1,\cdots,r$,

qui n'ont en commun deux à deux que l'élément nul, 0, mais dont G est l'union. Soit $g=(g_1,\cdots,g_k)$ un élément de G et c_h un générateur de C_h.

Considérons le sous-groupe d'ordre p^{k-1}

$$C^0_h = \{g\in G : \Sigma_j c_{hj} g_j = 0 \bmod p\},$$

dit *orthogonal de* C_h *dans* G.

Désignons par $\mathbb{R}^G$ l'espace vectoriel des fonctions réelles sur G. Supposons le muni du produit scalaire usuel noté $<,>$. Cet espace est engendré par les indicatrices des sous-groupes C^0_h et de leurs classes latérales. Notons ces indicatrices

$$\mathbb{I}_{hz},\ h=1,\cdots,r \text{ et } z\in \mathbf{GF}(p).$$

Donc, si une fonction $f\in\mathbb{R}^G$ vérifie

$$<\mathbb{I}_{hz}, f> = \lambda p^{k-1},\ \forall h \text{ et } z$$

elle est alors constante égale à λ sur G.

Définition 3.7. *Soit* A *un tableau d'ordre* $n\times m$ *à éléments dans* $\mathbf{GF}(p)$, *où* p *est un nombre premier. Notons* a_{ij} *tout élément de* A *et* A_j *sa jème colonne.*

Soit k *un entier tel que* $(p^k-1)/(p-1)\geq m$ *et* $G=\mathbf{EA}(p^k)$. *Considérons comme des éléments de G les lignes de*

$$(A_1|\cdots|A_k).$$

Soit C_h *un sous-groupe cyclique de G et* C^0_h *son orthogonal dans G.*

Alors s'il existe une colonne A_h *de* A *telle que*

$$(a_{i1},\cdots,a_{ik})\in z+C^0_h \iff a_{ih} = \mu_h z, \text{ où } \mu_h\in \mathbf{GF}(p).$$

on dit que le sous-groupe C^0_h *(et ses classes latérales) est représenté dans* A.

Proposition 3.8. *Soit* A *un tableau orthogonal de force 2 à éléments dans* **GF**(p), *où* p *est un nombre premier.*

Supposons A *d'ordre* n×m, $n = \lambda \times p^{k+1}$ *où* k>1 *est un entier tel que* $r=(p^k-1)/(p-1) \geq m$.

Notons A_j *les colonnes de* A.

Considérons le groupe G = **EA**(p^k). *Supposons les orthogonaux des sous-groupes cycliques de* G *représentés par les* r *premières colonnes du tableau* A.

Alors on obtient un tableau orthogonal de force 2 sur $G\times(\mathbb{Z}/p)^{m-r}$ *en considérant comme des éléments de* G *les lignes de*

$$(A_1|\cdots|A_k)$$

et en éliminant les colonnes de rang k+1,⋯,r *de* A.

De plus le tableau ainsi obtenu est minimal si A *l'est.*

Démonstration. Considérons comme des éléments de G les lignes de

$$\tilde{A}=(A_1|\cdots|A_k).$$

Pour j>r fixé, soit n_{gw} le nombre de lignes de $\tilde{A}$ telles que

$$(a_{i1},\cdots,a_{ik}) = g \in G \text{ et } a_{ij}= w,$$

et n_w la fonction sur G égale à n_{gw} $\forall g\in G$.

Soit A_h, h≤r, la colonne de A représentant C_h^0 et ses classes latérales. Comme A est orthogonal, tout couple d'éléments de **GF**(p) figure λp^{k-1} fois dans $(A_h|A_j)$. On a donc, $\forall$ (w,z)∈**GF**$(p)^2$,

$$\Sigma\{n_{gw}\,|\,g\in z+C_h^0\} = \lambda p^{k-1}.$$

Pour tout w∈**GF**(p) la fonction n_w est donc constante égale à λ sur G.

Ainsi $(\tilde{A}|A_{r+1}|\cdots|A_m)$ est un tableau orthogonal sur $G\times(\mathbb{Z}/p)^{m-r}$.

De plus, si A est minimal,

$$(\tilde{A}|A_{r+1}|\cdots|A_m)$$

l'est aussi car on obtient ce tableau en remplaçant $r=(p^k-1)/(p-1)$ contraintes à p niveaux par une seule contrainte à p^k niveaux.□

On dit qu'un tableau orthogonal est obtenu par *agrégation de contraintes* s'il est construit en utilisant la proposition 3.8 .

Corollaire, WANG et WU [1991]. *Considérons un tableau orthogonal* A *de force 2 sur* $(\mathbb{Z}/2)^m$ *et de taille* n. *Soit une matrice aux différences, d'ordre* n'×m' m≤m', *sur* $\mathbb{Z}/2$,

$$D = (O_n|A')$$

où A' *est un tableau orthogonal et* $O_n={}^t(0,\cdots,0)$. *Soit enfin* G=**EA**(2^2).

On obtient un tableau orthogonal de force 2 sur $G^s\times(\mathbb{Z}/2)^{mm'-2s}$ *en* *éliminant du tableau* $(A*D|O_n*A')$ *les* s≤m *premières colonnes de* O_n*A'.

Démonstration. Soit A'_j les colonnes de A'. Comme $D = (A'_j\,|\,j=1,\cdots,m'-1)$, on a entre autres colonnes de $\tilde{A} = (A*D|O_n*A')$:

$$A_j*O_{n'},\ A_j*A'_j,\ O_n*A'_j \text{ pour } j=1,\cdots,m.$$

Or, $A_j*O_{n'} + A_j*A'_j = (A_j+A_j)*(O_n+A'_j) = O_n*A'_j$ mod 2.

Donc, si les lignes de $(A_j*O_{n'}\,|A_j*A'_j)$ sont considérées comme des éléments de G=**EA**(2^2) les orthogonaux des sous-groupes cycliques de G sont représentés dans $\tilde{A}$. La proposition 3.8 s'applique alors.□

Exemple. Considérons un tableau orthogonal sur $(\mathbb{Z}/2)^{11}$: A^1, tel que

$$D_{12}=(O_{12}|A^1)$$

est une matrice d'Hadamard d'ordre 12 sur $\mathbb{Z}/2$, semi-normalisée. Soit

$$C_2={}^t(0,1).$$

Alors le tableau

$$A^1_{24}=(C_2*D_{12}|O_2*A^1)$$

est orthogonal sur $(\mathbb{Z}/2)^{23}$ d'après le corollaire de la proposition 3. 4. Il est donc minimal.

Le corollaire de la proposition 3.8 s'applique ici avec $A = C_2$ et $A' = A^1$. Considérons comme des éléments de G=**EA**(2^2) les lignes de

$$(C_2*O_{12}|C_2*A^1_1), \text{ avec } A^1_1 \text{ 1ère colonne de } A^1.$$

En éliminant la colonne $O_2*A^1_1$ de A^1_{24}, on obtient donc un tableau A^2_{24} qui est orthogonal sur $G\times(\mathbb{Z}/2)^{20}$ et minimal.

A la place de A^1 on peut aussi utiliser un des deux tableaux à 12 lignes, déduits de tableaux résolubles à éléments dans $\mathbb{Z}/2$ donnés par SUEN [1989]. Notons ces deux tableaux A^3 et A^5, le premier est orthogonal sur $(\mathbb{Z}/2)^2\times\mathbb{Z}/6$, le deuxième sur $(\mathbb{Z}/2)^4\times\mathbb{Z}/3$. Mais on retrouve au moins une colonne de D_{12} dans chacun de ces tableaux.

Le corollaire de la proposition 3.8. s'applique donc de nouveau. On construit ainsi 4 autres tableaux orthogonaux:

1) $A^3_{24} = (C_2*D_{12}|O_2*A^3)$ sur $(\mathbb{Z}/2)^{14}\times\mathbb{Z}/6$, puis

   A^4_{24} sur **EA**$(2^2)\times(\mathbb{Z}/2)^{11}\times\mathbb{Z}/6$ par agrégation de contraintes,

2) $A^5_{24} = (C_2*D_{12}|O_2*A^5)$ sur $\mathbb{Z}/3\times(\mathbb{Z}/2)^{16}$, puis

   A^6_{24} sur **EA**$(2^2)\times(\mathbb{Z}/2)^{13}\times\mathbb{Z}/3$ par agrégation de contraintes.

Notons enfin que le tableau

$$A^7_{24} = (C_2 * D_{12} | O_2 * C_{12}), \text{ où } C_{12} = {}^t(0,1,\cdots,11),$$

est orthogonal sur $(\mathbb{Z}/2)^{12} \times \mathbb{Z}/12$ et minimal.

Corollaire, WU [1989]. *Par agrégation de contraintes on obtient des tableaux orthogonaux de force 2 et de taille* $n=2^k$ *sur*

$$(\mathbb{Z}/2)^{n-1-3m} \times (\mathbf{EA}(4))^m$$

où $m=1,\cdots,(n-1)/3$ *pour* $k \geq 2$ *pair, et* $m=1,\cdots,(n-5)/3$ *pour* $k \geq 3$ *impair.*

Remarque. On obtient d'autres tableaux orthogonaux par agrégation de contraintes, voir WANG [1990] et WU et al. [1992] .

4. TABLEAUX A FRÉQUENCES MARGINALES PROPORTIONNELLES.

Nous allons ici nous intéresser à la construction des tableaux qui sont à fréquences marginales d'ordre 2 proportionnelles sans être des tableaux orthogonaux de force 2.

4.1 Cas symétrique, tableaux de type BPFA.

Considérons en premier lieu le cas des fractions de plans factoriels symétriques, c'est-à-dire celui où les facteurs ont tous le même nombre de niveaux, plus particulièrement le cas où les plans constituent des tableaux équilibrés.

Construction de tableaux à 2 symboles.

Pour les tableaux à 2 symboles, COLLOMBIER [1995a] introduit une méthode de construction qui consiste simplement à ajouter deux lignes nulles à la matrice d'incidence d'un **SBIBD**.

Définition 4.1. *Soit, d'une part, un ensemble* $\mathcal{V}$ *formé de* v *éléments, appelés points ou sommets, d'autre part une famille* $\mathcal{B}$ *de* b *parties distinctes et non vides de* $\mathcal{V}$*, appelées blocs ou arêtes. Supposons que l'union des blocs soit égale à* $\mathcal{V}$*. Le couple* $\mathcal{S}=(\mathcal{V},\mathcal{B})$ *est alors appelé structure d'incidence.*

On appelle configuration toute structure d'incidence dont les blocs sont de même taille, on la dit symétrique si b=v*, c'est-à-dire si elle comporte autant de blocs que de points.*

Notons N *la matrice d'ordre* v×b *des indicatrices des blocs, dite matrice d'incidence de* $\mathcal{S}$*.*

Un **SBIBD**(v,k,λ) *est une configuration symétrique dont la matrice d'incidence vérifie les 2 conditions suivantes.*

(i) ${}^tN\mathbb{1} = k\mathbb{1}$, *c'est-à-dire si les blocs sont de même taille* k,

(ii) $N^tN = (r-\lambda)I_v + \lambda J_v$ *avec* $r=k$ *et* λ *entier tel que* $\lambda(v-1)=r(k-1)$.

Supposons qu'un **SBIBD**($v=9\lambda-2,k=3\lambda,\lambda$) existe, notons N sa matrice d'incidence. Alors le tableau A, d'ordre $(m+2)\times m$, où $m=9\lambda$, tel que

$$^{t}A = (N|O)$$

est un **BPFA**($n=m+2,m,2,2$). En effet, $\forall k\neq j$, on a ici

$$^{t}X_jX_k = \begin{pmatrix} n-2r+\lambda & r-\lambda \\ r-\lambda & \lambda \end{pmatrix} \text{ et } {}^{t}X_j\mathbb{1} = {}^{t}X_k\mathbb{1} = \begin{pmatrix} n-r \\ r \end{pmatrix} \text{ avec } \lambda = r^2/n.$$

Remarquons que les tableaux ainsi obtenus comportent 2 unités de plus que de contraintes, ils sont donc de taille minimale pour des **BPFA** qui ne sont pas des tableaux orthogonaux d'après la proposition 1.4. COLLOMBIER [1995a] prouve que ce sont les seuls **BPFA** de taille minimale qu'on puisse construire pour $n\leq 100$.

De même, on obtient en partant d'un **SBIBD**($v=q(pq-1)+1,k=pq,\lambda=p$), avec p et q entiers, un **BPFA**($n=pq^2,m=n-q+1,2;2$) en ajoutant q lignes nulles à la matrice d'incidence du **SBIBD**. Il en est ainsi par exemple pour $q = 4$ et $p = 1,3,4$ donc $n = 16,48,64$, respectivement,
$q = 5$ et $p = 1,3,4$ donc $n = 25,75,100$, respectivement,
$q = 6$ et $p = 1$ donc $n = 36$.

Remarque. Pour tous les tableaux construits par cette méthode deux lignes au moins coïncident. On obtient donc des *fractions partiellement répliquées*, voir JACROUX [1993]. Ainsi on dispose d'un degré de liberté au moins pour estimer σ^2 par les moyens usuels (estimation quadratique sans biais). De plus cet estimateur n'est pas affecté par l'hypothèse faite sur la forme de $\mathbb{E}Y$ car il ne fait intervenir que des réponses observées dans les mêmes conditions (c'est-à-dire les réponses d'unités soumises au même traitement).

Une autre méthode de construction peut être utilisée quand $n = q^2$ avec q impair, voir COLLOMBIER [1995a]. Considérons les deux configurations suivantes de matrices d'incidence N_1 et N_2 :

$$\textbf{SBIBD}(v=(q^2+1)/2,\ k=(q-1)^2/4,\ \lambda=(q-1)(q-3)/8),$$

$$\textbf{SBIBD}(v=(q^2-3)/2,\ k=(q^2-5)/4,\ \lambda=(q^2-9)/8).$$

Soit N'_1 une matrice constituée de $(q^2-3)/2$ lignes de N_1, alors on obtient un **BPFA** en formant le tableau A d'ordre $q^2\times(q^2-3)$ tel que

$$^{t}A = \begin{pmatrix} N'_1 & N_2 & \mathbb{1} \\ N'_1 & J-N_2 & O \end{pmatrix}.$$

Pour $j\neq k$ on a ici

$$^{t}X_jX_k = \begin{pmatrix} n-2r+\lambda & r-\lambda \\ r-\lambda & \lambda \end{pmatrix} \text{ et } {}^{t}X_j\mathbb{1} = {}^{t}X_k\mathbb{1} = \begin{pmatrix} n-r \\ r \end{pmatrix} \text{ avec } \lambda=r^2/n.$$

En effet, d'une part $(q-1)^2/4 + (q^2-5)/4 + 1 = q(q-1)/2$

et $(q^2-3)/2 - (q^2-5)/4 + (q-1)^2/4 = q(q-1)/2,$

d'autre part $(q-1)(q-3)/8 + (q^2-9)/8 + 1 = (q-1)^2/4$

et $(q^2-3)/2 + 2(q^2-5)/4 + (q^2-9)/8 + (q-1)(q-3)/8 = (q-1)^2/4.$

A est donc de type **BPFA**$(q^2,q^2-3,2,2)$, avec $r=q(q-1)/2$ et $\lambda=(q-1)^2/4$.

Pour $n \le 100$ on obtient ainsi des **BPFA** dans les cas suivants:
1) $q=5$ donc $n=25$, $r=10$ et $\lambda=4$, en utilisant les **SBIBD** n°3 et 7 du catalogue de MATHON et ROSA [1990];
2) $q=7$ donc $n=49$, $r=21$ et $\lambda=9$, en utilisant les **SBIBD** n°40 et 63;
3) $q=9$ donc $n=81$, $r=36$ et $\lambda=16$, en utilisant les **SBIBD** n°172 et 233.

Construction de tableaux à plus de 2 symboles.

On connait deux méthodes de construction pour les tableaux à plus de 2 symboles. Dans la première méthode on utilise des matrices de BHASKAR RAO [1970] symétriques.

Définition 4.2. *Soit une matrice carrée d'ordre* v

$$M=(m_{ij}) \text{ avec } m_{ij}=0,1 \text{ ou } -1.$$

Considérons les matrices carrées d'ordre v *à éléments* 0 *ou* 1

$$B=(b_{ij}),\ C=(c_{ij}) \text{ et } N,$$

telles que

$$M = B - C, \text{ avec } m_{ij} = 0 \Rightarrow b_{ij} = c_{ij} = 0, \text{ et } N = B + C.$$

On dit que M *est une matrice de Bhaskar Rao de paramètres* v, k *et* $\lambda=k(k-1)/(v-1)$ *si* N *est la matrice d'incidence d'un* **SBIBD**(v,k,λ) *et*

$$M^tM = k\, I_v .$$

Remarque. La définition des matrices (ou plans) de BHASKAR RAO est plus générale. Mais seules les matrices symétriques nous servent ici.

Proposition 4.3. *Soit une matrice carrée de Bhaskar Rao de paramètres* v = m, k, λ. *Supposons* λ *pair et diviseur entier de* k.

Alors le tableau A, *à* $n=2k^2/\lambda$ *lignes, tel que*

$$^tA = \left({}^tM \mid -{}^tM \mid \mathcal{O} \right),$$

où $\mathcal{O}$ *est un bloc nul, est de type* **BPFA**(n,m,3;2).

Démonstration. Considérons deux colonnes quelconques de A indicées h et j. Comme A est formée des matrices M, -M et d'une matrice nulle, on dresse la table suivante en dénombrant les couples d'éléments de A

$$(a_{ih},a_{ij}) \in \{0,-1,\ 1\}^2$$

h\j	0	-	+	Total
0	a	b	b	n-2k
-	b	c	d	k
+	b	d	c	k

où $a = n-4k+2(c+d)$ et $b = k-(c+d)$.

Mais
$$^tMM = kI \Rightarrow {}^tAA = 2kI \Rightarrow c = d \text{ et}$$
$$^tNN = (k-\lambda)I + \lambda J \Rightarrow c+d = \lambda.$$

D'où $c = d = \lambda/2$. De plus $n = 2k^2/\lambda$, donc $c = d = k^2/n$, $b = (n-2k)k/n$ et $a = (n-2k)^2/n$. Ainsi A est de type **BPFA**.□

C'est ainsi que STARKS [1964] obtient un **BPFA**(16,7,3,2) à partir de la matrice circulante suivante

Circ(-,0,0,+,0,+,+).

qui est bien de Bhaskar Rao de paramètres v=7, k=4, λ=2. (Ici + et - désignent respectivement les éléments 1 et -1.)

De même COLLOMBIER [1995c] obtient des matrices de Bhaskar Rao de paramètres v=31, k=16, λ=8 circulantes, puis en déduit des **BPFA**(64, 16,3;2). Par exemple la matrice de première ligne à éléments non nuls répartis comme suit (en numérotant de 0 à 63 les colonnes).

0	3	5	6	9	10	11	12	13	17	18	20	21	22	24	26
+	+	-	+	-	-	-	+	-	+	-	-	-	-	+	-

Remarque. Soit M la matrice de BHASKAR RAO de paramètres v=7, k=4 et λ=2. Alors
$$H = \begin{pmatrix} M \\ -M \\ 0 \cdots 0 \end{pmatrix},$$
est une matrice aux différences $\mathbf{DM}(15,7,\mathbb{Z}/3)$. Pour s'en assurer il suffit de dénombrer les éléments de $\{0,-1,1\}^2$ qui apparaissent dans tout couple de colonnes (j,ℓ) de H. On vérifie alors que tout élément de $\mathbb{Z}/3$ apparait 5 fois lorsqu'on forme les différences $h_{ij}-h_{i\ell}$ pour $i=1,\cdots,15$.

Dans la deuxième méthode de construction on fait intervenir des configurations partiellement équilibrées.

Définition 4.4. *Soit une configuration comportant* v=m×s *sommets.*

Cette configuration est dite partiellement équilibrée, à schéma d'association divisible en m *groupes de taille* s *(ou plus simplement divisible), si elle vérifie les conditions suivantes.*

$$(i)\ {}^tN\,\mathbb{1} = k\,\mathbb{1}, \qquad (ii)\ N\,{}^tN = rI + \lambda_1 B_1 + \lambda_2 B_2,$$

où $B_1 = I_m \otimes (J_s - I_s)$, $B_2 = (J_m - I_m) \otimes J_s$ *et* r, λ_1, λ_2 *sont des entiers tels que* $(s-1)\lambda_1 + (m-1)s\lambda_2 = r(k-1)$.

Ce schéma d'association est dit régulier si $r-\lambda_1>0$ *et* $rk-v\lambda_2>0$.

Soit des entiers positifs $s\geq 2$, λ et p tels que p est divisible par λ, $p\leq s\lambda$ et $p(p-1)$ est divisible par $s\lambda$. Supposons qu'il y ait une configuration symétrique en b=v=ms blocs égaux, partiellement équilibrée, à schéma d'association divisible en m groupes de tailles s et de paramètre $\lambda_1=0$ et $\lambda_2=\lambda$, donc régulier.

Considérons la matrice $S = I_m \otimes (1,2,\cdots,s)$ et le tableau A tel que

$$^tA = (S\ N|0),$$

Ce tableau est un **BPFA**$(n,m,t=s+1,2)$ avec $n = (p+s\lambda)^2/\lambda$ et $m = n-p/s\lambda$. En effet on a, d'une part,

$$n = v+p/\lambda = (p+s\lambda)^2/\lambda \text{ et } m = \left((p+s\lambda)^2-p\right)/s\lambda$$

car $\lambda = r(k-1)/s(m-1)$ et $r = p+s\lambda$, et, d'autre part, $\forall j\neq k$,

$$X_jX_k = \left(\begin{array}{c|c} p^2/\lambda & p\,{}^t\mathbb{1}_s \\ \hline p\mathbb{1}_s & \lambda\ J_s \end{array}\right).$$

Donc $^tX_jX_k = \frac{1}{n}\,{}^tX_jJ\,X_k$, car $^t\mathbb{1}\,X_j = {}^t\mathbb{1}\,X_k = (p+s\lambda)\left(p/\lambda,1,\cdots,1\right)$.

NIGAM [1985] utilise cette propriété pour construire des **BPFA** à partir de configurations régulières de paramètres

$$v = q^4-q,\ k = p^2,\ \lambda_1 = 0,\ \lambda_2 = \lambda = 1,\ m = q^2+q+1,\ s = q(q-1),$$

où q est un nombre premier ou une puissance d'un nombre premier, dues à SPROTT [1959], voir aussi RAGHAVARAO [1971 th.8.6.6]. Il retrouve ainsi le tableau de STARKS [1964] dans la cas où q=2. Il construit de même un **BPFA**(81,13,7;2) en partant de la configuration obtenue pour q=3, ce tableau comporte 3 lignes égales.

En suivant une démarche analogue à celle de SPROTT, COLLOMBIER [1995b] obtient des configurations symétriques, partiellement équilibrées et divisibles en groupes, de paramètres

$$v=(q^4-q)/2,\ k = q^2,\ \lambda_1 = 0,\ \lambda_2 = \lambda = 2,\ m=q^2+q+1,\ s=q(q-1)/2.$$

Là encore, on en déduit des tableaux équilibrés à fréquences marginales proportionnelles, par exemple un **BPFA**(128,21,7;2) ne comportant donc que 2 lignes égales.

Remarque. Les plans obtenus par les deux méthodes ci-dessus sont partiellement répliqués.

On trouvera en fin de chapitre, dans la table 3, un bilan des fractions de plan symétriques de taille $n\leq 100$, de type **BPFA**.

4.2. Cas asymétrique.

Venons en maintenant aux plans factoriels asymétriques. Dans ce cas on connait deux méthodes générales de construction de tableaux à fréquences marginales proportionnelles.

La première méthode due à PLACKETT [1946] a été reprise plus tard par ADDELMAN [1962]. Elle est fondée sur la propriété suivante.

Proposition 4.5. *Soit un tableau de type* **PFA**$(n,m,\tilde{q}_1\times\cdots\times\tilde{q}_m;2)$:

$$\tilde{A} = (\tilde{X}_1\tilde{S}_1|\cdots|\tilde{X}_m\tilde{S}_m),$$

où $\tilde{S}_j$ *est la matrice colonne à éléments* $0,1,\cdots,\tilde{q}_j-1$.

Pour $j=1,\cdots,m$, *considérons une partition de l'ensemble* $\{0,1,\cdots,\tilde{q}_j-1\}$ *en* $q_j\leq\tilde{q}_j$ *classes. Notons* C_j *la matrice, d'ordre* $\tilde{q}_j\times q_j$, *constituée des indicatrices des classes de cette partition.*

Alors le tableau $\quad A = (X_1S_1|\cdots|X_mS_m)$,

où $X_j = \tilde{X}_jC_j$ *et* S_j *est la matrice colonne à éléments* $0,1,\cdots,q_j-1$, *est du type* **PFA**$(n,m,q_1\times\cdots\times q_m;2)$.

Démonstration. Pour tout $j\neq k$ on a par hypothèse ${}^t\tilde{X}\tilde{X} = n^{-1}\,{}^t\tilde{X}\mathbb{1}\,{}^t\mathbb{1}\tilde{X}$. Donc

$${}^tX_jX_k = {}^tC_j\,{}^t\tilde{X}_j\tilde{X}_k\,C_k = \frac{1}{n}\,{}^tC_j\,{}^t\tilde{X}_j\mathbb{1}\,{}^t\mathbb{1}\,\tilde{X}_k\,C_k = \frac{1}{n}\,{}^tX_j\mathbb{1}\,{}^t\mathbb{1}\,X_k. \square$$

On déduit ainsi d'un tableau à fréquences marginales d'ordre 2 proportionnelles un autre tableau du même type, de même taille et pour un même nombre de facteurs en *agrégeant les niveaux* de chaque facteur. C'est ainsi que procèdent PLACKETT [1946] et ADDELMAN [1962] en partant de tableaux orthogonaux de type **OA**$(n,m,q\times\cdots\times q,2)$.

Exemple. Supposons qu'il faille construire une fraction de plan à 5 facteurs, 2 à 4 niveaux et 3 à 3 niveaux. Alors le modèle d'analyse comporte $1+3\times2+2\times3=13$ paramètres, hormis σ^2. En employant la méthode de Plackett et Addelman on obtient dans ce cas une fraction de résolution III orthogonale en 16 unités seulement.

Soit en effet le tableau $\tilde{A}$ suivant, d'ordre 16×5, orthogonal de force 2 pour 5 facteurs à 4 niveaux chacun :

$${}^t\tilde{A} = \begin{pmatrix} 0&0&0&0&1&1&1&1&2&2&2&2&3&3&3&3 \\ 0&1&2&3&0&1&2&3&0&1&2&3&0&1&2&3 \\ 0&1&2&3&1&0&3&2&2&3&0&1&3&2&1&0 \\ 0&2&3&1&1&3&2&0&2&0&1&3&3&1&0&2 \\ 0&3&1&2&1&2&0&3&2&1&3&0&3&0&2&1 \end{pmatrix}.$$

Remplaçons le symbole 3 par 2 dans les trois dernières lignes du tableau $\tilde{A}$ (autrement dit agrégeons les niveaux 2 et 3 des 3 derniers facteurs). Nous obtenons ainsi un **PFA**$(16,5,4\times4\times3\times3\times3;2)$, encore noté **PFA**$(16,5,4^23^3;2)$.

Par contre une fraction constituant un tableau orthogonal **OA**$(n,5,4\times3;2)$ nécessite $n\geq144$ = PPCM$(3\times3,3\times4,4\times4)$ unités.

Exemple. MARGOLIN [1968] construit des **PFA**$(n,n-3,3\times2^{n-4};2)$, où n est un multiple de 8, en utilisant cette méthode.

Soit un tableau B^* d'ordre $m\times(m-1)$, $m=n/2-1$, à éléments 0 et 1 du type **OA**$(m=n/2,m-1,2^{m-1};2)$, 8 divise n d'après la proposition II.1.7.

Notons B^*_1 la première colonne de B^*, B^*_2 le bloc formé des autres colonnes, $\bar{B}^*_i = J - B^*_i$ i=1,2. Soit alors le tableau à éléments 0,1,2,3:

$$\tilde{A} = \left(\begin{array}{c|c|c} 2B^*_1 + B^*_1 & B^*_2 & B^*_2 \\ \hline 2B^*_1 + \bar{B}^*_1 & B^*_2 & \bar{B}^*_2 \end{array} \right).$$

Il s'agit d'un **OA**$(n,n-3,4\times2^{n-4};2)$.

Dans la première colonne de $\tilde{A}$ substituons 2 à 3 sans modifier les autres éléments. D'après la proposition 4.5 nous construisons ainsi un **PFA**$(n,n-3,3\times2^{n-4};2)$.□

Le deuxième procédé de construction utilise des tableaux de type **BPFA** et des matrices d'Hadamard généralisées.

Proposition 4.6. *Soit* A *un* **PFA**$(n,m,q_1\times\cdots\times q_m;2)$.

Soit G un groupe abélien fini d'ordre s, *où* s *est un diviseur de* n. *Supposons qu'une matrice d'Hadamard généralisée d'ordre* n *sur G existe. Notons* $H=(h_{ij})$ *cette matrice puis* $g*H=(g+h_{ij})$, $\forall g\in G$, *et* B_g *le bloc* $(A|g*H)$.

Alors, on obtient un tableau de type

$$\mathbf{PFA}(n\times s,m+n,q_1\times\cdots\times q_m\times s^n;2)$$

en plaçant les uns au dessus des autres les blocs B_g.

Démonstration. Soit $\tilde{A}=(\tilde{A}_1|\tilde{A}_2)$ le tableau ainsi obtenu, avec $\tilde{A}_1$ bloc des m premières colonnes et $\tilde{A}_2$ des n dernières.

$\tilde{A}_1$ est obtenu en superposant des **PFA**, c'est donc lui même un **PFA**. De plus $\tilde{A}_2$ est formé des blocs $g*H$, $g\in G$, avec H matrice d'Hadamard sur G. C'est donc un tableau orthogonal d'après la proposition 3.4.

Il nous reste alors à prouver que tout sous-tableau formé par une colonne, $\tilde{A}_h$ à éléments $a_{ih}\in\mathbb{Z}/q_h$, de $\tilde{A}_1$ et une autre, $\tilde{A}_j$ à éléments $a_{ij}\in G$, de $\tilde{A}_2$ est un **PFA**.

Soit r_z le nombre de fois où $z\in\mathbb{Z}/q_h$ figure dans la h-ème colonne du tableau A. Il apparait donc nr_z fois dans $\tilde{A}_h$. Par ailleurs, tout élément de G figure n fois dans $\tilde{A}_j$.

Considérons alors un élément a_{ih} de $\tilde{A}_1$ tel que $i\le n$. Par construction $a_{i+kn,h} = a_{ih}$ pour $k=0,\cdots,s-1$. Quant à la suite des éléments de $\tilde{A}_2$ apparaissant aux lignes $i+kn$, pour $k=0,1,\cdots,s-1$, elle est égale à G.

Ainsi tout couple (z,g), $g\in G$, figure nr_z/s fois dans $(\tilde{A}_h|\tilde{A}_j)$. Or ce sous-tableau est à nq lignes et $nr_z/s=n\times(nr_z)/(ns)$. Il s'agit donc d'un **PFA**.□

Bien que ce résultat général ne soit pas invoqué par ADDELMAN [1972] c'est bien ce procédé qu'il utilise pour déduire du tableau de STARKS [1964], un **PFA**$(32,23,2^{16}3^{7},2)$ puis un **PFA**$(64,55,2^{48}3^{7},2)$.

En fait ce résultat permet d'obtenir maints tableaux de type **PFA**. Ainsi en est-il si on se sert des **BPFA** mentionnés dans la table 3. Les tableaux qu'on construit de cette façon donnent des fractions de plans factoriels asymétriques qui ne comportent qu'une unité de plus que le minimum requis pour les fractions de résolution III. En nombre d'unités ces fractions sont nettement plus économiques que des fractions déduites de tableaux orthogonaux.

Dans la table 4 en fin de chapitre nous indiquons les fractions de plans de taille n≤100 ainsi obtenues.

RÉFÉRENCES

ADDELMAN,S.[1962]. Orthogonal main-effects plans for asymmetrical factorial experiments. *Technometrics* **4**:21-46.

ADDELMAN,S.[1972]. Recent developments in the design of factorial experiments. *J. Am. Statist. Ass.* **67**:103-111.

AGAIN,S.S.[1985]. *Hadamard Matrices and Their Applications.* Springer-Verlag, Berlin.

BETH,T., JUNGNICKEL,D., LENZ,H.[1985]. *Design Theory.* Bibliographisches Institut, Zurich (Cambridge University Press, 1993).

BHASKAR RAO,M.[1970]. Balanced orthogonal designs and their application in the construction of some BIB and group divisible designs. *Sankhyā* **A 32**:439-448.

BOSE,R.C.,BUSH,K.A.[1955]. Orthogonal arrays of strengh two and three *Ann. Math. Statist.* **23**:508-524.

BUSH,K.A.[1952].Orthogonal arrays of index unity. *Ann. Math. Statist.* **23**:426-434.

BUTSON, A.T.[1962]. Generalized Hadamard matrices. *Proc. Amer. Math. Soc.* **13**:894-898.

CLATWORTHY,W.H.[1973].Tables of Two-associate Partially Balanced Designs. Nat. Bureau of Standards, Appl. Maths. Ser. N°63, Wasghington.

COLLOMBIER,D.[1995a]. Tableaux à fréquences marginales d'ordre 2 proportionnelles. *Linear Algebra Appl.*, sous presse.

COLLOMBIER,D.[1995b]. Construction de plans en blocs partiellement équilibrés divisibles en "groupes". Publications du Laboratoire de Mathématiques Appliquées (URA-CNRS 1204), Université de Pau.

COLLOMBIER,D.[1995c]. Plans de BHASKAR RAO de paramètres (v=19, k=9, λ=8) et (v=31,k=16,λ=8). Publications du Laboratoire de Mathématiques Appliquées (URA-CNRS 1204), Université de Pau.

DAWSON,J.E.[1985]. A construction for generalized Hadamard matrices GH(4q,EA(q)). *J. Statist. Planning Inference* **11**:103-110.

DE LAUNEY,W.[1986]. A survey of generalized Hadamard matrices and difference matrices D(k,λ;G) with large k. *Utilitas Math.* **30**:5-29.

DE LAUNEY,W.[1987]. On difference matrices, transversal designs, resolvable transversal designs and large sets of mutually orthogonal F-squares. *J. Statist. Planning Inference* **16**:107-125

DE LAUNEY,W.[1989a]. GBRD's : Some new constructions for difference matrices, generalized Hadamard matrices and balanced generalized weighing matrices. *Graphs & Combinatorics* **8**:317-321.

DE LAUNEY,W.[1989b]. Square GBRD's over non-abelian groups. *Ars Combinatoria* **27**:40-49.

DE LAUNEY,W.[1992a].Generalized Hadamard matrices which are developed modulo a group. *Discrete Math.* **104**:49-65.

DE LAUNEY,W.[1992b]. Circulant $GH(p^2;\mathbb{Z}/p)$ exist for all primes p. *Graphs & Combinatorics* **8**:317-321.

DEY,A.[1985]. *Orthogonal Fractional Factorial Designs.* Wiley Eastern, New Dehli.

DRAKE,D.A.[1979].Partial λ-geometries and generalized Hadamard matrices over groups. *Can. J. Math.* **31**:617-627.

GOLEMAC,A.[1993]. Construction of new symmetric designs with parameters (70,24,8). *Discrete Math.* **120**:51-58.

HEDAYAT,A., WALLIS,W.D.[1978]. Hadamard matrices and their applications. *Ann. Statist.* **6**:1184-1238.

HEDAYAT,A.,PU,K.,STUFKEN,J.[1992]. On the construction of asymmetrical orthogonal arrays. *Ann. Statist.* **20**:2142-2152.

JACROUX,M.[1993]. On the construction of minimal partially replicated orthogonal main-effects plans. *Technometrics* **35**:32-36.

JUNGNICKEL,D.[1979]. On difference matrices, resolvable transversal designs and generalized Hadamard matrices. *Math. Z.* **167**:49-60.

LANDER,E.S.[1983].*Symmetric designs: an algebraic approach.* Cambridge University Press, Cambridge U.K.

MARGOLIN,B.H.[1968]. Orthogonal main-effect 2^n3^m designs and two-factor interaction aliasing. *Technometrics* **10**:559-573.

MASUYAMA,M.[1957].On difference sets for constructing orthogonal arrays of index two and strength two. *Rep. Statist. Appl. Res.* **5**:27-34.

MASUYAMA,M.[1969]. Cyclic generation of $OA(2s^m, 2(s^m-1)/(s-1)-1, s, 2)$. *Rep. Statist. Appl. Res.* **16**:10-16.

MATHON,R.,ROSA,A.[1990]. Tables of parameters of BIBDs with $r \le 41$ including existence, enumeration, and resolvability results: an update. *Ars Combinatoria* 30:65-96.

NIGAM,A.K.[1985]. Main-effect orthogonal plans from regular group divisible designs. *Sankhya B* **47**:365-371.

PALEY,R.E.A.C.[1933].On orthogonal matrices.*J. Math. Phys.* **12**:311-320

PLACKETT,R.L.[1946]. Some generalizations in the multifactorial design. *Biometrika* **33**:328-332.

RAGHAVARAO,D.[1971]. *Constructions and Combinatorial Problems in Design of Experiments.* Wiley, New York (Dover, New York [1988]).

SEBERRY,J.[1972]. Hadamard Matrices. In *Combinatorics: Room Squares, Sum-Free Sets, Hadamard Matrices* (W.D.Wallis, A.P.Street, J.Seberry-Wallis). Springer Verlag, Berlin, p.279-480.

SEBERRY,J.[1980]. A construction for generalized Hadamard matrices. *J. Statist. Planning Inference* **4**:365-368.

SEIDEN, E.[1954]. Construction of orthogonal arrays. *Ann. Math. Statist.* **25**:151-156.

SPROTT,D.A.[1959]. A series of symmetrical group divisible incomplete block designs. *Ann. Math. Statist.* **30**:249-251.

STARKS,T.H.[1964]. A note on small orthogonal main-effect plans for factorial experiments. *Technometrics* 6:220-222.

SUEN,C.Y.[1989]. Some resolvable orthogonal arrays with two symbols. *Commun. Statist.- Theory Meth.* **18**:3875-3881.

TAKEUCHI,K.[1962]. A table of difference sets generating balanced incomplete block designs. *Rev. Internat. Statist. Inst.* 30:361-366.

WALLIS,W.D.[1988]. *Combinatorial Designs.* Dekker, New York.

WILLIAMSON,J.[1944]. Hadamard's determinant theorem and the sum of four squares. *Duke Math. J.* **11**:65-81.

WANG,P.C.[1990]. On the constructions of some orthogonal main-effect plans. *Sankhya* **B** **52**: 319-323.

WANG,J.C.,WU,C.F.J.[1991]. An approach to the construction of asymmetrical orthogonal arrays. *J. Amer. Statist. Ass.* **86**:450-456.

WU,C.F.J.[1989]. Construction of 2^m4^n designs via a grouping scheme. *Ann. Statist.* **17**: 1880-1885.

WU,C.F.J.,ZHANG,R.,WANG,R.[1992]. Construction of asymmetrical orthogonal arrays of the type $\mathbf{OA}(s^k, s^m(s^{r_1})^{n_1} \cdots (s^{r_t})^{n_t})$. *Statistica Sinica* **2**:203-219.

TABLE 1. MATRICES D'HADAMARD GÉNÉRALISÉES, d'ordre $n \leq 33$, $n \neq p, p^2$, sur des groupes cycliques ou abéliens élémentaires.

Ordre	Groupe et méthode de construction
6	$\mathbb{Z}/3$: P.
8	EA(8): P; EA(4): E. Inexistante: $\mathbb{Z}/4$.
10	$\mathbb{Z}/5$: P.
12	$\mathbb{Z}/3$: I,S ; EA(4): I. Inexistante: $\mathbb{Z}/4$.
14	$\mathbb{Z}/7$: P.
15	Inexistante: $\mathbb{Z}/3$, $\mathbb{Z}/5$.
16	EA(16): P; EA(8): E; EA(4): E,K,S; $\mathbb{Z}/4$: S.
18	EA(9): P; $\mathbb{Z}/3$: E. Inexistante: $\mathbb{Z}/6$.
20	$\mathbb{Z}/5$: I. Inexistante: $\mathbb{Z}/4$.
21	Inexistante: $\mathbb{Z}/7$.
22	$\mathbb{Z}/11$: P.
24	$\mathbb{Z}/3$: I. Inexistante: $\mathbb{Z}/8$.
26	$\mathbb{Z}/13$: P.
27	EA(27): P; EA(9): E; $\mathbb{Z}/3$: E,K.
28	$\mathbb{Z}/7$: P. Inexistante: $\mathbb{Z}/4$.
30	$\mathbb{Z}/3$: I. Inexistante: $\mathbb{Z}/6$, $\mathbb{Z}/10$.
32	EA(32): P. EA(4),EA(8),EA(16): E.
33	Inexistante: $\mathbb{Z}/3$.

Légende. Méthodes de construction.

Méthode polynômiale: P, par morphisme: E, somme de Kronecker: K, méthode itérative de DE LAUNEY: I, suite génératrice: S.

Remarques. Sont exclues de ce bilan

1) les matrices sur $\mathbb{Z}/2$, c'est-à-dire les matrices d'Hadamard simples. Il ne peut en exister que pour $n=2$ ou multiple de 4 et, dans ce cas, on sait en construire de diverses manières pour $n \leq 100$.

2) les matrices d'ordre $n=p$ ou p^2, p premier, car on sait alors construire des matrices d'Hadamard sur tous les groupes abéliens concernés.

Pour tout groupe abélien G qui n'est pas mentionné dans la table 1 et qui n'appartient pas à une des classes envisagées dans la remarque précédente, on ne sait pas encore s'il est possible de construire une matrice **GH**(n,G).

Remarque. Comme nous l'avons déja signalé, on connait une matrice

DM $(15,7,\mathbb{Z}/3)$.

On sait aussi construire des matrices

DM$(12,6,\mathbb{Z}/6)$, **DM** $(15,5,\mathbb{Z}/5)$, **DM**$(21,8,\mathbb{Z}/3)$, **DM**$(33,4,\mathbb{Z}/33)$,

cf. BETH et al.[1985 p.364 et 366], DE LAUNEY [1987 Ex.2.3].

On en déduit d'autres matrices aux différences en utilisant la proposition 2.4.

TABLE 2. FRACTIONS DE RÉSOLUTION III DE PLANS ASYMÉTRIQUES CONSTITUANT UN TABLEAU ORTHOGONAL.

-1- Fractions minimales

n	Nombre et ordres des facteurs
8	$2^{4}\times 4$
16	$2^{15-3m}\times 4^{m}$, $m\leq 5$; $2^{8}\times 8$
18	$3^{6}\times 6$
24	$2^{20}\times 4$
27	$3^{9}\times 9$
32	$2^{31-3m}\times 4^{m}, m\leq 9$; $2^{24-3m}\times 4^{m}\times 8, m\leq 8$
36	$3^{12}\times 12$; $2^{11}\times 3^{12}$
40	$2^{36}\times 4$
48	$2^{40}\times 8$; $2^{47-3m}\times 4^{m}$
50	$5^{10}\times 10$
54	$3^{24}\times 6$; $3^{20}\times 6\times 9$
64	$2^{63-7m}\times 8^{m}, m\leq 9$; $2^{63-3m}\times 4^{m}, m\leq 21$;
	$2^{56-3m}\times 4^{m}\times 8k$, $m\leq 16$ & $k=1,2$;
	$2^{60+4k-7m}\times 4^{k+1}\times 8^{m-k}$, $k\leq m\leq 8$
72	$2^{47-3m}\times 4^{m}\times 3^{12}$, $m=0,1$
80	$2^{76}\times 4$
81	$3^{40-4m}\times 9^{m}$, $m\leq 10$
96	$2^{92-3m}\times 4^{m}$, $m\leq 3$; $2^{88}\times 8$;
	$2^{59-3m}\times 4^{12+m}$, $m\leq 4$

Légende. n: taille de la fraction.

Remarque. Les fractions mentionnées dans cette table sont de taille n<100, les facteurs ont au plus 10 niveaux. Elles sont obtenues au moyen des méthodes suivantes :

1) Méthode des différences à partir d'une matrice d'Hadamard généralisée,
2) Aggrégation de contraintes,
3) Ajout d'une contrainte à un tableau résoluble.

TABLE 2. FRACTIONS DE RÉSOLUTION III DE PLANS ASYMÉTRIQUES CONSTITUANT UN TABLEAU ORTHOGONAL.

-2- Fractions non-minimales

n	Nombre et ordres des facteurs
12	$2^4\times3$; $2^2\times6$
18	2×3^7
24	$2^{16-3m}\times4^m\times3$, $2^{14-3m}\times4^m\times6$, m=0,1
28	$2^{12}\times7$
36	$2^2\times3^{12}\times6$; $2^4\times3^{13}$; $3^{13}\times4$; $2^{13}\times9$
40	$2^{28-3m}\times4^m\times5$, $2^{22-3m}\times4^m\times10$, m=0,1
48	$2^{40-3m}\times3\times4^m$, $2^{38-3m}\times4^m\times6$, m=0,1,3,12
	$2^{33}\times3\times8$; $2^{31}\times6\times8$; $2^{27}\times3\times4^4$; 3×4^{13}
50	2×5^{11}
54	2×3^{25}; $2\times3^{21}\times9$
56	$2^{40}\times7$; $2^{28}\times4\times7$
72	$2^{40-3m}\times3^{13}\times4^m$, $2^{38-4m}\times4^m\times3^{12}\times6$,m=0,1; $2^{49}\times9$
80	$2^{68-3m}\times4^m\times5$, $2^{62-3m}\times4^m\times10$, m=0,1
96	$2^{88-3m}\times3\times4^m$, $2^{86-3m}\times4^m\times6$, m=0,1,3,12
	$2^{52-3m}\times3\times4^{12+m}$, m≤4; $2^{75}\times3\times4^4$
	$2^{50-3m}\times4^{12+m}\times6$, m≤2; $2^{81}\times3\times8$; $2^{79}\times6\times8$

Légende. n: taille de la fraction.

Remarque. Les fractions mentionnées dans cette table sont de taille n<100, les facteurs ont au plus 10 niveaux. Elles sont obtenues au moyen des méthodes suivantes :

1) Méthode des différences à partir d'une matrice d'Hadamard généralisée,
2) Aggrégation de contraintes,
3) Ajout d'une contrainte à un tableau résoluble.

TABLE 3. FRACTIONS DE RÉSOLUTION III ORTHOGONALES, partiellement répliquées, de type BPFA(n,m,s+1,2), n≤100 et $^{t}X_jX_j$ = Diag(n-sr,r,···,r), ∀j

s+1	n	r	n-sm	Structure
2	9	3	2	M.R.[1]
2	16	4	3	M.R.[3]
2	18	6	2	M.R.[13]
2	25	5	4	M.R.[6]
2	27	9	2	M.R.[40]
2	36	6	5	M.R.[12]
2	48	12	3	M.R.[84]
2	64	16	3	M.R.[170]
2	72	24	2	M.R.[407]
2	75	15	4	M.R.[140]
2	81	27	2	M.R.[513]
2	100	20	5	M.R.[270]
3	16	4	2	C. R112
3	64	16	2	
7	81	13	3	C. R201

Légende. M.R.:MATHON & ROSA [1990], C.:CLATWORTHY [1973]. n-sm est le nombre de lignes nulles du tableau.

Références. Voir TAKEUCHI [1962] ou, plus généralement, LANDER [1983] pour les suites génératrices des **SBIBD**, GOLEMAC [1993] pour un exemple de **SBIBD**(70,24, 8), COLLOMBIER [1995b] pour le cas q=3,n=64,r=16.

TABLE 4. FRACTIONS DE RÉSOLUTION III ORTHOGONALES de plans $q_1^{m_1} \times q_2^{m_2}$ de type PFA et de taille n≤100.

q_1	m_1	q_2	m_2	n	Génératrices
2	7	3	9	27	$A_{9,2}, H_{9,3}$
2	16	3	7	32	$A_{16,3}, H_{16}$
2	16	3	18	54	$A_{18,2}, H_{18,3}$
2	48	3	7	64	$(A_{16,3}, H_{16}), H_{32}$
3	7	4	16	64	$A_{16,3}, H_{16,2x2}$
2	7	3	36	81	$(A_{9,2}, H_{9,3}), H_{27,3}$
2	25	3	27	81	$A_{27,2}, H_{27,3}$

Légende. $H_{n,q}$ désigne ici une matrice d'Hadamard d'ordre n sur $G=\mathbb{Z}/q$ (H_n seulement lorsque $G=\mathbb{Z}/2$) et $A_{n,t}$ un **BPFA**(n,m=n-2,q;2).

5 Fractions régulières

Lorsque l'ensemble $\mathcal{E}$ des traitements est identifié à un groupe abélien G, on dit qu'une fraction $\mathcal{F} \subset \mathcal{E}$ est régulière si elle coïncide avec un sous-groupe S de G ou avec l'une de ses classes latérales.

Les fractions régulières de plans d'expérience factoriels sont d'un usage courant, en particulier les fractions de plans 2^m. On s'en sert dans tous les domaines d'application pour toutes sortes d'études (identification de facteurs actifs, étude d'effets de dispersion, ajustement de surfaces de réponse). Le premier exemple d'emploi de ce type de plan expérimental, connu par une publication, est du à TIPPET [1935], mais c'est FINNEY [1945], prolongeant certains travaux de FISHER [1942], qui en a jeté les bases théoriques.

BOSE [1947] s'est intéressé aux fractions régulières de plans q^m, où $q=p^k$ avec p premier. Il a identifié $\mathcal{E}$ à l'espace vectoriel $\mathbf{GF}(q)^m$ et toute fraction $\mathcal{F}$ à un sous-espace affine. L'approche de BOSE a été reprise par WHITE et HULTQUIST [1965] et RAKTOE [1969] pour les plans asymétriques où les nombres de niveaux des facteurs sont premiers entre eux.

Plus récemment R.BAILEY et d'autres auteurs sont revenus dans une suite de travaux au point de vue de FISHER et de FINNEY (voir BAILEY [1977, 85], BAILEY et al.[1977, 78], KOBILINSKY [1985], KOBILINSKY et MONOD [1991]). Ainsi une théorie générale des fractions régulières a vu jour, ce chapitre lui est consacré.

Dans la première partie nous étudions les propriétés de toute fraction régulière: structure de la matrice du modèle saturé puis d'un modèle quelconque, estimabilité des paramètres —. Nous introduisons plusieurs notions propres à ce type de plans: contrastes de définition, liens entre effets, clé du plan. Nous considérons aussi le cas particulier des fractions régulières de résolution fixée.

La deuxième partie de ce chapitre traite de la construction des fractions régulières essentiellement dans le cas des plans factoriels symétriques q^m, q=p premier. La construction des fractions de plans asymétriques est étudiée par EL MOSSADEQ et al. [1985] en utilisant la décomposition primaire des groupes abéliens finis, elle n'est pas envisagée ici pour des raisons de brièveté.

1. CONTRASTES DE DÉFINITION D'UNE FRACTION RÉGULIERE.

Définition 1.1. *Soit* m *le nombre des facteurs d'un plan factoriel et* q_i *le nombre des niveaux du ième facteur,* $i \in I = \{1, \cdots, m\}$.

Identifions le domaine expérimental $\mathcal{E}$ *au groupe abélien*

$$G = \underset{i=1}{\overset{m}{\times}} \mathbb{Z}/q_i.$$

On appelle alors fraction régulière tout sous-groupe S *de* G *ou, plus généralement, toute classe latérale de ce sous-groupe c'est-à-dire toute partie de* $\mathcal{E}$ *de la forme*

$$\mathcal{F} = z + S = \{z + g \mid g \in S\}, \text{ avec } S \leq G \text{ et } z \in G \text{ fixé.}$$

Soit $\mathcal{U}$ l'ensemble des unités expérimentales. L'application d de $\mathcal{U}$ dans $\mathcal{E}$ qui définit la fraction est ici injective. Il est donc naturel dans ce cas d'identifier $\mathcal{U}$ avec $\mathcal{F} = \text{Im} d$. Nous procédons ainsi dans un premier temps. Notons donc D l'application restriction de $\mathbb{R}^E$ sur $\mathbb{R}^F$.

1.1. Sous-espaces de contrastes.

Considérons la décomposition de $\mathbb{R}^E$ en espaces de contrastes

$$\mathbb{R}^E = \oplus \{\Theta_J \mid J \subseteq I\}.$$

Caractérisons tout d'abord les sous-espaces des Θ_J qui ont mêmes images par D.

A cette fin nous introduisons une décomposition en somme directe plus fine que la décomposition de $\mathbb{R}^E$ en espaces de contrastes.

Précisons tout d'abord quelques notations (voir la 4ème partie du chapitre 2). Soit le groupe

$$G = \underset{i=1}{\overset{m}{\times}} \mathbb{Z}/q_i.$$

Notons G^* le dual de G, c'est-à-dire l'ensemble des caractères des représentations irréductibles de G muni du produit d'Hadamard. Soit $\mathbb{I}$ l'élément neutre de G^*, donc la fonction constante égale à 1 sur G.

G et G^* sont deux groupes abéliens isomorphes. Notons ψ l'isomorphisme de G^* sur G. Pour $\chi \in G^*$, $\psi(\chi)$ est donc un m-uples d'entiers

$$x = (x_1, \cdots, x_m), \text{ où } x_i \in \{0, \cdots, q_i - 1\}.$$

Soit $J(\chi)$ la partie de $I = \{1, \cdots, m\}$ telle que $x_i \neq 0$, $\forall i \in J(\chi)$, on a

$$J(\chi) = \{i \in I : \psi(\chi)_i \neq 0\}.$$

Soit par ailleurs l'exposant de G (ou de son dual G^*).

$$q = \text{PPCM}(q_1, \cdots, q_m).$$

Considérons l'application

$$G^* \times G \longrightarrow C_q$$

$$(\chi, y) \longmapsto \chi(y).$$

où C_q est le groupe cyclique des racines q-èmes de l'unité.

Il s'agit d'une application bilinéaire, voir LANG [1965] Ch I § 11.

Soit S un sous-groupe de G. Appelons *orthogonal de* S et notons S^0 l'ensemble des caractères de χ de G^* tels que $\chi(y) = 1$ pour tout $y\in S$.

$$S^0= \{\chi\in G^*:\ y\in S \Rightarrow \chi(y)=1\}.$$

S^0 est un sous-groupe de G^* et

$$\#S^0 = (\#G)/(\#S)$$

d'après les propriétés des groupes abéliens finis que, cf LANG [1965] Corollaire du Th. I.10. Ainsi

$$T\leq S \text{ (i.e. } T \text{ sous-groupe de } S) \Rightarrow S^0\geq T^0.$$

Rappelons aussi que, pour tout entier positif n, on appelle *indicateur d'Euler* le nombre $\varphi(n)$ des entiers premiers et inférieurs à n, $\forall n\in\mathbb{N}^*$: $n>1$, et tel que $\varphi(1)=1$.

Proposition 1.2. Théorème de décomposition.

Soit $\mathcal{C}$ une famille de générateurs des sous-groupes cycliques de G^* (c'est-à-dire une famille de caractères formée d'un et un seul générateur par sous-groupe cyclique).

Pour tout $\chi\in\mathcal{C}$ l'espace des fonctions réelles engendré par les générateurs du sous-groupe cyclique $\langle\chi\rangle$ de G^* est un sous-espace de $J(\chi)$-contrastes sur $\mathcal{E}$ de dimension $\varphi(\#\langle\chi\rangle)$. Notons ce sous-espace Θ_χ De plus

$$\mathbb{R}^E = \overset{\perp}{\oplus} \{\Theta_\chi | \chi\in\mathcal{C}\}$$

La base de Yates est adaptée à cette décomposition.

Démonstration. Soit $S^0=\langle\chi\rangle$ le sous-groupe cyclique engendré par $\chi\in G^*$. L'ensemble des caractères appartenant à S^0 engendre un sous-espace de $\mathbb{C}^E$ formé de fonctions constantes sur les classes latérales de S noté ici $\tilde{\Lambda}_S$.

Or, d'après ce qui précède, ces classes sont au nombre de $|S^0|$, ce sous-espace contient donc toutes les fonctions constantes sur les classes latérales de S.

Considérons les seuls caractères qui engendrent S^0. En tant que vecteurs de $\mathbb{C}^E$ ces caractères engendrent un sous-espace

$$\tilde{\Theta}_\chi \text{ de } \tilde{\Lambda}_S,$$

de dimension égale au nombre des générateurs de $S^0=\langle\chi\rangle$, donc à $\varphi[\#S]$, Ainsi la somme des dimensions de ces sous-espaces est égale à $\#\mathcal{E}$.

Plus précisément on a pour le produit scalaire usuel sur $\mathbb{C}^E$

$$\tilde{\Lambda}_S= \tilde{\Theta}_\chi \overset{\perp}{\oplus} \Sigma\{\tilde{\Lambda}_T | T<S\}$$

(où $T<S \Leftrightarrow T$ sous-groupe propre de S). Ainsi les sous-espaces $\tilde{\Theta}_\chi$ sont deux à deux orthogonaux.

Par conséquent $\mathbb{C}^E = \overset{\perp}{\oplus}\{\tilde{\Theta}_\chi | \chi\in\mathcal{C}\}$

Remarquons aussi que pour tout $\theta\in\tilde{\Theta}_\chi$

1) $\Sigma_E\theta(e)=0$ si S n'est pas réduit à $\langle\mathbb{1}\rangle$,

2) θ constant sur $\mathcal{E}$ si $\chi=\mathbb{1}$.

Or, d'après les propriétés des caractères (voir la quatrième partie du chapitre 2), χ est produit tensoriel de fonctions qui sont

1) constantes égales à 1 sur $\mathcal{E}_i$, pour tout $i\notin J(\chi)$,

2) de sommes nulles sur $\mathcal{E}_i$, pour tout $i\in J(\chi)$.

Donc χ appartient à l'espace des $J(\chi)$-contrastes sur $\mathcal{E}$ à valeurs complexes.

Mais, si χ est un générateur de S, son conjugué $\overline{\chi}$ est un autre générateur de S. Donc

$$\Theta_J = \overset{\perp}{\oplus} \{\Theta_{J(\chi)} \mid J(\chi)=J\},$$

où Θ_χ est constituée des seules fonctions réelles de $\tilde{\Theta}_\chi$.

La décomposition de $\mathbb{R}^E$ en résulte immédiatement et il apparait clairement par construction que la base de Yates est adaptée à cette décomposition.□

Corollaire. *Pour toute partie* J *de* I *on a*

$$\Theta_J = \overset{\perp}{\oplus} \{\Theta_\chi \mid \chi\in\mathcal{E}\colon\ J(\chi)=J\}.$$

Remarques. 1) Soit $S=\langle\chi\rangle$. Considérons l'espace des fonctions réelles sur $\mathcal{E}$ constantes sur les classes latérales de S^0: Λ_S. Alors

$$\Lambda_S = \Theta_\chi \overset{\perp}{\oplus} \Sigma\{\tilde{\Lambda}_T \mid T<S\}.$$

2) Pour χ donné représenté par

$$\psi(\chi)=(x_i \mid i=1,\cdots,m),$$

le sous-groupe $\langle\chi\rangle^0$ de G^* et ses classes latérales s'obtiennent pratiquement en calculant les valeurs sur G de la forme $\mathbb{Z}/q$-linéaire

$$[x,y] = \Sigma_i\ x_i y_i (q/q_i) \bmod q.$$

Exemple. Supposons $I=\{1,2,3\}$, $q_1=2$, $q_2=3$ et $q_3=6$. Alors

$$G = \mathbb{Z}/2\times\mathbb{Z}/3\times\mathbb{Z}/6$$

est un groupe d'exposant 6.

Considérons le caractère χ représenté par $\psi(\chi)=(1,1,4)=x$. La forme $[x,y]$ prend ici les valeurs suivantes pour tout $y=(y_1,y_2,y_3)\in G$.

Valeurs de [(1,1,4),y]

y_1	y_2	y_3 = 0	1	2	3	4	5
0	0	0	4	2	0	4	2
0	1	2	0	4	2	0	4
0	2	4	2	0	4	2	0
1	0	3	1	5	3	1	5
1	1	5	3	1	5	3	1
1	2	1	5	3	1	5	3

$\langle\chi\rangle$, le sous-groupe engendré par χ, d'ordre 6, a pour orthogonal l'ensemble des éléments de G où la forme bilinéaire s'annule. En fait cette forme est constante sur chacune des classes latérales de $\langle\chi\rangle^0$.

$\langle\chi\rangle$ possède trois sous-groupes stricts qui sont engendrés par les caractères identifiés à (0,0,0), (1,0,0) et (0,2,2) respectivement. L'orthogonal du 2ème de ces sous-groupes est représenté par les trois premières lignes du tableau. L'orthogonal du troisième sous-groupe et ses classes latérales sont précisés dans le tableau ci-dessous.

Valeurs de [(0,2,2),y]

y_1	y_2	y_3 = 0	1	2	3	4	5
0	0	0	2	4	0	2	4
0	1	4	0	2	4	0	2
0	2	2	4	0	2	4	0
1	0	0	2	4	0	2	4
1	1	4	0	2	4	0	2
1	2	2	4	0	2	4	0

$\tilde{\Theta}_\chi$ est engendré par le caractère χ qui prend sur $\mathcal{E}\approx G$ les valeurs

$$\chi(y) = \omega^{[(1,1,4),y]}, \text{ avec } \omega = \exp i\pi/3,$$

et par son conjugué. En effet dim $\tilde{\Theta}_\chi$=2 car $\varphi(6)$=2. Remarquons que

$$\text{d'une part: } 1 = \omega^0 = -\omega^3,\ \omega^1 = -\omega^4 \text{ et } \omega^2 = -\omega^5,$$

$$\text{d'autre part: } 1 + \omega^2 + \omega^4 = 0 \text{ et } \omega + \omega^3 + \omega^5 = 0.$$

Quant à Θ_χ, il est aussi de dimension 2. Il a pour base le couple

$$(\text{Réel}[\chi],\ \text{Imag}[\chi]).$$

Comme autre base pour ce sous-espace de $\mathbb{R}^E$ on peut proposer, par exemple, celle formée des deux vecteurs ci-dessous. Ces fonctions sur $\mathcal{E}\approx G$ sont bien

1) constantes sur les classes latérales de $\langle\chi\rangle^0$,

2) de sommes nulles sur toute classe latérale de l'orthogonal au sous-groupe engendré par (1,0,0),

3) de sommes nulles sur toute classe latérale de l'orthogonal au sous groupe engendré par (0,2,2,).

Base de Θ_χ

y_1	y_2	y_3 = 0	1	2	3	4	5
0	0	1	-1	0	1	-1	0
0	1	0	1	-1	0	1	-1
0	2	-1	0	1	-1	0	1
1	0	-1	1	0	-1	1	0
1	1	0	-1	1	0	-1	1
1	2	1	0	-1	1	0	-1

y_1	y_2	y_3 = 0	1	2	3	4	5
0	0	1	0	-1	1	0	-1
0	1	-1	1	0	-1	1	0
0	2	0	-1	1	0	-1	1
1	0	-1	0	1	-1	0	1
1	1	1	-1	0	1	-1	0
1	2	0	1	-1	0	1	-1

1.2. Contrastes et relations de définition.

Définition 1.3. *Soit $\mathcal{F}\subset\mathcal{E}$ une fraction régulière formée d'une classe latérale d'un sous-groupe S de G (ou de S lui-même). Les éléments de l'orthogonal S^0 de S dans G* sont appelés contrastes de définition de la fraction $\mathcal{F}$.*

Deux vecteurs de la base de Yates de $\mathbb{R}^E$ sont dits liés par la fraction $\mathcal{F}$ si leurs restrictions à $\mathcal{F}$ sont colinéaires.

Deux termes de la décomposition

$$\mathbb{R}^E = \oplus\{\Theta_\chi \mid \chi\in\mathcal{C}\}$$

sont dits liés par $\mathcal{F}$ si leurs images par D coïncident.

Proposition 1.4. *Soit $\mathcal{F}$ une fraction régulière constituée d'un sous-groupe S de G ou d'une de ses classes latérales.*

Les contrastes de définition sont constants sur $\mathcal{F}$ et les valeurs prises sur $\mathcal{F}$ par ces contrastes détermine entièrement cette fraction.

Considérons une classe latérale de S^0. Les caractères constituant cette classe sont deux à deux colinéaires sur $\mathcal{F}$ et cette fraction est entièrement déterminée par ces relations de colinéarité.

Pour tout $\chi\in\mathcal{C}$ les termes de la décomposition

$$\mathbb{R}^E = \oplus\{\Theta_\chi \mid \chi\in\mathcal{C}\}$$

qui sont liés à Θ_χ par $\mathcal{F}$ sont les sous-espace $\Theta_{\chi\odot\xi}$, où $\xi\in S^0$ et $\chi\odot\xi\in\mathcal{C}$

Démonstration. Considérons une fraction régulière $\mathcal{F}$ constituée d'une classe latérale d'un sous-groupe donné, S, de G ou de S lui-même.

Tout élément de l'orthogonal S^0 de S est par construction une fonction constante sur $\mathcal{F}$. Si deux éléments distincts de $\mathcal{C}$, χ et χ', appartiennent à S^0, on a donc

$$\mathrm{Im}_D\Theta_\chi = \mathrm{Im}_D\,\Theta_{\chi'} = [\mathbb{1}].$$

Inversement cette relation implique que χ et χ' appartiennent à S^0 car ces deux caractères sont constants sur $\mathcal{F}$.

Toute classe latérale de S^0 dans G* est obtenue en formant les produits d'Hadamard des éléments de S^0 avec un caractère ξ de G* qui n'appartient pas à S^0. Donc, si χ et χ' sont des éléments de S^0, les restrictions à $\mathcal{F}$ de $\chi\odot\xi$ et de $\chi'\odot\xi$ sont colinéaires. Il s'ensuit que, pour tout $\xi\in G^*$,

$$\chi \text{ et } \chi' \in S^0 \iff \mathrm{Im}_D\Theta_{\chi\odot\xi} = \mathrm{Im}_D\Theta_{\chi'\odot\xi}.$$

Par conséquent on peut définir une relation d'équivalence sur les éléments de la base de Yates de $\mathbb{R}^E$, deux éléments de cette base sont équivalents si leurs restrictions à $\mathcal{F}$ sont colinéaires. Les classes d'équivalence sont les classes latérales de S^0, elles ont donc même cardinal.□

Comme S^0 est un sous-groupe de G^*, il est lui-même produit direct de sous-groupes cycliques. Pour définir une fraction régulière $\mathcal{F}$ il suffit donc de considérer un ensemble de générateurs de ces sous-groupes cycliques et de préciser les valeurs qu'ils prennent sur $\mathcal{F}$. On obtient ainsi des *relations de définition de la fraction.*

Pratiquement on recourt aux notations de Yates pour écrire ces relations. Donnons en deux exemples simples.

Exemple 1. Supposons $G=(\mathbb{Z}/3)^3$. G^* est alors lui-même produit direct de trois sous-groupes cycliques d'ordre 3 dont nous notons A, B et C les générateurs.

Soit la fraction formée des triplets $y=(y_1,y_2,y_3)\in G$ tels que

$$y_1+ 2y_2+ y_3= 0 \bmod 3.$$

Ce sous-groupe $S\leq G$ est d'ordre 9. Son orthogonal S^0 est constitué de

$$\mathbb{I},\ AB^2C \text{ (c'est-à-dire } A\odot B\odot B\odot C) \text{ et } A^2BC^2,$$

il est donc cyclique d'ordre 3 engendré par exemple par AB^2C. Ainsi il suffit de préciser que ce caractère prend sur $\mathcal{F}$ la valeur 1 pour définir cette fraction, ce qui est noté

$$\mathbb{I} = AB^2C.$$

L'autre contraste de définition (en dehors de 1) prend la valeur $\mathbb{I}^2=\mathbb{I}$ sur $\mathcal{F}$ puisque $A^2BC^2=(AB^2C)^2$ pour le produit d'Hadamard.

Considérons maintenant la fraction formée par la classe latérale de S constituée des solutions de

$$y_1+ 2y_2+ y_3= 1 \bmod 3.$$

Ici AB^2C prend la valeur ω sur $\mathcal{F}$, on a donc la relation de définition

$$\mathbb{I} = \bar{\omega}\ AB^2C, \text{ avec } \omega = \exp i\ 2\pi/3,$$

Quant au contraste de définition A^2BC^2, il a sur $\mathcal{F}$ la valeur $\omega^2= \bar{\omega}$.

Exemple 2. Supposons $G=(\mathbb{Z}/2)^6$ et notons A_i, $i=1,\cdots,6$ les générateurs de G^*.

Considérons les relations de définition

$$\mathbb{I} = A_1A_3A_4A_6 = - A_2A_3A_4A_5. \qquad (1)$$

Les seconds membres de ces relations font intervenir les générateurs

de 2 sous-groupes cycliques de G^* qui ont un produit direct formé de
$$\mathbb{I},\ A_1A_3A_4A_6,\ A_2A_3A_4A_5 \text{ et } A_1A_2A_5A_6.$$

L'orthogonal dans G de ce sous-groupe de G^* est constitué par les éléments $y=(y_1,\cdots,y_6)$ qui vérifient :
$$\begin{cases} y_1+y_3+y_4+y_6=0 \bmod 2 \\ y_2+y_3+y_4+y_5=0 \bmod 2 \end{cases}. \tag{2}$$

C'est un sous-groupe, S, d'ordre 16, de G.

La fraction définie par les relations (1) est la classe latérale de S sur laquelle les caractères
$$A_1A_3A_4A_6 \text{ et } A_2A_3A_4A_5$$
prennent respectivement les valeurs 1 et -1, à savoir
$$S + (0,0,0,0,1,0).$$

Notons qu'on obtient cette fraction en résolvant le système (2) dans $\mathbb{Z}/2$, avec 1 pour second membre de la première équation.

Par produit d'Hadamard on déduit de (1) les valeurs prises sur $\mathcal{F}$ par tous les contrastes de définition. On a en fait ici
$$\mathbb{I} = A_1A_3A_4A_6 = -A_2A_3A_4A_5 = -A_1A_2A_5A_6.\square$$

Considérons un groupe des contrastes de définition d'une fraction produit direct de q sous-groupes cycliques. Il résulte alors de la proposition 1.4 que q relations de colinéarité entre éléments de la base de Yates suffisent pour définir cette fraction. Encore faut-il qu'aucune de ces relations ne se déduise des q-1 autres par produit d'Hadamard.

Exemple 1 (suite). La relation de colinéarité $C=A^2B$ suffit à définir la première fraction, $\mathcal{F}$ est la partie de $\mathcal{E}$ où les caractères C et A^2B prennent la même valeur. On obtient en fait, cette relation en multipliant (au sens d'Hadamard) par C les deux membres de $\mathbb{I} = AB^2C$.

De même la deuxième fraction est définie par la relation de colinéarité $C=\bar{\omega}A^2B$. C'est donc la partie de $\mathcal{E}$ où les valeurs prises par C et par A^2B sont dans un rapport de ω :
$$\mathcal{F} = \{e\in\mathcal{F}\colon C(e)/A^2B(e)=\omega\}.$$

Exemple 2 (suite). Ici il y a q=2 relations de définition pour $\mathcal{F}$:
$$\mathbb{I} = A_1A_3A_4A_6 \text{ et } \mathbb{I} = -A_2A_3A_4A_5.$$
La fraction $\mathcal{F}$ peut donc être caractérisée par deux relations de colinéarité, par exemple
$$A_6 = A_1A_3A_4 \text{ et } A_5 = -A_2A_3A_4,$$
obtenues en multipliant les deux membres de chacune des relations de définition par A_6 et A_5 respectivement.

La fraction $\mathcal{F}$ est donc formée par la partie de $\mathcal{E}$ où, d'une part, A_6 et $A_1A_3A_4$ prennent la même valeur,

d'autre part, A_5 et $A_2A_3A_4$ prennent des valeurs opposées.

1.3. Confusions d'effets, orthogonalités.

Considérons la table des caractères des représentations irréductibles de G. C'est la matrice de passage de la base canonique de $\mathbb{C}^E$ à la base de Yates. Les lignes de cette matrice sont indexées par les éléments de $\mathcal{E}$.

Intéressons-nous maintenant aux propriétés du bloc $\tilde{X}$ constitué des lignes indexées par les éléments d'une fraction régulière $\mathcal{F}$.

Remarque. $\tilde{X}$ est la matrice du *modèle saturé* pour l'analyse du vecteur aléatoire observé au moyen de $\mathcal{F}$.

Proposition 1.5. *Soit $\mathcal{F}$ une fraction régulière et $\tilde{X}$ la matrice formée des restrictions à $\mathcal{F}$ des vecteurs de la base de Yates.*

Les colonnes de $\tilde{X}$ sont deux à deux colinéaires ou orthogonales.

Deux colonnes de X *sont colinéaires si ce sont les restrictions à $\mathcal{F}$ de deux vecteurs de la base de Yates liés par la fraction $\mathcal{F}$.*

Démonstration. Nous savons qu'il existe une relation d'équivalence sur les colonnes de $\tilde{X}$: la relation de colinéarité entre couples de colonnes. Les classes d'équivalence sont les classes latérales de S^0. Elles ont donc même cardinal et il suffit d'en connaître une pour en déduire toutes les autres par produit d'Hadamard.

Si $\mathcal{F}$ est le sous-groupe S lui-même, tout élément de G^*, considéré comme fonction sur $\mathcal{E}$, a pour image par D le caractère d'une représentation irréductible de S.

Considérons deux colonnes de $\tilde{X}$. Comme $\#S<\#G$, il n'y a que deux possibilités, d'après les propriétés des caractères des groupes abéliens finis:

1) ces colonnes sont colinéaires - plus précisément ici égales - car il s'agit des caractères de représentations semblables de S,

2) ces deux colonnes sont orthogonales.

Il en est de même si $\mathcal{F}$ est une classe latérale de S puisque toute image par D d'un caractère irréductible de G est alors un caractère irréductible de S multiplié par une racine de l'unité.□

Considérons maintenant un modèle où **Y**, le vecteur aléatoire des résultats expérimentaux, est supposé vérifier

$$\mathbb{E}\mathbf{Y} \in \mathrm{Im}_D \oplus \{\Theta_J \mid J \in \mathcal{H}\},$$

avec $\mathcal{H}$ famille hiérarchique de parties de l'ensemble des facteurs.

Proposition 1.6. *Soit $\mathcal{F}$ une fraction régulière de taille* n. *Supposons*

$$\mathbb{E}\mathbf{Y} \in \mathrm{Im}_D \oplus \{\Theta_J \mid J \in \mathcal{H}\} \text{ et } \mathrm{Cov}\mathbf{Y} = \sigma^2 I,$$

avec $\mathcal{H}$ famille hiérarchique de parties de l'ensemble des facteurs. Soit X la matrice du modèle formée des restrictions à $\mathcal{F}$ de vecteurs de la base de Yates. Notons β le vecteur paramétrique tel que $\mathbb{E}Y=X\beta$.

Un élément de β est estimable si et seulement si il est associé à une colonne de X qui est orthogonale aux autres colonnes. Son estimateur de Gauss-Markov a pour variance σ^2/n.

Deux éléments de β estimables ont des estimateurs de Gauss-Markov non corrélés.

Démonstration. D'après le corollaire de la proposition 1.2 on a ici

$$\mathbb{E}Y \in \mathrm{Im}_D \oplus\{\Theta_\chi \mid \chi\in\mathcal{C}:\ J[\chi]\in\mathcal{H}\}$$

et X est constituée de tout ou partie des colonnes de la matrice $\tilde{X}$ du modèle saturé. Ainsi $\mathbb{E}Y = X\beta$,
avec β vecteur paramétrique à éléments réels ou conjugués deux par deux de sortes que Xβ soit réel. La matrice X a n lignes, notons p le nombre de ses colonnes.

D'après la proposition 1.5 on ne peut avoir rang X < p que si des colonnes de X sont colinéaires 2 à 2. Ainsi un paramètre de ce modèle (c'est-à-dire un élément de β) est estimable si et seulement si il est associé à une colonne de X qui n'est colinéaire à aucune autre colonne.

Mais alors cette colonne est orthogonale aux autres colonnes de X. Donc l'estimateur de Gauss-Markov de ce paramètre a pour variance σ^2/n puisque les éléments de X sont des racines de l'unité.

Enfin, pour la même raison, deux composantes estimables de β ont des estimateurs non corrélés.□

Définition 1.7. *Dans les conditions de la proposition 1.5 on dit que deux paramètres du modèle sont confondus (ou liés, ou indiscernables) par $\mathcal{F}$ si les colonnes de X qui leurs sont associées sont colinéaires.*

Exemple 1 (suite). Pour la fraction définie par $\mathbb{I} = AB^2C$ la matrice $\tilde{X}$ comporte 9 lignes et 27 colonnes. Ces colonnes sont ici égales 3 par 3 puisqu'on a pour liens entre vecteurs de la base de Yates :

$$\begin{array}{lll} \mathbb{I} = AB^2 = A^2BC^2 & B = AC = A^2B^2C^2 & B^2 = ABC = A^2C^2 \\ A = A^2B^2C = BC^2 & AB = A^2C = B^2C^2 & C^2 = AB^2 = A^2BC \\ A^2 = B^2C = ABC^2 & C = AB^2C^2 = A^2B & A^2B^2 = BC = AC^2. \end{array}$$

On obtient la matrice $\tilde{X}$ en répétant 3 fois chacune des colonnes de la table des caractères du groupe $(\mathbb{Z}/3)^2$ qui est produit tensoriel par elle-même de la matrice de Fourier

$$\begin{pmatrix} 1 & 1 & 1 \\ 1 & \omega & \omega^2 \\ 1 & \omega^2 & \omega \end{pmatrix}.$$

Supposons alors que

$$\mathbb{E}Y \in \mathrm{Im}_D \oplus \{\Theta_J \mid J \subset I:\ \#J \le 1\}.$$

Tous les paramètres sont estimables puisque X, la matrice du modèle, est obtenue par restriction à $\mathcal{F}$ de vecteurs de la base de Yates qui ne sont pas liés, à savoir

$$\mathbb{I},\ A,\ A^2,\ B,\ B^2,\ C \text{ et } C^2.$$

La fraction est donc de résolution III. Les composantes de β ont des estimateurs de Gauss-Markov non corrélés, tous de variance $\sigma^2/9$.

Comme ces paramètres sont au nombre de 7 alors que la fraction compte 9 expériences, on peut aussi estimer σ^2 à partir du vecteur **Y** en employant l'estimateur quadratique sans biais usuel.

La fraction définie par $\mathbb{I} = \bar{\omega}\ AB^2C$ a les mêmes propriétés.□

Exemple 2 (suite). Ici on peut regrouper les $2^6 = 64$ colonnes de $\tilde{X}$ en 16 blocs de 4 colonnes égales ou opposées. Comme on a pour groupe des contrastes de définition

$$\{\mathbb{I},\ A_1A_3A_4A_6,\ A_2A_3A_4A_5,\ A_1A_2A_5A_6\},$$

aucun des générateurs canoniques de G^* n'est lié par $\mathcal{F}$ à un vecteur de la base de Yates de la forme A_jA_k, avec $j \neq k$. Par contre on a

$$\begin{array}{ll} A_1A_2 = -A_5A_6 & A_1A_6 = -A_2A_5 = A_3A_4 \\ A_1A_3 = A_4A_6 & A_2A_3 = -A_4A_5 \\ A_1A_4 = A_3A_6 & A_2A_4 = -A_3A_5 \\ A_1A_5 = -A_2A_6. & \end{array}$$

Si on suppose alors

$$\mathbb{E}Y \in \mathrm{Im}_D \{\Theta_J \mid J \in I:\ \#J \le 2\},$$

seuls l'effet moyen et les effets simples des facteurs sont estimables, c'est-à-dire les paramètres du modèle associés à $\mathbb{I}$ et aux A_i.

Les interactions d'ordre 1 ne le sont pas puisqu'elles sont associées aux restrictions à $\mathcal{F}$ des vecteurs de la base de Yates de la forme A_jA_k, $j \neq k$, qui sont liés entre eux par $\mathcal{F}$.

La fraction considérée est donc de résolution IV mais elle n'est pas de résolution V. Les estimateurs de Gauss-Markov de l'effet moyen et des effets simples sont non corrélés, de variance $\sigma^2/16$.

On peut enfin construire l'estimateur quadratique usuel de σ^2 car $n = 16 > 2m = 12$, où n est le nombre des facteurs.□

Comme $\mathbb{E}Y \in \mathrm{Im}_D \oplus \{\Theta_\chi \mid \chi \in \mathcal{C}:\ J[\chi] \in \mathcal{H}\}$, le vecteur paramétrique β s'écrit

$$\beta = (\beta_\chi \mid \chi \in \mathcal{C}:\ J[\chi] \in \mathcal{H}).$$

Intéressons-nous donc à l'estimabilité de chacun des vecteurs β_χ.

Proposition 1.8. *Considérons un modèle d'analyse d'une fraction régulière $\mathcal{F}$, où* $\mathbb{E}Y \in \oplus\{\Theta_\chi \mid \chi\in\mathcal{C}:\ J[\chi]\in\mathcal{H}\}$,
avec $\mathcal{H}$ famille hiérarchique de parties de l'ensemble des facteurs.
Soit donc $\mathbb{E}Y = X\beta$, *avec* $\beta = \{\beta_\chi \mid \chi\in\mathcal{C}:\ J[\chi]\in\mathcal{H}\}$.

Alors il faut et suffit que χ ne soit lié par $\mathcal{F}$ à aucun autre vecteur ξ de la base de Yates tel que $J[\xi]\in\mathcal{H}$ pour que β_χ soit estimable par $\mathcal{F}$.

Démonstration. $\mathcal{H}$ est hiérarchique et $J[\chi^p]\subseteq J[\chi]$. La matrice du modèle comporte donc, non seulement, la restriction à $\mathcal{F}$ de χ tel que $J[\chi]\in\mathcal{H}$, mais également, les restrictions de toutes les puissances de χ : χ^p, (au sens d'Hadamard).

Supposons que χ soit lié par la fraction $\mathcal{F}$ à ξ, autre vecteur de la base de Yates tel que $J[\xi]\in\mathcal{H}$. Alors les puissances de χ sont liées par $\mathcal{F}$ à des puissances de ξ. Or toute puissance de χ ou de ξ a pour restriction à $\mathcal{F}$ une colonne de la matrice du modèle. Donc χ et toutes ses puissances sont colinéaires à d'autres colonnes de la matrice du modèle. Ainsi aucun des paramètres composant β_χ n'est estimable.

Il faut donc que χ ne soit lié à aucun autre vecteur de la base de Yates, ξ tel que $J[\xi]\in\mathcal{H}$, pour que β_χ soit estimable.

Mais cette condition nécessaire est aussi suffisante car, d'après la proposition 1.5, les seules relations linéaires entre colonnes de la matrice du modèle sont des colinéarités 2 à 2.□

1.4. Fractions régulières de résolution fixée.

Venons-en maintenant aux fractions régulières de résolution fixée Les contrastes de définition de ce type de fraction ont une propriété caractéristique énoncée par BOX et HUNTER [1961] dans le cas particulier des plans 2^m et généralisée par la suite. Cette propriété fait intervenir la notion de poids des éléments et sous-groupes de G^*.

Définition 1.9. *Soit un élément de G^**

$$\chi = \bigodot_{i\in I} \chi_i^{x_i},\ \text{avec } 0\le x_i<q_i,$$

où les χ_i, $i\in I$, sont les générateurs canoniques de G^*.

On appelle poids de χ le nombre des x_i non nuls.

Le poids d'une partie de G^*, en particulier d'un sous-groupe, est le plus petit des poids de ses éléments à l'exception de l'élément neutre $\mathbb{1}$.

Proposition 1.10. *Pour qu'une fraction régulière soit de résolution* R *il faut et suffit que $\mathbb{1}$ et ses contrastes de définition forment un sous-groupe de G^* de poids au moins égal à* R.

Démonstration.
Condition nécessaire. Plaçons nous tout d'abord dans le cas R=2r-1 et raisonnons par l'absurde.

Supposons qu'un contraste de définition s'écrive

$$\underset{J}{\odot} \chi_\imath^{x_\imath}, \text{ avec } \#J<2r-1.$$

Soit K une partie de J telle que #K = min(r,#J)-1. On a alors

$$\underset{\imath\in K}{\odot} \xi^{q_\imath - x_\imath} = \omega \; \odot\{\chi_\imath^{x_\imath} \mid \imath\in J\setminus K\}$$

avec ω racine q-ème de l'unité. Donc le premier membre de cette relation, qui est un K-contraste tel que #K<r, est lié au (J\K)-contraste qui figure dans le second membre. Or

$$\#(J\setminus K) = \begin{cases} 1 & \text{si } \#J\le r \\ \#J-r+1 & \text{si } \#J>r \end{cases}.$$

De plus quand #J>r, #J-r+1<2r-1+1-r=r. La fraction ne peut donc être de résolution R.

Pour le cas R=2r le raisonnement est analogue, mais ici

$$\#K = \min(r,\#J).$$

Condition suffisante. Supposons qu'on ait pour tout $\chi\in S^0$

$$\chi = \underset{\imath\in J}{\odot} \chi_\imath^{x_\imath}, \text{ avec } \#J\ge R \text{ et } 0<x_\imath \;\; \forall \imath\in J.$$

Alors, pour tout K tel que #K<r,

$$\underset{\imath\in K}{\odot} \chi_\imath^{p}, \text{ avec } 0<y_\imath \;\; \forall \imath\in K$$

ne peut être lié par la fraction qu'à un M-contraste tel que

$$\#M = (\#J)-(\#K) > \#J-r \ge R-r = \begin{cases} r-1 & \text{si R est impair} \\ r & \text{si R est pair} \end{cases},$$

c'est-à-dire tel que

$$\#M \ge \begin{cases} r & \text{si R est pair} \\ r+1 & \text{si R est impair} \end{cases}.$$

Ainsi la fraction est de résolution R.□

Exemples. Dans l'exemple 1 le groupe des contrastes de définition est bien de poids 3 alors que l'une ou l'autre des fractions est de résolution III. Il est de poids 4 dans l'exemple 2 pour une fraction de résolution IV.

Précisons maintenant quel lien existe entre tableaux orthogonaux et fractions régulières de résolution fixée.

Proposition 1.11. *Toute fraction régulière de résolution* R≥3 *est un tableau orthogonal de force* R-1.

Démonstration. Soit un modèle linéaire où

$$\mathbb{E}Y\in \mathrm{Im}_D\Theta, \text{ avec } \Theta = \oplus\{\Theta_J \mid J\subseteq I:\ \#J\le r\}.$$

avec r partie entière de R/2, et X la matrice du modèle formée des restrictions à la fraction $\mathcal{F}$ des vecteurs de la base de Yates de Θ.

Envisageons tout d'abord le cas des fractions de résolution

$$R=2r+1,\ r\ge 1.$$

Pour $j=1,\cdots,m$, considérons les colonnes de X qui engendrent $\mathrm{Im}_D\Theta_{(j)}$. Elles forment un bloc de X qui est égal à X_jP_j, avec X_j matrice des indicatrices sur $\mathcal{F}$ des niveaux du jème facteur et $(\mathbb{1}|P_j)$ matrice de Fourier d'ordre q_j. Or, comme la fraction est de résolution $R=2r+1$,

$$ {}^t\mathbb{1}\ X_jP_j = 0. $$

d'après la proposition 1.5. Mais ceci implique

$$ {}^t\mathbb{1}\ X_j = (n/q_j)\,{}^t\mathbb{1} $$

car les colonnes de P_j sont toutes indépendantes et orthogonales à $\mathbb{1}$.

De plus, toujours d'après la proposition 1.4, les colonnes de X sont nécessairement orthogonales.

Ainsi toute fraction de résolution $R=2r+1$, $r>1$, qui est régulière est orthogonale. Elle constitue donc un tableau orthogonal de force $2r$ d'après la proposition III.2.9. Il en est de même des fractions régulières de résolution III, d'après la proposition III.1.3, puisque

$$ {}^t\mathbb{1}\ X_j = (n/q_j)\,{}^t\mathbb{1},\ \text{pour } j=1,\cdots,m. $$

Venons-en maintenant aux fractions de résolution paire $R=2r$, $r\geq 2$.

Soit
$$ \Theta_0 = \oplus\{\Theta_J \mid J\subseteq I:\ \#J<r\} $$

et X_0 le bloc des colonnes de la matrice X qui engendrent $\mathrm{Im}_D\Theta_0$.

D'après la proposition 1.5 seules les colonnes du bloc X_1 tel que $X = (X_0|X_1)$, peuvent être colinéaires 2 à 2. On a en outre

$$ \mathrm{Im}X_0 \perp \mathrm{Im}X_1 $$

et les colonnes de X_0 sont orthogonales.

Ainsi une fraction de résolution $R=2r$, $r\geq 2$, qui est régulière est orthogonale. Elle constitue donc un tableau orthogonal de force $R-1$ d'après la proposition III.2.9.□

Remarque. Si toute fraction régulière de résolution donnée est un tableau orthogonal l'inverse n'est pas vrai. On connait, par exemple, des tableaux orthogonaux de force 2 à 2 symboles, $m=11$ contraintes et $n=12$ unités. Mais aucun ne peut être identifié à une classe latérale d'un sous-groupe de $(\mathbb{Z}/2)^m$.

1.5. Fractions régulières et morphismes de groupes.

Nous avons identifié jusqu'à maintenant par commodité l'ensemble $\mathcal{U}$ des unités expérimentales à une partie $\mathcal{F}$ de $\mathcal{E}$. Modifions légèrement notre point de vue en considérant désormais $\mathcal{U}$ comme un groupe abélien fini noté H. Supposons H isomorphe au sous-groupe S qui coïncide avec $\mathcal{F}$ ou bien dont $\mathcal{F}$ est une classe latérale. Le sous-groupe S est alors l'image d'un morphisme injectif, $\mathcal{K}$, du groupe H dans G.

Notons g_0 le traitement appliqué à l'unité identifiée à l'élément neutre de *H*. L'ensemble des traitements appliqués aux unités est donc la classe

$$\mathcal{F} = g_0 + S,$$

et on a pour traitement appliqué à l'unité repérée par $h \in H$: $g_0 + \mathcal{K}h$.
Il suffit donc de préciser $\mathcal{K}$ et g_0 pour définir la fraction utilisée.

Liens créés par la fraction.

Soit respectivement

$$u_h \text{ et } e_g \in \mathcal{F}$$

l'unité identifiée à $h \in H$ et le traitement repéré par $g \in G$. Considérons l'isomorphisme linéaire de $\mathbb{R}^F$ sur $\mathbb{R}^U$ tel que

$$x \longmapsto y$$
$$\Longleftrightarrow y(u_h) = x(e_{\mathcal{K}h+g_0}), \ \forall\ h \in H$$

Alors l'application linéaire de D de $\mathbb{R}^E$ sur $\mathbb{R}^U$ qui définit le plan est la composée de la restriction de $\mathbb{R}^E$ à $\mathbb{R}^F$ et de cet isomorphisme.

Soit G^* le dual du groupe G et H^* celui de H. Désignons par $\mathcal{K}^*$ le dual de $\mathcal{K}$, c'est-à-dire le morphisme de G^* sur H^* tel que

$$\mathcal{K}^*\chi = \chi \circ \mathcal{K}, \ \forall\ \chi \in G^*.$$

Alors $\chi \in \mathrm{Ker}\mathcal{K}^*$ si et seulement si χ est constant égal à 1 sur S. $\mathcal{K}^*$ a donc pour noyau le groupe des contrastes de définition de la fraction c'est-à-dire l'orthogonal S^0 de S, voir à ce propos BAILEY [1977].

Considérons un ensemble de générateurs des sous-groupes cycliques de G^* (resp. de H^*): $\mathcal{C}_G$ (resp. $\mathcal{C}_H$).
Soit alors les deux décompositions en sous-espaces de contrastes

$$\mathbb{R}^E = \oplus\{\Theta_\chi \mid \chi \in \mathcal{C}_G\} \text{ et } \mathbb{R}^H = \oplus\{\Theta_\xi \mid \xi \in \mathcal{C}_H\}.$$

Proposition 1.12. BAILEY et al. [1977].

Soit H et G deux groupes abéliens finis représentant l'ensemble des unités et le domaine expérimental d'une expérience factorielle. Considérons une fraction régulière définie par un morphisme injectif $\mathcal{K}$ de H dans G.

Alors, quels que soient $\chi \in \mathcal{C}$ et $\xi = \mathcal{K}^*\chi$, on a

$$\mathrm{Im}_D \Theta_\chi = \Theta_\xi.$$

Démonstration. *H* est isomorphe au sous-groupe *S* de *G*. Pour tout $\chi \in G^*$ les éléments de $\mathcal{K}^*\chi$ sont donc donnés par la restriction à *S* du caractère χ. Ainsi

$$\mathcal{K}^*[\chi^p] = (\mathcal{K}^*\chi)^p.$$

Par conséquent les puissances successives de χ (au sens d'Hadamard) appartiennent à la préimage par $\mathcal{K}^*$ du sous-groupe cyclique engendré par $\mathcal{K}^*\chi$.

Soit $T=<\chi>$. Supposons $<\mathcal{K}^*\chi> < \mathcal{K}^*[T]$. L'ensemble des puissances de χ appartient alors à une partie stricte de T d'après ce qui précède. Mais ceci n'est pas possible puisque χ engendre le sous-groupe T.

Considérons alors les vecteurs de la base de Yates engendrant Θ_χ. A un facteur racine de l'unité près, ils ont pour images par D des éléments de H^*. Mais, d'après ce qui précède, ce sont des générateurs du sous-groupe $\mathcal{K}^*[T]$ éventuellement répétés.

Ainsi ces images, considérées comme fonctions sur $\mathcal{U}$, constituent une famille génératrice de $\Theta_{\mathcal{K}^*\chi}$.□

Définition 1.13. *Soit une fraction régulière définie par un morphisme injectif $\mathcal{K}$ du groupe des unités H dans le groupe G qui représente le domaine expérimental d'une expérience factorielle.*

Alors on dit que les sous-espaces Θ_χ et $\Theta_{\mathcal{K}^*\chi}$ sont liés par cette fraction.

Clé et représentation matricielle du plan.

L'application D est entièrement connue dès lors que sont fixées - outre les identifications de $\mathcal{E}$ et $\mathcal{U}$ aux groupes G et H - les images des générateurs canoniques χ_i, i=1,⋯,m, de G^*.

Définition 1.14. BAILEY et al. [1977], PATTERSON et BAILEY [1978].

Soit un plan défini par un morphisme injectif de H dans G, où H est l'ensemble des unités et G celui des traitements d'une expérience factorielle. Alors on appelle clé du plan l'ensemble des couples

$$(\chi_i,\ \chi_i[g_0]\mathcal{K}^*\chi_i),\ \textit{pour}\ i=1,\cdots,m.$$

On a ici $\qquad \chi_i[g_0]\mathcal{K}^*\chi_i = D(\chi_i)$, avec $g_0 = \mathcal{K}(0)$

traitement appliqué à l'unité représentée par l'élément neutre de H. Ainsi, pour tout $\chi \in G^*$, on déduit $D\chi$ de la clé du plan puisque χ est produit d'*H*adamard de puissances des χ_i.

On a $H = \overset{n}{\underset{j=1}{\times}} \mathbb{Z}/s_j$. Notons alors $h_j=(\delta^k_j \mid k=1,\cdots,n)$, le jème générateur canonique de H, avec δ^k_j symbole de Kronecher .

Considérons la matrice K, d'ordre m×n, dont la jème colonne est formée par les éléments du m-uple d'entiers

$$\mathcal{K}h_j \text{ et } G_0,$$

la matrice colonne des éléments du m-uple g_0.

Repèrons une des unités expérimentales par

$$Y = {}^t(y_j \mid j=1,\cdots,n),\ y_j \in \mathbb{Z}/s_j.$$

Alors cette unité reçoit le traitement

$$Ky + G_0 \bmod q,$$

où $q=\mathrm{PPCM}(q_i \mid i=1,\cdots,m)$. Ainsi le couple de matrices (K,G_0) représente matriciellement le plan d'expérience considéré, cf. PATTERSON [1976].

Mais les éléments k_{ij} de K doivent vérifier

$$k_{ij}s_i/q_j \in \mathbb{N}.$$

En effet, h_j, le jème générateur canonique de H, est d'ordre s_j. Donc $K^*\chi_i[h_j]$ est racine $s_j$ème de l'unité, c'est-à-dire prend comme valeur

$$\exp\left(i\,\frac{2\pi}{s_j}\,k^*_{ij}\right) \text{ avec } k^*_{ij} \in \mathbb{N}.$$

Par ailleurs,
$$\chi_i \circ \mathcal{K}\, h_j = \exp\left(i\,\frac{2\pi}{q_j}\,k_{ij}\right).$$

Mais, comme $\mathcal{K}^*\chi_i = \chi_i \circ \mathcal{K}$, on a alors

$$k^*_{ij} = k_{ij}s_j/q_i.$$

Ainsi $k_{ij}s_i/q_j$ doit être entier pour tous $i=1,\cdots,m$ et $j=1,\cdots,n$. Voir à ce propos BAILEY et al. [1977].

Exemple 1 (suite). Neuf unités expérimentales interviennent ici. Soit $H = (\mathbb{Z}/3)^2$ le groupe servant à les repérer.

H^* est donc produit direct de deux sous-groupes cycliques d'ordre 3. Soit V et W les générateurs de ces sous-groupes.

Considérons la fraction dont l'ensemble $\mathcal{F}$ des traitements est défini par $\mathbb{I} = AB^2C$. On peut proposer un plan de clé

$$\begin{matrix} A & B & C \\ V & W & V^2W \end{matrix}$$

(N.B. les éléments de chaque couple de la clé sont ici placés l'un en dessous de l'autre).

D'autre clés peuvent être envisagées, mais remarquons que la clé est fixée dès que sont précisés deux des couples la constituant car la relation de définition de $\mathcal{F}$ est alors connue. Ainsi

$$\mathcal{K}^*A = V \text{ et } \mathcal{K}^*B = W \Rightarrow \mathcal{K}^*C = V^2W$$

puisque $C = A^2B$. Le plan est alors donné par le couple de matrices entières (K,G_0) où

$$K = \begin{array}{c} \\ \\ \end{array}\overset{\begin{matrix} V & W \end{matrix}}{\begin{pmatrix} 1 & 0 \\ 0 & 1 \\ 2 & 1 \end{pmatrix}}\begin{matrix} A \\ B \\ C \end{matrix}$$

et G_0 représente matriciellement un élément du sous-groupe $S = \mathcal{K}[H]$.

Considérons maintenant la fraction régulière dont l'ensemble des traitements est défini par

$$\mathbb{I} = \bar{\omega}\, AB^2C.$$

Pour ce plan on peut proposer la clé

$$\begin{matrix} A & B & C \\ V & W & \bar{\omega}V^2W \end{matrix}$$

Alors K est la matrice ci-dessus et la représentation matricielle d'un des traitements de la fraction nous donne G_0, par exemple

$$^tG_0=(0,0,1).$$

Exemple 2 (suite). Ici $\mathcal{F}$ est d'ordre 16. Comme il s'agit d'une classe latérale d'un sous-groupe de $G=(\mathbb{Z}/2)^6$, identifions l'ensemble des unités à $H = (\mathbb{Z}/2)^4$.

H^* est donc produit direct de 4 sous-groupes cycliques d'ordre 2. Notons V_1, V_2, V_3 et V_4 les générateurs de ces sous-groupes.

Comme $\mathcal{F}$ est définie par la relation

$$\mathbb{I} = A_1A_3A_4A_6 = -A_2A_3A_4A_5$$

on peut utiliser la clé :

$$\begin{matrix} A_1 & A_2 & A_3 & A_4 & A_5 & A_6 \\ V_1 & V_2 & V_3 & V_4 & -V_2V_3V_4 & V_1V_3V_4. \end{matrix}$$

Alors la matrice K a pour transposée :

$$^tK = \begin{array}{c} \begin{matrix} A_1 & A_2 & A_3 & A_4 & A_5 & A_6 \end{matrix} \\ \left(\begin{array}{cccc|cc} & & & & 0 & 1 \\ & I_4 & & & 1 & 0 \\ & & & & 1 & 1 \\ & & & & 1 & 1 \end{array}\right) \begin{matrix} V_1 \\ V_2 \\ V_3 \\ V_4 \end{matrix} \end{array}$$

On peut aussi employer, par exemple, la clé :

$$\begin{matrix} A_1 & A_2 & A_3 & A_4 & A_5 & A_6 \\ V_1 & V_2 & V_3 & V_1V_2V_4 & -V_1V_3V_4 & V_2V_3V_4. \end{matrix}$$

Ici

$$^tK = \begin{array}{c} \begin{matrix} A_1 & A_2 & A_3 & A_4 & A_5 & A_6 \end{matrix} \\ \begin{pmatrix} 1 & 0 & 0 & 1 & 1 & 0 \\ 0 & 1 & 0 & 1 & 0 & 1 \\ 0 & 0 & 1 & 0 & 1 & 1 \\ 0 & 0 & 0 & 1 & 1 & 1 \end{pmatrix} \begin{matrix} V_1 \\ V_2 \\ V_3 \\ V_4 \end{matrix} \end{array}$$

Dans tous les cas G_0 est la matrice représentative d'un élément de

$$\mathcal{F} = S + (0,0,0,0,1,0), \text{ où } S = \mathcal{K}[H].$$

2. CONSTRUCTION DE FRACTIONS RÉGULIERES.

2.1. Fractions adaptées.

Définition 2.1. *Considérons deux familles hiérarchiques de parties de l'ensemble des facteurs: $\mathcal{H}$ et $\mathcal{H}'$ telles que $\mathcal{H}' \subset \mathcal{H}$. Notons*

$$\Theta = \oplus\{\Theta_J \mid J \in \mathcal{H}\} \text{ et } \Theta' = \{\Theta_J \mid J \in \mathcal{H}'\}.$$

Soit une fraction régulière et $\mathcal{F}$ l'ensemble de ses traitements. Supposons que le vecteur **Y** *des aléas observés vérifie*

$$\mathbb{E}\mathbf{Y} \in \mathrm{Im}_D \Theta.$$

Notons X la matrice des restrictions à $\mathcal{F}$ des vecteurs de la base de Yates qui engendrent Θ,

$$X = (X_0 \mid X_1)$$

avec X_1 bloc de X obtenu par restriction des vecteurs engendrant Θ'.

Posons alors $$\mathbb{E}\mathbf{Y} = X_0\beta_0 + X_1\beta_1.$$

On dit que la fraction est $(\mathcal{H},\mathcal{H}')$-adaptée si β_1 est estimable.

Remarque. Nous reprenons ici une terminologie introduite par BARRA [1971] à propos du test d'hypothèse linéaire dans un modèle linéaire gaussien.

Nous nous intéressons ici à la construction d'une fraction régulière adaptée, plus précisément du sous-groupe *S* de *G* dont l'ensemble des traitements est une classe latérale, en supposant $\mathcal{H}$ et $\mathcal{H}'$ fixées.

Pour y parvenir nous procédons en deux étapes.
1) Nous déterminons le groupe de contrastes de définition de toute fraction adaptée.
2) Ce groupe étant connu, nous construisons son orthogonal dans G^*.

Définition 2.2. *Reprenons les notations de la définition 2.1.*

On appelle

(i) contrastes requis les vecteurs de la base de Yates engendrant Θ''

(ii) contrastes inéligibles (comme contrastes de définition d'une fraction adaptée) les contrastes requis et les produits d'Hadamard d'un contraste requis et d'un des vecteurs de la base engendrant Θ.

Outre $\mathbb{1}$, on appelle contrastes éligibles (comme contrastes de définition) les éléments de G^* qui ne sont pas inéligibles.

On introduit les contrastes inéligibles pour les deux raisons suivantes. Soit χ un contraste requis.

1) Tout d'abord le paramètre associé à χ doit être estimable par une fraction adaptée. Par conséquent les vecteurs de la base de Yates de Θ' ne peuvent être des contrastes de définition.

2) Par ailleurs le conjugué $\overline{\chi}$ de χ est lui-même requis puisque χ et $\overline{\chi}$ engendrent le même sous-groupe cyclique de G^*. Supposons alors qu'il y ait dans la base de Yates de Θ un vecteur χ' tel que $\chi \odot \chi'$ soit un contraste de définition. Par produit d'Hadamard il s'ensuit que les restrictions à $\mathcal{F}$ de $\overline{\chi}$ et χ' sont colinéaires. Par conséquent le paramètre associé à $\overline{\chi}$ n'est pas estimable par $\mathcal{F}$ et la fraction n'est pas adaptée. Ainsi $\chi \odot \chi'$ est inéligible comme contraste de définition.

Remarques. 1) Par commodité $\mathbb{I}$, l'élément neutre de G^*, est considéré aussi bien comme un contraste éligible que comme inéligible.

2) Pour toute fraction régulière de résolution R=2r+1 on a $\mathcal{H}' = \mathcal{H}$. Les contrastes requis sont les éléments de G^* qui sont de poids r au plus et les contrastes inéligibles ceux qui sont de poids r+r = 2r au plus. Ainsi, outre $\mathbb{I}$, sont seuls éligibles les éléments de G^* qui sont de poids 2r+1 au moins.

Pour toute fraction de résolution R=2r les contrastes requis sont les éléments de G^* de poids r-1 au plus, les contrastes inéligibles ceux de poids (r-1)+r = 2r-1. Donc, outre $\mathbb{I}$, seuls sont éligibles les éléments de G^* de poids 2r au moins.

On retrouve bien la propriété énoncée dans la proposition 1.10.

3) Le groupe des contrastes de définition est formé de contrastes éligibles mais ceux-ci ne peuvent-être pris n'importe comment. Ainsi dans l'exemple 2, les contrastes

$$A_1A_2A_3A_4 \quad \text{et} \quad A_2A_3A_4A_5$$

qui sont tous deux éligibles ne peuvent être simultanément contrastes de définition d'une fonction de résolution IV. En effet, leur produit d'Hadamard, qui est égal à A_1A_5, est inéligible.

Exemple 3. Soit $\mathcal{E}$ un ensemble de traitements identifié à $G=(\mathbb{Z}/3)^5$. Notons A_i, i=1,⋯,5, les générateurs canoniques de G^*. Supposons

$$\mathcal{H}' = \mathcal{H} = \{\emptyset,\{1\},\cdots,\{5\},\{1,2\},\{2,4\}\}$$

C'est une famille hiérarchique de parties de I={1,⋯,5}.

On a ici pour contrastes requis :

1) $\mathbb{I}$, les A_i, i=1,⋯,5, et leur conjugués $\overline{A_i}$,

2) A_1A_2, $A_1\overline{A_2}$ et leurs conjugués $\overline{A_1A_2}$ et $\overline{A_1}A_2$,

3) A_2A_4, $A_2\overline{A_4}$ et leurs conjugués $\overline{A_2A_4}$ et $\overline{A_2}A_4$.

En effet Θ est somme directe de Θ', des $\Theta_{\{i\}}$, i=1,⋯,5, de

$$\Theta_{\{1,2\}} = \Theta_{A_1A_2} \oplus \Theta_{A_1\overline{A}_2} \quad \text{et} \quad \Theta_{\{2,4\}} = \Theta_{A_2A_4} \oplus \Theta_{A_2\overline{A}_4}.$$

Quant à l'ensemble des contrastes inéligibles il est formé de :

1) $\mathbb{I}$, des A_i et de leurs conjugués,

2) des A_iA_j et $A_i\overline{A_j}$, $(i,j)\in I^2$: j>i et de leurs conjugués,

3) des $A_iA_2A_1$, $A_iA_2\overline{A_1}$, $A_i\overline{A_2}A_1$, $A_i\overline{A_2A_1}$, i=3,4,5, et de leurs conjugués,

4) des $A_2A_4A_1$, $A_2A_4\overline{A_1}$, $A_2\overline{A_4}A_1$ et $A_2\overline{A_4A_1}$, i=3,5, et de leurs conjugués.□

Intéressons-nous maintenant à la relation entre contrastes inéligibles et taille d'une fraction régulière.

Proposition 2.3. *Toute fraction régulière adaptée est de taille au moins égale à l'ordre de tout sous-groupe de G^* formé de contrastes inéligibles.*

Démonstration. Soit S^0 le sous-groupe des contrastes de définition d'une fraction régulière adaptée et C un sous-groupe de G^* formé de contrastes inéligibles. On a

$$S^0 \cap C = \{\mathbb{1}\} \Rightarrow S = C^0 = G.$$

Ainsi $$\#G \leq (\#S)(\#C^0) \Rightarrow \#S \geq (\#G)/(\#C^0) = \#C.$$

Or $\#S$ est la taille de la fraction.□

Exemple 2 (suite). On extrait aisément de l'ensemble des contrastes inéligibles un sous-groupe d'ordre $2^3 = 8$, par exemple celui engendré par A_1,A_2 et A_3.

Mais, d'après la proposition III.2.4, on sait que toute fraction de résolution IV de plan 2^m comporte au moins 2m unités, ici 2×6=12. De plus, toute fraction régulière est de taille puissance de 2. Ainsi toute fraction régulière comporte ici 16 unités au moins.

Exemple 3 (suite). Tout sous-groupe de G^* engendré par

A_1,A_2 et l'un des A_i, i = 3,4,5,

ou bien par A_2,A_4 et l'un des A_i, i = 3,5,

est formé de contrastes inéligibles. Ainsi toute fraction régulière adaptée comporte ici 3^3=27 unités au moins.

2.2. Construction des fractions de plans p^m, p premier.

Relations génératrices.

Considérons les générateurs canoniques de G^*:

$$\chi_i,\ i=1,\cdots,m.$$

Supposons les tous du même ordre p, un nombre premier p. Identifions alors le groupe G à l'espace vectoriel $\mathbf{GF}(p)^m$ sur le corps de Galois $\mathbf{GF}(p)$ des restes des divisions entières par p.

Considérons l'isomorphisme de groupe

$$G^* \longrightarrow G = \overset{m}{\underset{i=1}{\times}} \mathbb{Z}/q_i$$
$$\chi = \underset{i}{\odot} \chi_i^{x_i} \longmapsto (x_i \mid i=1,\cdots,m).$$

Cet isomorphisme permet d'identifier G^* au dual de l'espace $\mathbf{GF}(p)^m$.

Soit S^0 le groupe des contrastes de définition d'une fraction. Ce groupe est engendré par des éléments de G^* dont les images par l'isomorphisme ci-dessus constituent une base du sous-espace du dual de $\mathbf{GF}(p)^m$ auquel S^0 est identifié. Représentons alors les générateurs de S^0 par les colonnes d'une matrice M, d'ordre m×(m−n), à éléments dans $\mathbf{GF}(p)$.

Toute opération élémentaire sur les colonnes de M (*i.e.* addition, produit par un scalaire, permutation de colonnes) modifie seulement les générateurs de S^0. Aussi peut-on transformer le système des générateurs de S^0, par une succession d'opérations élémentaires et par permutation des lignes de M si nécessaire, de façon à obtenir

$$M = \left(\frac{I_{m-n}}{{}^tB} \right),$$

où B désigne un quelconque bloc (m−n)×n à éléments dans $\mathbf{GF}(p)$. Chaque ligne de la matice M ainsi obtenue est associée à un générateur canonique de G^*.

On appelle alors *contrastes indicateurs* les m−n générateurs canoniques de G^* et *contrastes de référence* (ou improprement *contrastes de base*) les autres générateurs.

La fraction régulière identifiée à l'orthogonal S de S^0 (ou à une de ses classes latérales) peut donc être définie par une suite de m−n égalités où figure:

1) au premier membre un des m−n générateurs canoniques de G^*, à raison d'un contraste par relation.

2) au second membre, à un facteur racine de l'unité près, des produits d'Hadamard des contrastes de référence.

Ces égalités sont appelées *relations génératrices* d'une fraction régulière.

Exemple 2 (suite). Ici $G=(\mathbb{Z}/2)^6$ et les générateurs canoniques de G^* sont désignés par A_i, $i=1,\cdots,6$.

Pour la fraction définie par

$$\mathbb{I} = A_1A_3A_4A_6 = -A_2A_3A_4A_5$$

l'isomorphisme $G^* \longrightarrow (\mathbb{Z}/2)^6$, introduit ci-dessus, donne pour images aux deux générateurs du sous-groupe des contrastes de définition, à savoir $A_1A_3A_4A_6$ et $A_2A_3A_4A_5$, les deux vecteurs lignes de la matrice

$${}^tM = \left(I_2 \left| \begin{matrix} 1 & 1 & 0 & 1 \\ 1 & 1 & 1 & 0 \end{matrix} \right. \right).$$

On obtient par produit d'Hadamard deux relations génératrices pour cette fraction avec

1) A_1 et A_2 pour contrastes indicateurs,

2) A_3, A_4, A_5 et A_6 pour contrastes de référence.

Il s'agit ici de

$$A_1 = A_3A_4A_6 \text{ et } A_2 = -A_3A_4A_5.$$

Algorithme de FRANKLIN et BAILEY.

L'algorithme que nous présentons brièvement en fin de chapitre a été introduit par FRANKLIN et BAILEY [1977] pour les fractions de plans 2^m, puis étendu par FRANKLIN [1985] aux fractions de plans p^m, p premier. Un programme en langage FORTRAN le mettant en oeuvre a été publié par TURIEL [1988].

A partir de la liste des contrastes inéligibles, cet algorithme détermine des relations génératrices pour toute fraction adaptée qui est formée d'un sous-groupe de G.

Détermination des traitements d'une fraction adaptée.

G et G^* sont ici identifiés à l'espace vectoriel $\mathbf{GF}(p)^m$ et à son dual. Le groupe $S^0 < G^*$ des contrastes de définition d'une fraction régulière est alors vu comme le sous-espace engendré par des formes $\mathbf{GF}(p)$-linéaires fixées, précisées par les colonnes d'une matrice M de format $m \times (m-n)$.

L'ensemble $\mathcal{F} \subset G$ des traitements d'une fraction adaptée est donc formé dans ce cas par les solutions d'un système $\mathbf{GF}(p)$-linéaire

$$^t MY = C \pmod p, \quad C = (c_j),$$

d'inconnue le vecteur colonne Y. Quant au second membre, il est nul si $\mathcal{F}$ coïncide avec l'orthogonal $S < G$ de S^0. Sinon il comporte m-n éléments tels que la valeur prise sur $\mathcal{F}$ par le jème générateur de S^0 est égale à $\exp(i\, c_j 2\pi/p)$.

On peut résoudre ce système en recherchant une solution particulière et une famille génératrice du sous-espace S de G, de dimension m-(m-n) = n, lieu des solutions du système $\mathbf{GF}(p)$-linéaire

$$^t MY = 0 \pmod p.$$

Soit $^tM^-$ une matrice inverse généralisée de ^tM. On a

$$\mathrm{Ker}\,^tM = \mathrm{Im}(I - {^tM^-}\,{^tM}).$$

Par conséquent les colonnes non nulles de $I - {^tM^-}\,{^tM}$ constituent une famille génératrice de S.

Lorsque S^0 est défini par des relations génératrices ^tM est de la forme

$$^tM = \left(I_{m-n} \,\middle|\, B_{(m-n)xn} \right)$$

où B est un bloc à éléments dans $\mathbf{GF}(p)$. Soit $\mathcal{O}$ une matrice à éléments nuls. On a pour g-inverse de ^tM

$$ {}^{t}M^{-} = \left(\frac{I_{m-n}}{\mathcal{O}_{n\times(m-n)}} \right). $$

Il s'ensuit que S est engendré par les lignes de la matrice

$$ {}^{t}K = \left(-{}^{t}B \mid I_n \right). $$

Les solutions du système ${}^{t}MY = C \bmod p$ sont alors de la forme ,

$$ Y_0 + K\,\Lambda, $$

avec Λ vecteur colonne à éléments dans **GF**(p) et Y_0 solution particulière.

Remarque. On peut aussi rechercher n+1 solutions affinement indépendantes de ${}^{t}MY = C \bmod p$, tout élément de $\mathcal{F}$ est alors barycentre de ces solutions.

Exemple 2 (suite). Le groupe G est ici identifié à l'espace vectoriel $\mathbf{GF}(2)^6$ puisqu'on a $q_i = p = 2$ pour $i=1,\cdots,m$, avec $m= 6$.

La fraction considérée a pour relations de définition

$$ \mathbb{I} = A_1A_3A_4A_6 = -A_2A_3A_4A_5, $$

on a donc

$$ {}^{t}M = \left(\begin{array}{cc|cccc} 1 & 0 & 1 & 1 & 0 & 1 \\ 0 & 1 & 1 & 1 & 1 & 0 \end{array} \right) \text{ et } C = \begin{pmatrix} 0 \\ 1 \end{pmatrix}. $$

${}^{t}M$ est bien de la forme $\left(I_{m-n} \mid B \right)$.

L'ensemble $\mathcal{F}$ des traitements de la fraction est alors donné par

$$ Y_0 + K\,\Lambda \bmod 2, $$

où Λ est un quelconque vecteur colonne formé de 3 éléments de **GF**(2). On a par exemple

$$ K = \begin{pmatrix} 1 & 1 & 0 & 1 \\ 1 & 1 & 1 & 0 \\ 1 & 0 & 0 & 0 \\ 0 & 1 & 0 & 0 \\ 0 & 0 & 1 & 0 \\ 0 & 0 & 0 & 1 \end{pmatrix} \text{ et } Y_0 = \begin{pmatrix} 0 \\ 1 \\ 0 \\ 0 \\ 0 \\ 0 \end{pmatrix}. \square $$

Exemple 3 (suite). Considérons un sous-groupe S^0 de contrastes de définition obtenu au moyen de l'algorithme de FRANKLIN et BAILEY. Par exemple celui engendré par

$$ A_1A_3A_4 \text{ et } A_1\overline{A_3}A_5. $$

On a

$$ {}^{t}M = \left(\begin{array}{ccc|cc} 1 & 0 & 1 & 1 & 0 \\ 1 & 0 & 2 & 0 & 1 \end{array} \right), $$

qui est à éléments dans **GF**(3) et de la forme $(B \mid I_2)$. Le sous-espace S de G est engendré par les colonnes de

$$K = \begin{pmatrix} 1 & 0 & 0 \\ 0 & 1 & 0 \\ 0 & 0 & 1 \\ 2 & 0 & 2 \\ 2 & 0 & 1 \end{pmatrix}.$$

3. ANNEXE : ALGORITHME DE FRANKLIN ET BAILEY.

Notons respectivement

$$p^{n_0} \text{ et } \mathcal{C}_G$$

le minorant de la taille d'une fraction adaptée et une famille de générateurs des sous-groupes cycliques de G^* parmi lesquels les générateurs canoniques de G^*.

Les relations génératrices des fractions adaptées sont obtenues en deux étapes par l'algorithme de FRANKLIN et BAILEY.

3.1 Première étape.

La première étape est elle-même divisée en deux sous-étapes désignées ici A.1.1 et A.1.2.

A.1.1. On fixe n tel que $n_0 \leq n \leq m-1$.

(En général on procède itérativement en partant de $n = m-1$ puis en décrémentant n, ou bien en partant de $n = n_0$ puis en incrémentant n.)

A.1.2. On choisit m-n contrastes indicateurs parmi les générateurs canoniques de G^* qui sont inéligibles, puis on dresse une table à double entrée.

Entrées, têtes de colonnes: les contrastes indicateurs ;

têtes de ligne: les contrastes de référence et les éléments de $\mathcal{C}_G$ qui sont produits d'Hadamard de contrastes de référence,

Éléments : les produits d'Hadamard

(tête de ligne)⊙(tête de colonne).

Notons r le nombre des lignes de cette table.

Remarques. Le cas n=m est celui du plan complet qui est adapté quels que soient $\mathcal{H}$ et $\mathcal{H}'$.

Il est clair qu'une ligne dont la tête est un contraste de référence ne comporte aucun contraste éligible lorsque les singletons de I figurent parmi les éléments de $\mathcal{H}'$.

Remarque. Les têtes de lignes sont définies ici en tenant compte de la remarque suivante.

Considérons une fraction adaptée. Si le ième générateur de G^* est un contraste indicateur, permutons les niveaux du ième facteur de sorte que, $\forall\ y=(y_i\,|\,i=1,\cdots,m)\in G$,

$$y_i \longmapsto y_i t_i \bmod p, \text{ avec } t_i\in\mathbb{Z}/p \text{ fixé non nul.}$$

Nous obtenons ainsi une autre fraction adaptée puisque l'ensemble des contrastes requis engendre ici

$$\Theta' = \oplus\{\Theta_J\,|\,J\in\mathcal{H}'\}.$$

Les relations génératrices des deux fractions diffèrent seulement par leurs seconds membres. Plus précisément toute relation génératrice de la forme $\chi_i = \omega\chi$, avec $\chi\in\mathcal{C}_G$

s'écrit après permutation

$$\chi_i = \omega\chi^{p-t_i}, \text{ avec } \chi^{p-t_i} \notin\mathcal{C}_G$$

(**N.B.** χ et χ^{p-t_i} engendrent le même sous-groupe cyclique de G^*).

On définit ainsi une relation d'équivalence entre fractions adaptées. L'utilisation de cette relation permet d'accélérer la recherche des fractions adaptées. Comme le fait l'algorithme présenté ici, il suffit d'obtenir une fraction pour chaque classe d'équivalence, les autres fractions adaptées s'en déduisent sans peine en modifiant les seconds membres des relations génératrices comme précisé ci-dessus.

Exemple 3 (suite). Le domaine expérimental $\mathcal{E}$ est identifié au groupe $G = (\mathbb{Z}/3)^5$ et les A_i désignent les générateurs canoniques de G^*.

On souhaite construire une fraction adaptée $(\mathcal{H},\mathcal{H}')$-adaptée avec

$$\mathcal{H}' = \mathcal{H} = \{\varnothing,\{1\},\cdots,\{5\},\{1,2\},\{2,4\}\},$$

famille hiérarchique de parties de $I=\{1,\cdots,5\}$. On a donc pour

Contrastes requis:

1) $\mathbb{I}$, les A_i, $i=1,\cdots,5$, et leur conjugués $\overline{A_i}$,
2) A_1A_2, $A_1\overline{A_2}$ et leurs conjugués $A_1\overline{A_2}$ et $\overline{A_1}A_2$,
3) A_2A_4, $A_2\overline{A_4}$ et leurs conjugués $A_2\overline{A_4}$ et $\overline{A_2}A_4$.

Contrastes inéligibles:

1) $\mathbb{I}$, les A_i et leurs conjugués,
2) les A_iA_j et $A_i\overline{A_j}$, $(i,j)\in I^2$: $j>i$ et leurs conjugués,
3) les $A_1A_2A_i$, $A_1A_2\overline{A_i}$, $A_1\overline{A_2}A_i$ et $A_1\overline{A_2A_i}$, $i=3,4,5$ et leurs conjugués.

Ici toute fraction régulière adaptée comporte 27 unités au moins. Posons donc $n = n_0 = 3$ et choisissons pour contrastes indicateurs

$$A_4 \text{ et } A_5.$$

On a alors, par exemple, la table à double entrée suivante, où les éléments inéligibles sont indiqués par une astérisque. Remarquons que la table est ici simplifiée par élimination de toutes les lignes qui ont pour tête un contraste de référence. Comme nous l'avons remarqué plus haut, ces lignes sont en effet inutiles car les singletons de I figurent parmi les éléments de $\mathcal{H}'$.

$\mathcal{C}_G$	A_4	A_5
A_1A_2	$A_1A_2A_4$ *	$A_1A_2A_5$ *
$A_1\overline{A_2}$	$A_1\overline{A_2}A_4$ *	$A_1\overline{A_2}A_5$ *
A_1A_3	$A_1A_3A_4$	$A_1A_3A_5$
$A_1\overline{A_3}$	$A_1\overline{A_3}A_4$	$A_1\overline{A_3}A_5$
A_2A_3	$A_2A_3A_4$ *	$A_2A_3A_5$
$A_2\overline{A_3}$	$A_2\overline{A_3}A_4$ *	$A_2\overline{A_3}A_5$
$A_1A_2A_3$	$A_1A_2A_3A_4$	$A_1A_2A_3A_5$
$A_1A_2\overline{A_3}$	$A_1A_2\overline{A_3}A_4$	$A_1A_2\overline{A_3}A_5$
$A_1\overline{A_2}A_3$	$A_1\overline{A_2}A_3A_4$	$A_1\overline{A_2}A_3A_5$
$A_1\overline{A_2A_3}$	$A_1\overline{A_2A_3}A_4$	$A_1\overline{A_2A_3}A_5$

3.2. Deuxième étape.

Dans la deuxième étape on s'efforce de construire le groupe des contrastes de définition d'une fraction adaptée en empilant des éléments de la table construite lors de la première étape.

Plus précisément le jème élément de la pile est le couple

$$\left(i(j),\ T_{i(j),j}\right)$$

où i(j) est un pointeur et l'élément de la ième ligne et de la jème colonne de la table est désigné par $T_{i,j}$.

Pour une pile de longueur j-1 on décide d'empiler le couple

$$(i, T_{i,j})$$

si un sous-groupe de G^* formé uniquement de contrastes éligibles est engendré par les contrastes qui sont déja dans la pile et par $T_{i,j}$.

Dans la recherche d'un couple empilable on fait progresser de 1 à r (par pas de 1) l'indice de ligne i de la table .

Si le contraste $T_{r,j}$ n'est pas empilable, alors de deux choses l'une:

ou bien j=1, on revient à l'étape A.1.2 en changeant de contrastes indicateurs,

ou bien j>1, on extrait de la pile le couple

$$\left(i(j-1),\ T_{i(j-1),j-1}\right),$$

puis on reprend dans la (j-1)ème colonne la recherche d'un contraste empilable en commençant par celui qui figure dans la ligne i(j-1)+1.

Si $T_{i,j}$ est empilable, on pose i(j)=i et on ajoute le couple

$$\left(i(j),\ T_{i(j),j}\right)$$

à la pile. Si j<m-n, on passe à la colonne j+1 pour rechercher dans cette colonne un nouveau contraste empilable.

Si j=m-n, la pile contient un ensemble de générateurs du groupe des contrastes de définition d'une fraction adaptée.

Après avoir complété la liste des fractions adaptées, définies par des relations génératrices, on extrait de la pile le dernier élément et on reprend la recherche d'un contraste empilable dans la colonne m-n, à partir de celui figurant dans la ligne i(m-n)+1 de la table.

3.3. Résultats.

Pour un ensemble donné de contrastes inéligibles, cet algorithme atteint un double objectif.

Il permet tout d'abord de vérifier s'il existe une fraction adaptée de taille p^n pour diverses valeurs de n fixées par l'utilisateur, éventuellement pour toutes valeurs de n comprises entre n_0 et m-1.

Ensuite, pour toute fraction adaptée de taille p^n, il détermine m-n générateurs du groupe des contrastes de définition. Rappelons qu'il suffit de remplacer tout ou partie des seconds membres des relations génératrices par une de leurs puissances (distinctes de 0 mod p) pour obtenir une fraction adaptée équivalente.

Exemple 3 (suite). On obtient ainsi une première fraction régulière définie par les relations

$$A_4 = \overline{A_1A_3} \text{ et } A_5 = \overline{A_1}A_3$$

lorsque cette fraction est identifiée à un sous groupe de *G*.

On en déduit les trois relations génératrices suivantes qui nous donnent des fractions équivalentes

1) $A_4 = A_1A_3$ et $A_5 = \overline{A_1}A_3$
2) $A_4 = \overline{A_1A_3}$ et $A_5 = A_1\overline{A_3}$
3) $A_4 = A_1A_3$ et $A_5 = A_1\overline{A_3}$.

RÉFÉRENCES.

BAILEY,R.A.[1977]. Patterns of confounding in factorial experiments. *Biometrika* 64:597-603.

BAILEY,R.A.[1985]. Factorial designs and abelian groups. *Lin. Algebra Appl.* 70:349-363.

BAILEY,R.A.,GILCHRIST,F.H.L.,PATTERSON,H.D.[1977]. Identification of effects and confounding patterns in factorial designs. *Biometrika* 64: 347-354.

BARRA,J.R.[1971]. *Notions fondamentales de Statistique mathématique.* Dunod, Paris.

BOSE,R.C. [1977]. Mathematical theory of symmetric factorial design. *Sankhyā* 8:107-166.

BOX,G.E.P., HUNTER,J.S.[1961]. The 2^{k-p} fractional factorial designs. *Technometrics* 3, I:311-351, II:448-458.

EL MOSSADEQ, A., KOBILINSKY, A., COLLOMBIER, D. [1985]. Construction d'orthogonaux dans les groupes abéliens finis et confusion d'effets dans les plans factoriels. *Lin. Algebra Appl.* 70:303-320.

FINNEY, D.J. [1945]. The fractional replication of factorial arrangements. *Ann. Eugenics* 12:291-301.

FISHER,R.A.[1942]. The theory of confounding in factorial experiments in relation to the theory of groups. *Ann. Eugenics* 12:341-353.

FRANKLIN,M.F. [1985]. Selecting defining contrasts an confounded effects in p^{n-m} factorial experiments. *Technometrics* 27:165-172.

FRANKLIN,M.F., BAILEY,R.A.[1977]. Selection of defining contrasts and confounded effects in Two-level experiments. *Appl. Statist.* 26:321-326.

KOBILINSKY,A.[1985]. Confounding in relation to duality of finite abelian groups. *Lin. Algebra Appl.* 70:321-347.

KOBILINSKY,A.,MONOD,H.[1991]. Experimental designs generated by group morphisms: an introduction. *Scand. J. Statist.* 18:119-134.

LANG,S.[1965]. *Algebra.* Addison-Wesley, New York.

PATTERSON, H.D.[1976]. Generation of factorial designs. *J. Roy. Statist. Soc.* B 38:175-179.

PATTERSON,H.D., BAILEY,R.A.[1978]. Design keys for factorial experiments. *Appl. Statist.* 27:335-343.

RAKTOE,B.L.[1969]. Combining elements from distinct finite fields in mixed factorials. *Ann. Math. Statist.* 40:498-504.

TIPPET,L.H.C.[1935]. Some applications of statistical methods to the study of variation of quality in the production of cotton yarn (with discussion). *J. Roy. Statist. Soc.* **B** 1:27-62.

TURIEL,T.P.[1988]. A FORTRAN program to generate fractional factorial experiments. *J. Quality Technology* 20:63-72.

WHITE,D., HULTQUIST,R.A.[1965]. Construction of confounding plans for mixed factorial designs. *Ann. Math. Statist.* 36:1256-1271.

6 Fractions optimales

Le recours aux fractions de plans factoriels qui ont la structure de tableaux orthogonaux peut se justifier de diverses manières. Nous nous plaçons ici du point de vue de l'efficacité des estimations des paramètres, plus précisément de l'optimalité des plans.

Nous précisons tout d'abord les critères utilisés. Tout d'abord, dans la première partie de ce chapitre, nous envisageons les critères simples, aussi bien ceux de la A-, D- et E-optimalité que, plus généralement, ceux de la ϕ_p-optimalité.

Dans la deuxième partie nous envisageons les multicritères. Il s'agit des classes qui définissent *l'optimalité universelle* d'une part, *l'optimalité générale* (c'est-à-dire les critères de type I de CHENG) d'autre part. Toutes ces classes incluent les critères classiques de ϕ_p-optimalité.

Dans la troisième partie nous appliquons aux fractions de plans factoriels les conditions d'optimalité universelle ou générale introduites précédemment. Nous justifions ainsi l'utilisation des tableaux orthogonaux de force fixée comme fractions de plans factoriels par leurs propriétés d'optimalité universelle. Il s'agit là d'un résultat du à MUKERJEE [1982] et repris par KOBILINSKY [1990].

Nous en venons ensuite aux propriétés d'optimalité générale des fractions de résolution impaire qui sont obtenues en ajoutant une ou deux expériences à un tableau orthogonal. Nous utilisons la base de YATES pour étendre une propriété des fractions de plans 2^m démontrée par CHENG [1980a].

Nous étudions enfin le cas des fractions de plan 2^m de résolution III formées en ajoutant deux expériences à un tableau orthogonal de force 2 en nous fondant sur un travail de JACROUX, WONG et MASARO [1983].

Dans la dernière partie nous passons brièvement en revue d'autres résultats connus sur la D- et A-optimalité de fractions de résolution III de plans 2^m, en particulier pour celles qui sont de taille $n \equiv 3 \mod 4$.

Dans un souci de brièveté nous n'envisageons pas ici la construction automatique des plans optimaux, en particulier D-optimaux. C'est un sujet qui a donné lieu à de nombreux travaux. On trouvera un état récent de la question dans le livre d'ATKINSON et DONEV [1992] et des compléments dans les articles de NGUYEN et MILLER [1992], de MEYER et NACHTSHEIM [1995] .

1. EFFICACITÉ - OPTIMALITÉ.

2.1. Critères de U-efficacité/optimalité.

Définition 1.1. *Etant donné un modèle linéaire, soit $\mathcal{D}$ une classe de plans d'expériences de même taille (c'est-à-dire qui ont le même nombre d'unités) et F un espace de fonctions paramétriques.*

Supposons toutes les fonctions de F estimables quel que soit le plan $d \in \mathcal{D}$ utilisé et notons

$$\mathrm{Var}_d K\hat{\beta}$$

la variance de l'estimateur de Gauss-Markov de $k^*[\beta] = K\beta$ obtenu au moyen du plan d.

On dit d'un plan $d \in \mathcal{D}$ qu'il est uniformément aussi efficace que le plan $d' \in \mathcal{D}$ pour l'estimation de toute fonction de F si

$$\mathrm{Var}_d K\hat{\beta} \le \mathrm{Var}_{d'} K\hat{\beta}$$

quelle que soit $k^* \in F$. On dit qu'il est uniformément plus efficace si cette inégalité est stricte pour une fonction de F au moins.

On dit qu'un plan $d^* \in \mathcal{D}$ est uniformément optimal sur $\mathcal{D}$ pour l'estimation de toute fonction de F si pour tout $d \in \mathcal{D}$ et pour tout $k^* \in F$

$$\mathrm{Var}_{d^*} K\hat{\beta} \le \mathrm{Var}_d K\hat{\beta}.$$

Remarque. Les critères ci-dessus sont dits de *U-efficacité* ou de *U-optimalité*.

Etant donné une famille génératrice de *F* à éléments représentés par les lignes d'une matrice K, notons

$$\mathrm{Cov}_d\, K\hat{\beta}$$

la matrice de covariance de l'estimateur de Gauss-Markov de $K\beta$ obtenu au moyen du plan *d*. Alors *d* est uniformément aussi efficace que le plan *d'* si et seulement si

$$\mathrm{Cov}_{d'} K\hat{\beta} - \mathrm{Cov}_d K\hat{\beta} \ge 0,$$

c'est-à-dire est définie non-négative.

Comparer des plans au moyen des critères de U-efficacité revient donc à utiliser l'ordre de Loewner sur les opérateurs de covariance des estimateurs de $K\beta$.

Il est clair que pour tout $k^* \in F$ et pour tout $a \neq 0$

$$\mathrm{Var}_d K\hat{\beta} \le \mathrm{Var}_{d'} K\hat{\beta} \Leftrightarrow \mathrm{Var}_d (aK\hat{\beta}) \le \mathrm{Var}_{d'} (aK\hat{\beta}).$$

Donc, si *F* est de dimension 1, tous les plans de $\mathcal{D}$ sont comparables au moyen du critère de U-efficacité qui est alors un critère simple et qui induit un préordre total sur $\mathcal{D}$.

Par contre, lorsque *F* est de dimension 2 ou plus, le critère de U-efficacité - qui est alors un multicritère - ne permet pas toujours de comparer deux plans. On peut en effet avoir

$$\mathrm{Var}_d K\hat{\beta} \leq \mathrm{Var}_{d'} K\hat{\beta}$$

pour certaines fonctions $k^* \in F$ et l'inégalité inverse pour les autres. Ainsi le critère de U-efficacité n'induit en général qu'un préordre partiel sur $\mathcal{D}$, d'où le recours à des critères simples comme ceux de la D-, A- ou E-efficacité présentés ci-après.

Lorsqu'on compare des plans au moyen du critère de U-efficacité on suppose que toutes les fonctions paramétriques de F présentent un intérêt pour l'analyse des résultats expérimentaux, non seulement des fonctions de base pour F, mais également toutes leurs combinaisons linéaires.

Mais ce n'est pas toujours le cas, on peut très bien n'être intéressé que par certaines fonctions de base pour F et éventuellement par quelques unes de leurs combinaisons linéaires. C'est par exemple le cas avec les plans de pesée où l'intérêt porte essentiellement sur l'estimation des seuls poids individuels et parfois de leur somme. Si tel est le cas, il vaut mieux utiliser comme critères d'efficacité les variances des estimateurs des seules fonctions qui présentent un intérêt.

Soit un modèle linéaire où

$$\mathbb{E}Y = X_0\beta_0 + X_1\beta_1$$

avec β_0 paramètre de nuissance. Notons P_0 le projecteur orthogonal de $\mathbb{R}^n$ sur $\mathrm{Im}X_0$. Considérons une fonction paramétrique estimable: $K\beta_1$.

D'après ce que nous avons vu dans le chapitre 1, l'estimateur de Gauss-Markov de cette fonction paramétrique a une variance qui dépend de la matrice d'information sur β_1:

$$C = {}^tX_1(I-P_0)X_1,$$

qui n'est autre que la matrice des coefficients de l'équation normale réduite.

Il est donc particulièrement utile de pouvoir comparer des plans, ou de caractériser des plans U-optimaux, au moyen de ces matrices. D'où l'intérêt du résultat suivant.

Proposition 1.2. *Soit un modèle linéaire où*

$$\mathbb{E}Y = X_0\beta_0 + X_1\beta_1$$

et P_0 *le projecteur orthogonal sur* $\mathrm{Im}\ X_0$.

Considérons un espace F *de fonctions paramétriques ne dépendant que de* β_1 *et une classe* $\mathcal{D}$ *de plans telle que*

$$F = \mathrm{Im}\,{}^tX_1(I-P_0)X_1,$$

bien que les matrices X_0 *et* X_1 *soient fonction du plan* $d\in\mathcal{D}$ *utilisé.*

Notons

$$C_d = {}^tX_1(I-P_0)X_1$$

la matrice d'information sur β_1 *obtenue au moyen du plan* $d\in\mathcal{D}$.

Alors le plan d est uniformément aussi efficace que le plan $d' \in \mathcal{D}$ pour l'estimation de toute fonction F si et seulement si

$$C_d \geq C_{d'}$$

où ≥ désigne l'ordre de Loewner.

Il faut et suffit que $d \in \mathcal{D} \Rightarrow C_{d^*} \geq C_d$.

pour qu'un plan $d^* \in \mathcal{D}$ soit U-optimal sur $\mathcal{D}$ pour l'estimation de toute fonction de F

La démonstration de cette proposition repose sur le lemme suivant prouvé par MILLIKEN et AKDENIZ [1977] et par WU [1980].

Lemme 1.3. *Soient C_1 et C_2 deux matrices carrées symétriques semi-définies positives. Notons C_1^+ et C_2^+ leurs pseudo-inverses.*

Pour l'ordre de Loewner on a $C_1 \geq C_2$ si et seulement si

$$C_1^+ \leq C_2^+.$$

Démonstration de la proposition 1.2. Cette proposition résulte directement du lemme 1.3.

En effet d est aussi U-efficace que le plan d' si et seulement si

$$C_d^+ \leq C_{d'}^+,$$

car d'une part $F = \mathrm{Im}C_d$, $\forall d \in \mathcal{D}$,

et d'autre part $\mathrm{Cov}_d K\hat{\beta} = \sigma^2 K\, C_d^{+t}K$, $\forall k^* \in F$.

D'où, d'après le lemme 1.3,

$$\mathrm{Cov}_d K\hat{\beta} \leq \mathrm{Cov}_{d'} K\hat{\beta} \iff C_d \geq C_{d'}. \square$$

2.2. Critères de A-, D- et E-efficacité/optimalité.

Comme nous l'avons remarqué le critère de U-efficacité n'induit, en général, qu'un préordre partiel sur une classe donnée, $\mathcal{D}$, de plans expérimentaux. Pour permettre de comparer deux à deux tous les plans de $\mathcal{D}$, on préfère donc souvent recourir à un critère simple qui a des propriétés de monotonie (par rapport à l'ordre de Loewner), de convexité et d'invariance.

Les critères de ce type les plus utilisés sont dits de *A-*, *D-* et *E-efficacité*, ils appartiennent à une famille de critères simples définis comme suit.

Définition 1.4. *Etant donné un modèle linéaire, soit F un espace de fonctions paramétriques de dimension* q *et $\mathcal{D}$ une classe de plans tels que toute fonction de F est estimable par chacun des plans de $\mathcal{D}$.*

Considérons une base orthonormée de F constituée par les lignes d'une matrice K. *Notons*

$$\sigma^2 V_d = \mathrm{Cov}_d K\hat{\beta}$$

la matrice de covariance de l'estimateur de Gauss-Markov de Kβ obtenu au moyen du plan d∈𝒟.

Pour 0<p<∞ on appelle critère de ψ_p-efficacité la fonction

$$\psi_p(V_d) = \left(\frac{1}{q}\ \mathrm{trace}\ V_d^p\right)^{1/p}.$$

Complétons cette classe de critères en lui adjoignant les limites

$$\psi_0 = \lim_{p\to 0} \psi_p \quad et \quad \psi_\infty = \lim_{p\to\infty} \psi_p,$$

et appelons la par commodité classe des critères de ψ-otimalité.

Soit d et d' deux plans de 𝒟. Alors si

$$\psi_p(V_d) \le \psi_p(V_{d'}) .$$

d est dit ψ_p-plus-efficace que d' pour l'estimation de toute fonction de F.

Un plan d∈𝒟 tel que*

$$\psi_p(V_{d*}) = \mathrm{Min}_{\mathcal{D}}\ \psi_p(V_d).$$

est dit ψ_p-optimal sur 𝒟 pour l'estimation de toute fonction de F.

Quand p=1 on compare donc les plans de 𝒟 en utilisant la moyenne des valeurs propres des matrices V_d puisqu'on a

$$\psi_1(V_d) = q^{-1}\mathrm{trace}\ V_d.$$

Le critère prend alors le nom de *critère de A-efficacité.*

Pour p=0 et p=∞ on a l'interprétation suivante du critère de ψ_p-efficacité.

Proposition 1.5. *Pour tout plan d on a*

$$\psi_0(V_d) = (\det\ V_d)^{1/q} \quad \text{et} \quad \psi_\infty(V_d) = \mathrm{Max}_i\ \lambda_i[V_d],$$

où les $\lambda_i[V_d]$ sont les valeurs propres de V_d.

Démonstration. Voir HEDAYAT [1981].□

Lorsque p=0 on dit qu'on utilise le *critère de D-efficacité.* En effet, comme q≥1 on compare les plans au moyen des déterminants des matrices V_d. Quant à ψ_∞, il est dit *critère de E-efficacité.*

Remarque. Les critères A-, D- et E-efficacité utilisent des caractéristiques des ellipsoïdes de concentration des vecteurs aléatoires $K\hat{\beta}$ obtenus au moyen des plans de 𝒟. Il s'agit respectivement de la somme des diamètres, du plus grand des diamètres, enfin du volume de cet ellipsoïde.

Remarque. Comme V est régulière pour tout plan *d∈𝒟*, tout critère de ψ-efficacité peut être considéré comme fonction de V^{-1}, c'est-à-dire de la matrice d'information sur Kβ. Pour p fixé on le note alors

$$\phi_p(W_d), \text{ avec } W_d = V_d^{-1},$$

et on l'appelle critère de ϕ_p-efficacité.

Comme on le verra plus loin (voir proposition 1.10), il est plus pratique d'utiliser les critères de ϕ-efficacité quand leur argument s'exprime simplement en fonction de la matrice des coefficients d'une équation normale (globale ou réduite).

Étudions maintenant les propriétés de monotonie, d'invariance et de convexité des critères de ψ-efficacité.

Proposition 1.6. *Tout critère de ψ-efficacité est une fonction monotone croissante (on dit encore isotone) relativement à l'ordre de Loewner sur les opérateurs de covariance.*

La démonstration de cette propriété repose sur le lemme suivant.

Lemme 1.7. *Soit la suite pleine décroissante des valeurs propres de* V_d :

$$(\lambda_1[V_d],\cdots,\lambda_q[V_d]) .$$

Si $V_{d'} \geq V_d$ *pour l'ordre de Loewner, on a* $\lambda_i[V_{d'}] \geq \lambda_i[V_d]$ $\forall$i.

Il s'agit d'un résultat connu. On en trouvera une démonstration dans MARSHALL et OLKIN [1979 § 20 A]. C'est en fait une conséquence immédiate de la proposition 2.5 énoncée plus loin.

Démonstration de la proposition 1.6. D'après le lemme 1.7,

$$V_{d'} \geq V_d \Rightarrow \lambda_i[V_{d'}] \geq \lambda_i[V_d], \ \forall \ i.$$

Donc $\psi_\infty(V_{d'}) \geq \psi_\infty(V_d)$ puisque $\psi_\infty(V_d) = \lambda_1[V_d]$.

On a également $\psi_p(V_{d'}) \geq \psi_p(V_d)$ pour tout p tel que $0 \leq p < \infty$ car

$$\frac{\partial \psi_p}{\partial \lambda_i} > 0 \ \forall \ i. \ \square$$

Remarque. Quant aux critères de ϕ-efficacité, ce sont clairement des fonctions monotones décroissantes relativement à l'ordre de Loewner sur les matrices d'information, c'est-à-dire sur les inverses des matrices de covariance de $K\hat{\beta}$, $\forall d \in \mathcal{D}$.

Les critères de ψ- et de ϕ-efficacité ne sont fonctions que des valeurs propres de

$$V_d = \sigma^{-2}\text{Cov } K\hat{\beta} \ (= W_d^{-1}), \ d \in \mathcal{D}.$$

Donc ils ne dépendent pas de la base orthonormale de F utilisée pour construire la matrice K. On a ainsi la propriété suivante.

Proposition 1.8. *Les critères de ψ- et de ϕ-efficacité sont orthogonalement invariants, autrement dit on a pour tout automorphisme* P *du* *groupe orthogonal sur* $\mathbb{R}^q$

$$\psi_p(V_d) = \psi_p(P\, V_d\, {}^tP) \text{ et } \phi_p(W_d) = \phi_p(P\, W_d\, {}^tP),$$

quel que soit p, $0 \le p \le \infty$, *pour tout plan* $d \in \mathcal{D}$.

Considérés comme des fonctions des valeurs propres des matrices V et W respectivement, les critères de ψ- et de ϕ-efficacité ont des propriétés de convexité que nous allons prouver maintenant en utilisant un critère usuel de convexité pour les fonctions continûment différentiables à l'ordre 2 sur un ouvert A de $\mathbb{R}^q$.

Ces propriétés résultent de la nature de la forme quadratique associée à la matrice hessienne de la fonction. Si cette forme est semi-definie positive (resp. négative) sur A, la fonction est convexe (resp. concave), voir par exemple MARSHALL et OLKIN [1979] § 16 B 3.

Proposition 1.9. *Tout critère de* ψ*-efficacité, considéré comme la fonction définie sur* $A =]0,\infty[^q$ *égale à :*

$$\psi_p(\lambda_1,\cdots,\lambda_q) = (\frac{1}{q}\, \Sigma_i \lambda_i^{\,p})^{1/p} \text{ pour } 0<p<\infty,$$
$$\psi_0 = \lim_{p\to 0} \psi_p,\ \psi_\infty = \lim_{p\to\infty} \psi_p,$$

est convexe pour $1 \le p \le \infty$ *et concave pour* $0 \le p \le 1$.

Démonstration. Pour tout $0<p<\infty$, le critère de ψ-efficacité est continûment différentiable à l'ordre 2 sur l'ouvert $A =]0,\infty[^q$ et il a pour matrice hessienne

$$\nabla^2\psi_p = (1-p)q^{-2}(\frac{1}{q}\,\Sigma_i\lambda_i^p)^{1/p-2}\, D^{p/2-1}\Big(D^{p/2}J\,D^{p/2} - (\Sigma_i\lambda_i^p)I\Big)\, D^{p/2-1},$$

où $D = \mathrm{Diag}\,(\lambda_1,\cdots,\lambda_q)$.

La forme quadratique associée à $\nabla^2\psi_p$ a même nature que la forme associée à

$$(1-p)\,\Big(-(\Sigma_i\lambda_i^p)\,I + D^{p/2}J\,D^{p/2}\Big).$$

Or, cette dernière matrice deux valeurs propres distinctes:

1) $(p-1)\Sigma_i\lambda_i^p$ de multiplicité $(q-1)$,

2) 0 de multiplicité 1.

Par conséquent, cette matrice hessienne est semi-définie négative pour $p<1$ et le critère est alors concave. Pour $p>1$, cette matrice est semi-définie positive et ψ_p est convexe. Quant à ψ_1 il dépend linéairement des λ_i.

Par passage aux limites on en déduit que ψ_0 est concave et que ψ_∞ est convexe.□

Proposition 1.10. *Tout critère de* ϕ*-efficacité, considéré comme une fonction définie sur* $A =]0,\infty[^q$, *égale à*

$$\phi_p(\mu_1,\cdots,\mu_q) = (\frac{1}{q}\, \Sigma_i\, \mu_i^{-p})^{1/p} \text{ pour } 0<p<\infty,$$

$$\phi_0 = \lim_{p\to 0} \phi_p, \quad \phi_\infty = \lim_{p\to\infty} \phi_p$$

est convexe pour tout p, $0\le p\le\infty$.

Démonstration. Supposons tout d'abord $1\le p<\infty$. Alors le critère de ψ-efficacité :

$$\psi_p(\lambda_1,\cdots,\lambda_q)$$

est convexe d'après la proposition 1.9. De plus, c'est une fonction croissante par rapport à chacun des λ_i puisque son gradient

$$\nabla\psi_p = \frac{1}{q}\left(\frac{1}{q}\Sigma_i\lambda_i^p\right)^{1/p-1} D_1^{p-1}\mathbb{1}, \text{ avec } D_1 = \mathrm{Diag}(\lambda_1,\cdots,\lambda_q),$$

est à composantes positives. Il en est de même pour ψ_∞.

D'autre part, $\lambda_i = \mu_i^{-1}$ est fonction convexe de μ_i $\forall i$. Aussi

$$\phi_p(\mu_1,\cdots,\mu_q)$$

est-elle convexe pour $1\le p\le\infty$, d'après des propriétés classiques des fonctions convexes, voir par exemple MARSHALL & OLKIN [1979] § 16B 7.

Considérons maintenant le cas $0<p<1$. Alors le critère de ϕ-efficacité est continûment différentiable à l'ordre 2 sur $A =]0,\infty[^q$ et a une matrice hessienne semi-définie positive. Si $D_2 = \mathrm{Diag}(\mu_1,\cdots,\mu_q)$, on a en effet

$$\nabla^2\phi_p = \frac{1}{q}\left(\frac{1}{q}\Sigma_i\mu_i^{-p}\right)\frac{1-p}{p} D_2^{-(p+1)}\left((p+1)D_2^p + \frac{1-p}{q}J\right) D_2^{-(p+1)},$$

qui est combinaison linéaire à coefficients positifs de deux matrices semi-définies positives. Par conséquent ϕ_p est convexe dans ce cas.

Par passage à la limite, on en déduit que ϕ_0 est convexe. □

Ainsi, à la différence des critères de ψ-efficacité, les critères de ϕ-efficacité sont convexes pour tout p tel que $0\le p\le\infty$. On a là une des raisons pour lesquelles les critères de ϕ-efficacité sont utilisés de préférence.

Pour la comparaison de plans expérimentaux on emploie en général le critère suivant pour p fixé, fini non-nul, qui est équivalent au critère de ϕ-efficacité

$$\phi_p^* = \Sigma_i\ \mu_{i,d}^{-p}\ , \text{ avec } \mu_{i,d}$$

valeur propre de la matrice d'information de l'estimateur de Gauss-Markov de $K\beta$ obtenu au moyen du plan $d\in\mathcal{D}$. Quant au critère de D-efficacité, il est équivalent au critère

$$\phi_0^* = \Sigma_i(-\log\ \mu_{i,d}).$$

Pour la recherche de plans optimaux on peut donc se servir de la condition suivante due à KIEFER [1975].

Proposition 1.11. *Soit la matrice d'information de l'estimateur de* $K\beta$ *obtenu au moyen du plan* $d\in\mathcal{D}$: W_d. *Notons respectivement*

$$(\mu_{1,d},\ldots,\mu_{q,d}) \quad \textit{et} \quad w_{j,d}$$

la suite pleine des valeurs propres et le jème élément diagonal de cette matrice. Considérons un critère d'optimalité de la forme

$$\phi[W_d] = \Sigma_i\, f(\mu_{i,d}),$$

avec f *fonction convexe sur* $]0,\infty[$.

Supposons qu'il existe un plan $d^*\in\mathcal{D}$ *tel que :*

$$W_{d^*} = a\ I_q,\ \textit{avec a réel non nul, et}$$

$$\Sigma_j\, f(w_{j,d^*}) = \mathrm{Min}_{\mathcal{D}}\ \Sigma_j\, f(w_{j,d}),$$

Alors ce plan est ϕ*-optimal sur* $\mathcal{D}$ *pour l'estimation de toute fonction paramétrique de l'espace F engendré par les lignes de* K.

Démonstration. Soit $P = (p_{ij})$ telle que ${}^tPP = I$ la matrice d'une base orthonormée de vecteurs propres de W_d et $e_{ij} = p_{ij}^2$.

On a $\Sigma_i e_{ij} = \Sigma_j e_{ij} = 1$. De plus,

$$W_d = P\ \mathrm{Diag}[\mu_{i,d}]\,{}^tP, \quad \Rightarrow \quad w_{j,d} = \Sigma_i \mu_{i,d} e_{ij}\ \ \forall j.$$

Comme f est convexe, il vient alors pour tout j

$$f(w_{j,d}) = f[\Sigma_i e_{ij}\mu_{i,d}] \le \Sigma_i e_{ij}\ f(\mu_{i,d}),$$

avec égalité si les valeurs propres $\mu_{i,d}$ sont toutes égales. On a donc

$$\Sigma_j\ f(w_{j,d}) \le \Sigma_j\ f(\mu_{i,d}) = \phi[W_d],$$

car $\Sigma_j e_{ij} = 1$, avec égalité si les $\mu_{i,d}$ sont égales.

Or les valeurs propres μ_{i,d^*} sont égales et on a par hypothèse

$$\Sigma_j\ f(w_{j,d^*}) \le \Sigma_j\ f(w_{j,d}).$$

Par conséquent d^* est ϕ-optimal sur $\mathcal{D}$. □

2. MULTICRITERES D'OPTIMALITÉ.

Nous considérons tout d'abord la classe de critères qui servent à la définition de l'optimalité universelle. Ce type d'optimalité a été introduit par KIEFER [1975] (voir aussi CHENG [1985]), mais ici nous retenons une définition due à BONDAR [1983]. D'autres variantes sont proposées, voir à ce sujet HEDAYAT [1981] et SHAH & SINHA [1989].

2.1. Ordre de Schur.

On trouvera dans le livre de MARSHALL & OLKIN [1979] (désigné ici M.O.) toutes informations sur les *relations d'ordre de Schur* et sur les *fonctions Schur-convexes*. Nous nous limitons ici au rappel des seules définitions et propriétés indispensables pour la suite en nous plaçant dans le cas particulier de la comparaison des spectres des matrices symétriques.

Soit $\mathcal{S}_q$ l'ensemble des matrices carrées et symétriques d'ordre q. Pour toute matrice M de cette classe, notons

$$\lambda[M] = \{\lambda_i[M] \mid i=1,\cdots,q\}:\ j>i \Rightarrow \lambda_j[M] \le \lambda_i[M].$$

la suite pleine décroissante de ses valeurs propres, appelée *spectre de* M.

Définition 2.1. *Soit* M_1 *et* M_2 *deux matrices de* $\mathcal{S}_q$. *On pose*

$$\lambda[M_1] < \lambda[M_2]$$

au sens de SCHUR si

$$\Sigma_{i=k}^{q} \lambda_i[M_2] \le \Sigma_{i=k}^{q} \lambda_i[M_1],\ \text{pour } k=2,\cdots,q, \text{ et}$$
$$\Sigma_{i=1}^{q} \lambda_i[M_2] = \Sigma_{i=1}^{q} \lambda_i[M_1].$$

Définition 2.2. *Soit* $\mathcal{C}$ *la partie de* $\mathbb{R}^q$ *constituée des vecteurs*

$$x = (x_i \mid i=1,\cdots,q) \text{ tels que } j>i \Rightarrow x_j \le x_i \text{ et } A \subset \mathcal{C}.$$

Une fonction réelle, ϕ, *définie sur* A *est dite Schur-convexe si*

$$\lambda[M_1] < \lambda[M_2] \Rightarrow \phi(\lambda[M_1]) \le \phi(\lambda[M_2]).$$

pour tout couple $(\lambda[M_1],\lambda[M_2])$ *d'éléments de* A.

Comme exemple de fonctions Schur-convexes citons

$$\phi(\lambda[M]) = \Sigma_i f(\lambda_i[M]),$$

où f est une fonction convexe sur un intervalle I de $\mathbb{R}$ (voir M.O.p.64 Prop. 3C1). Ici $A=\mathcal{C}\cap I^q$. Plus généralement, l'inégalité

$$\Sigma_i f(\lambda_i[M_1]) \le \Sigma_i f(\lambda_i[M_2]) \tag{2.1}$$

est vérifiée pour toute fonction convexe f si et seulement si sur $\mathcal{C}$

$$\lambda[M_1] \le \lambda[M_2]$$

(voir M.O. Prop. 4B1 p. 108).

Pour $I=]0,\infty[$ on a donc les fonctions Schur-convexes suivantes sur $A=\mathcal{C}\cap I^q$:

$$-\Sigma_i \operatorname{Log} \lambda_i[M] = -\operatorname{Log} (\det M)$$

et
$$\Sigma_i \lambda_i[M]^{-p} = \operatorname{trace} M^{-p} \text{ pour } p > 0.$$

Soit F une fonction croissante sur $\mathbb{R}$. Si ϕ est Schur-convexe sur A, $F\circ\phi$ l'est également. De plus la limite d'une suite de fonctions Schur-convexes sur A est elle-même Schur-convexe sur A. On obtient ainsi quand $I=]0,\infty[$ et $A=\mathcal{C}\cap I^q$ les fonctions Schur-convexes

$$\phi_0(\lambda[M]) = \Pi_i \lambda_i[M]^{-1/q},$$

$$\phi_p(\lambda[M]) = \sqrt[p]{\frac{1}{q}\Sigma_i \lambda_i[M]^{-p}} \qquad \text{pour } p>0$$

$$\lim_{p\to 0+} \phi_p(\lambda[M]) \text{ et } \lim_{p\to\infty} \phi_p(\lambda[M]).$$

On vérifie que

$$\lim_{p\to 0} \phi_p(\lambda[M]) = \phi_0(\lambda[M]),$$
$$\lim_{p\to\infty} \phi_p(\lambda[M]) = \phi_\infty(\lambda[M]),$$

voir par exemple HEDAYAT [1981].

Remarquons aussi les critères de ϕ-efficacité, $0\le p\le\infty$, sont non-décroissants par rapport à chacune des valeurs propres $\lambda_i[M]$.

Ces fonctions servent de critères d'optimalité. En particulier,

$\phi_0(\lambda[M]) = \sqrt[q]{\det M^{-1}}$ est le critère de la D-optimalité,
$\phi_1(\lambda[M]) = \frac{1}{q} \text{ trace } M^{-1}$ est celui de la A-optimalité,
$\phi_\infty(\lambda[M])$ est le critère de la E-optimalité.

Définition 2.3. Ordre faible de Schur.

Soit M_1 *et* M_2 *deux matrices de* $\mathcal{S}_q$. *On pose*

$$\lambda_1[M_1] <^w \lambda[M_2]$$

au sens de SCHUR si pour $k=1,2,\cdots,q$

$$\Sigma_{i=k}^q \lambda_i[M_2] \le \Sigma_{i=k}^q \lambda_i[M_1] .$$

Proposition 2.4. M.O.(Th.3A8, p.59).

Soit $A\subset\mathcal{C}$ *et* ϕ *une fonction réelle définie sur* A. *On a sur* A

$$\lambda[M_1] <^w \lambda[M_2] \Rightarrow \phi(\lambda[M_1]) \le \phi(\lambda[M_2])$$

si et seulement si ϕ *est Schur-convexe et* ϕ *est décroissante par rapport à chacune des composantes* $\lambda_i[M]$ *de* $\lambda[M]$.

D'après ce qui précède, cette proposition est vérifiée sur $A=\mathcal{C}\cap I^q$ lorsque

$$\phi(\lambda[M]) = \Sigma_i f(\lambda_i[M]),$$

avec f convexe et décroissante sur I. Plus généralement l'inégalité (2.1) est satisfaite par toute fonction convexe et décroissante sur $\mathbb{R}$ si et seulement si $\lambda[M_1] <^w \lambda[M_2]$ sur $\mathcal{C}$, voir M.O. Prop. 4B2, p.109.

Proposition 2.5. Théorème de représentation extrémale de FAN.

Pour tout $M\in\mathcal{S}_q$ *on a, pour* $k=1,2,\cdots,q$,

$$Max\{\text{trace } P\, M^tP \mid P^tP = I_k\} = \Sigma_{i=1}^k \lambda_i[M],$$
$$Min\{\text{trace } P\, M^tP \mid P^tP = I_k\} = \Sigma_{i=q-k+1}^q \lambda_i[M].$$

Voir M.O.(Th.20A2).

Le résultat suivant est une conséquence de ce théorème. Il permet d'établir un lien entre la U-optimalité envisagée dans la première partie et l'optimalité universelle.

Proposition 2.6. *Pour deux matrices semi-définies positives de* $\mathcal{S}_q$ *il suffit que* $M_2 \leq M_1$ *(pour l'ordre de Loewner) pour que* $\lambda[M_1] <^w \lambda[M_2]$.

Démonstration. Soit une base orthonormée de vecteurs propres de M_1. Pour $k \in \{1,2,\cdots,q\}$ fixé, notons P_k la matrice des vecteurs de base (en lignes) associés aux valeurs propres $\lambda_k[M_1],\cdots, \lambda_q[M_1]$.

Comme $M_1 \geq M_2$ (pour l'ordre de Loewner) par hypothèse, on a

$$\text{trace } P_k M_1 {}^tP_k \geq \text{trace } P_k M_2 {}^tP_k.$$

Or, par construction,

$$\text{trace } P_k M_1 {}^tP_k = \Sigma_{i=k}^q \lambda_i[M_1] \text{ et}$$
$$\text{trace } P_k M_2 {}^tP_k \geq \Sigma_{i=k}^q \lambda_i[M_2]$$

d'après la proposition 2.5. Donc

$$\Sigma_{i=k}^q \lambda_i[M_2] \leq \text{trace } P_k M_2 {}^tP_k \leq \text{trace } P_k M_1 {}^tP_k = \Sigma_{i=k}^q \lambda_i[M_1]$$

pour $k=1,2,\cdots,q$.□

2.2. Optimalité universelle.

Nous retenons ici la définition de BONDAR [1983] (encore appelée optimalité au sens de Schur) bien qu'elle fasse intervenir une classe de critères plus restreinte que d'autres définitions. Ainsi n'en fait pas partie le critère de MV-optimalité utilisé par JACROUX [1983].

L'intérêt de cette définition tient dans le fait que les critères utilisés s'expriment en fonction des valeurs propres des matrices d'information et que la recherche de plans optimaux met en oeuvre les ordres de Schur.

Soit $\mathcal{D}$ une classe de plans d'expérience comprenant le même nombre n d'unités expérimentales et pour tout plan $d \in \mathcal{D}$ un modèle linéaire où

$$\mathbb{E}Y = X_d\beta \text{ et } \text{Cov}Y = \sigma^2 I,$$

avec **Y** vecteur des aléas observés, $\beta \in \mathbb{R}^p$ et σ^2 paramètres du modèle, X_d matrice n×p du modèle.

Considérons une fonction paramétrique $K\beta$, avec K surjective, que nous souhaitons estimer le plus précisément possible. Il est fréquent dans la pratique que la matrice K soit choisie arbitrairement dans une classe $\mathcal{A}$ de matrices de même ordre, q×p, vérifiant par exemple

$$K \text{ et } K' \in \mathcal{A} \Rightarrow K' = PK \text{ avec } P \in \mathcal{O}(\mathbb{R}^q) \qquad \textbf{(2.2)}$$

(autrement dit avec P orthogonale). Si tel est le cas - ce que nous supposons désormais - un critère d'optimalité (ou d'efficacité) doit certes être invariant quand on passe d'une matrice à l'autre de $\mathcal{A}$.

Soit la matrice d'information pour l'estimation de $K\beta$, si cette fonction paramétrique est estimable par d :

$$M_d = [K({}^tX_dX_d)^{-t}K]^{-1}$$

ou plus généralement,

$$M_d = \lim_{\varepsilon\to 0}[K({}^tX_dX_d+\varepsilon I)^{-1t}K]^{-1},$$

voir la troisième partie du chapitre 1.

Considérons l'ensemble des matrices carrées symétriques d'ordre q semi-définies positives de traces bornées supérieurement par

$$t_{\mathcal{D}} = \mathrm{Max}_{\mathcal{D}} \text{ trace } M_d \; ,$$

ensemble noté ici $\mathcal{M}_q$.

La définition suivante de l'optimalité universelle est proposée par BONDAR [1983] .

Définition 2.7. *Soit la classe de critères*

$$\phi : \mathcal{M}_q \longrightarrow\,]-\infty,\infty] \; ,$$

à valeurs réelles pour toute matrice régulière de $\mathcal{M}_q$ *et qui satisfont les deux conditions suivantes.*

(i) Ils sont orthogonalement invariants, c'est-à-dire tels que

$$\phi(M) = \phi(PM{}^tP) \text{ pour tout } P\in\mathcal{O}(\mathbb{R}^q),$$

et dépendent donc des seules valeurs propres de M,

(ii) Ce sont des fonctions Schur-convexes de $\lambda[M]$ *décroissantes par rapport à chaque* $\lambda_i[M]$, $i=1,\cdots,q$.

Si un plan $d^*\in\mathcal{D}$ *est tel que*

$$d\in\mathcal{D} \Rightarrow \phi(M_{d^*}) \le \phi(M_d),$$

pour tout critère ϕ *de cette classe, alors* d^* *est dit universellement optimal (ou Schur-optimal) dans* $\mathcal{D}$ *pour l'estimation de toute fonction paramétrique* $PK\beta$ *avec* $P\in\mathcal{O}(\mathbb{R}^q)$. *(ou plus brièvement pour l'estimation de* $K\beta$*).*

Proposition 2.8. HEDAYAT [1981], BONDAR [1983].

Un plan d^* *est universellement optimal dans* $\mathcal{D}$ *si et seulement si*

$$d\in\mathcal{D} \Rightarrow \lambda[M_{d^*}] <^w \lambda[M_d]$$

Démonstration. Pour $k=1,2,\cdots,q$ on a pour critères d'optimalité

$$-\sum_{i=k}^q \lambda_i(M),$$

la condition est donc nécessaire. Elle est de plus suffisante d'après la proposition 2.4.□

Ainsi rechercher un plan universellement optimal revient à ordonner les plans de la classe $\mathcal{D}$ en appliquant la relation d'ordre faible de Schur aux spectres des matrices d'informations. En utilisant cette propriété caractéristique conjointement avec le théorème de représentation extrémale on obtient des conditions suffisantes d'optimalité.

Proposition 2.9. *Un plan d* est universellement optimal dans $\mathcal{D}$ pour l'estimation de toute fonction paramétrique* $PK\beta$, $P\in\mathcal{O}(\mathbb{R}^q)$ *si les deux conditions suivantes sont satisfaites.*

(i) Pour tout $d\in\mathcal{D}$ *on a* $M_{d^*}=\Sigma_{j=1}^{m} a_{d,j} P_j M_d {}^tP_j$, *avec* $P_j\in\mathcal{O}(\mathbb{R}^q)$.

(ii) trace $M_{d^*} = Max_{\mathcal{D}}$ *trace* M_d.

Démonstration. Par hypothèse on a pour tout $d\in\mathcal{D}$

$$\begin{aligned}\text{trace } M_{d^*} &= \Sigma_j\, a_{d,j} \text{ trace } P_j M_d {}^tP_j,\\ &= (\Sigma_j\, a_{d,j}) \text{ trace } M_d,\end{aligned}$$

et, comme trace $M_{d^*} \geq$ trace M_d, on a donc $\Sigma_j\, a_{d,j} \geq 1$.

Considérons par ailleurs une base orthonormée de vecteurs propres de M_{d^*} et notons $V_1, V_2, \cdots, V_q$ ses éléments.

Pour $k=1,\cdots,q$, on a, quel que soit le plan $d\in\mathcal{D}$,

$$\begin{aligned}\Sigma_{l=k}^{q} \lambda_l[M_{d^*}] &= \text{trace } Q_k M_{d^*} {}^tQ_k \text{ avec } {}^tQ_k=(V_k,\cdots,V_q),\\ &= \text{trace}(\Sigma_{j=1}^{m} a_{d,j}\, Q_k P_j M_d {}^tP_j {}^tQ_k), \text{ par hypothèse,}\\ &= \Sigma_j\, a_{d,j} \text{ trace } Q_k P_j M_d {}^tP_j {}^tQ_k,\\ &\geq (\Sigma_j\, a_{d,j}) \Sigma_{l=k}^{q} \lambda_l[M_d], \text{ d'après le théorème de représentation extrémale puisque } Q_k P_j {}^tP_j {}^tQ_k = I.\end{aligned}$$

Donc $\Sigma_{l=k}^{q} \lambda_l[M_{d^*}] \geq \Sigma_{l=k}^{q} \lambda_l[M_d]$ puisque $\Sigma_j\, a_{d,j} \geq 1$.

Ainsi $\lambda[M_{d^*}] <^w \lambda[M]$. □

Corollaire 1. KIEFER [1975 Prop.1'] (voir CHENG [1985]).

Un plan $d^*\in\mathcal{D}$ *est universellement optimal dans $\mathcal{D}$ si les conditions suivantes sont vérifiées.*

(i) M_{d^*} *est multiple de l'identité.*

(ii) trace $M_{d^*} = Max_{\mathcal{D}}$ *trace* M_d.

Démonstration. Soit P une matrice de vecteurs propres orthonormés de M_d, $d\in\mathcal{D}$. Il suffit alors d'utiliser toutes les matrices de la forme

$$P_j = S_j P, \text{ avec } S_j \text{ matrice de permutation,}$$

pour déduire le résultat de la proposition 2.9.□

Remarque. Si K est elle même orthogonale, la définition et les conditions d'optimalité universelle s'expriment en utilisant pour matrice M_d : ${}^tX_dX_d$, c'est-à-dire la matrice d'information du modèle.

Supposons maintenant

$$\mathbb{E}Y = X_0\beta_0 + X_1\beta_1 \text{ et } K\beta = K_1\beta_1,$$

avec K_1 surjective. Si $K_1\beta_1$ est estimable par un plan $d\in\mathcal{D}$, la matrice de covariance de son estimateur de Gauss-Markov s'écrit

$$\sigma^2M_d^{-1} \text{ où } M_d = [K_1C_d^{-}{}^tK_1]^{-1},$$

avec C_d matrices des coefficients de l'équation normale réduite (par élimination de $\hat{\beta}_0$).

Plaçons-nous dans le cas particulier où les conditions suivantes sont vérifiées.

(i) $\mathrm{Im}X_0\cap\mathrm{Im}X_1$ est engendrée par le vecteur $\mathbb{1} = {}^t(1,\cdots,1)$,

(ii) K_1, d'ordre $q\times(q+1)$, vérifie

$$K_1{}^tK_1 = I_q \text{ et } {}^tK_1K_1 = I_{q+1} - \frac{1}{(q+1)}J_{q+1}, \text{ où } J = \mathbb{1}{}^t\mathbb{1},$$

autrement dit les fonctions paramétriques présentant un intérêt sont tous les contrastes normés sur les composantes de β_1.

Dans ce cas $C_d\mathbb{1} = 0$. D'où

$$\begin{aligned} K_1C_d{}^tK_1(K_1C_d^{-}{}^tK_1) &= K_1C_dC_d^{-}{}^tK_1 \text{ car } C_dJ = 0, \\ &= K_1{}^tK_1 \text{ car toute ligne de } K_1 \text{ appartient à } \mathrm{Im}C_d \\ &\qquad (\textit{i.e. } K_1\beta \text{ est estimable par d}), \\ &= I_q. \end{aligned}$$

Donc $M_d = K_1C_d{}^tK_1$. De plus les valeurs propres de M_d coïncident avec les q premières valeurs propres de C_d rangées par ordre décroissant.

Ainsi définition et conditions d'optimalité peuvent s'exprimer en faisant intervenir les matrices C_d au lieu de M_d.

Plus précisément, soit l'ensemble des matrices carrées C d'ordre q+1, symétriques, définies non-négatives, de traces bornées supérieurement par

$$t_{\mathcal{D}} = \mathrm{Max}_{\mathcal{D}} \text{ trace } C_d$$

et telles que $C\mathbb{1}=0$. Notons $\mathcal{C}_{q+1}$ cette classe.

La définition fait intervenir des critères

$$\phi : \mathcal{C}_{q+1} \longrightarrow]-\infty,\infty]$$

1) à valeurs réelles pour toute matrice C de rang q,

2) invariants dans toute transformation orthogonale qui laisse invariant le sous-espace $\mathbb{1}^{\perp}$ de $\mathbb{R}^{q+1}$,

3) Schur-convexes et décroissants comme fonctions des q premières valeurs propres de C_d.

Par ailleurs, C_d se substitue à M_d dans l'énoncé de la proposition 2.9 et les transformations P_j sont supposées laisser $\mathbb{1}^{\perp}$ invariant.

Quant au corollaire de cette proposition il fait intervenir une matrice C_{d*}, carrée d'ordre q+1, complètement symétrique c'est-à-dire égale à

$$aI+bJ, \text{ avec ici } a+b(q+1) = 0 \text{ car } C_{d*}\in\mathscr{C}_{q+1}.$$

Ce corollaire s'énonce comme suit. (Rappelons qu'on suppose ici

$$\mathbb{E}Y = X_0\beta_0 + X_1\beta_1 \text{ avec } \mathrm{Im}X_0\cap\mathrm{Im}X_1 \text{ engendré par } \mathbb{1},$$
$$K\beta = K_1\beta_1 \text{ avec } K_1{}^tK_1 = I_q \text{ et } {}^tK_1K_1 = I_{q+1} - \frac{1}{q+1} J_{q+1}).$$

Corollaire 1'. KIEFER [1975 Prop.1].

Le plan $d^*\in\mathcal{D}$ est universellement optimal dans $\mathcal{D}$ pour l'estimation de toute fonction paramétrique $PK_1\beta_1$, $P\in\mathcal{O}(\mathbb{R}^q)$, si les conditions suivantes sont vérifiées.

(i) C_{d*} est complètement symétrique.

(ii) trace $C_{d*} = \mathrm{Max}_{\mathcal{D}}$ trace C_d.

Remarque. KIEFER se place en fait dans un contexte légèrement différent. Pour définir l'optimalité universelle il a en effet recours aux critères suivants

$$\phi: \mathscr{C}_{q+1} \longrightarrow]-\infty,\infty]$$

tels que:

1) $\phi(PC^tP) = \phi(C)$ pour toute matrice P de permutation,

2) ϕ est convexe et $\phi(bC)$ est une fonction non décroissante de b

Avec cette définition de l'optimalité universelle YEH [1986] démontre la proposition 2.9 en prenant les matrices de permutation d'ordre q+1 pour P_j et en supposant $a_{d,j} \geq 0$.

2.3. Optimalité générale.

Définition 2.10. CHENG [1980b,81a], SHAH et SHINA [1989].

On appelle critère d'optimalité de type I (au sens large) pour une classe $\{M_d | d\in\mathcal{D}\}$ de matrices d'information toute fonction

$$F\circ\phi_f(M_d), \text{ avec } F \text{ non-décroissante et } \phi_f(M_d) = \Sigma_i f(\lambda_i[M_d]),$$

où f: $]0,t_{\mathcal{D}}] \longrightarrow \mathbb{R}$ *est une fonction*

(i) continue, strictement décroissante et telle que $\lim_{0+} f=+\infty$,

(ii) continûment différentiable et à dérivée strictement concave sur $]0,t_{\mathcal{D}}[$.

On appelle critère généralisé de type I toute limite ponctuelle d'une suite de critères de type I.

Un plan $d^*\in\mathcal{D}$ est dit généralement optimal sur $\mathcal{D}$ pour l'estimation de toute fonction $PK\beta$, *où* $P\in\mathcal{O}(\mathbb{R}^q)$, *si d^* réalise le minimum sur $\mathcal{D}$ de tout critère généralisé de type I.*

Remarque. La définition donnée par CHENG [1980a,81] des critères de type I est en fait plus générale, mais les seuls critères présentant un intérêt sont ceux que nous considérons ici.

Les critères de ϕ-optimalité sont des critères généralisés de type I. Ainsi tout plan généralement optimal est D-, A- et E-optimal.

Les critères généralisés de type I sont des fonctions de $\lambda[M]$, Schur-convexes et décroissantes par rapport à chaque valeur propres $\lambda_i[M]$. Un plan universellement optimal est donc généralement optimal.

Nous énonçons ci-dessous une condition suffisante d'optimalité générale. Il s'agit d'une version simplifiée d'une propriété due à CHENG [1978,80a].

Proposition 2.11. CHENG [1978, Th 2.3; 1980a Th 2.1].

Soit une classe de matrices d'informations pour l'estimation de la fonction paramétrique $K\beta$, $\{M_d \mid d\in\mathcal{D}\}$, *telles que trace* $M_d=qn$, $\forall\ d\in\mathcal{D}$.

Supposons qu'un plan $d^*\in\mathcal{D}$ soit tel que $M_{d^*}= nI_q$, *ou bien vérifie les conditions suivantes.*

(i) $d\in\mathcal{D} \Rightarrow \text{trace } M_{d^*}^2 \le \text{trace } M_d^2$,

(ii) M_{d^*} *a 2 valeurs propres distinctes et non nulles, la plus grande de multiplicité* 1.

Alors le plan d^* est généralement optimal sur $\mathcal{D}$ pour l'estimation de toute fonction paramétrique $PK\beta$, $P\in\mathcal{O}(\mathbb{R}^q)$.

Démonstration. CHENG [1978] donne une démonstration détaillée dans le cas général où trace M_d n'est pas constante sur $\mathcal{D}$.

Dans le cas particulier envisagé ici la preuve se décompose comme suit.

Il est clair que $d^*\in\mathcal{D}$ est universellement optimal donc généralement optimal s'il est tel que

$$M_{d^*}= nI_q.$$

La proposition est démontrée dans ce cas

Supposons alors qu'aucun plan de $\mathcal{D}$ ne vérifie cette propriété. Posons alors

$$a = \text{trace } M_d, \; b = \text{trace } M_d^2.$$

On montre tout d'abord que $\Sigma_i f(x_i)$ est minimum sous la contrainte

$$\Sigma_i x_i = a, \; \Sigma_i x_i^2 = b > a^2/q \;, \; x_i \geq 0$$

si et seulement si les x_i ne prennent que deux valeurs distinctes.

Pour $p \in \mathbb{N}^*$, tel que $1 \leq p < q$, notons $r_1(p,b)$ et $r_2(p,b)$ les solutions du système

$$\begin{cases} p\, r_1(p,b) + (q-p)\, r_2(p,b) = a = qn \\ p\, r_1^2(p,b) + (q-p)\, r_2^2(p,b) = b \end{cases}$$

avec $r_1(p,b) \geq r_2(p,b)$. On introduit la fonction

$$g(p,b) = p\, f[r_1(p,b)] + (q-p)\, f[r_2(p,b)].$$

Pour b fixé, on prouve que g est une fonction strictement croissante de p. On en déduit que $\Sigma f(x_i)$ atteint son minimum dans les conditions ci-dessus si

$$x_1 = r_1(p,b) \text{ et } x_2 = \cdots = x_q = r_2(p,b).$$

On montre ensuite que g est une fonction strictement décroissante de b pour p fixé. On en déduit alors la proposition.□

Remarques.

1) CHENG [1981 p246-247] montre aussi que d^* est généralement optimal sur $\mathcal{D}$ si M_{d^*} est égal à nI_q ou bien si sont vérifiées les conditions

(i) et *(ii')* M_{d^*} *a deux valeurs propres distinctes non nulles et*

$$\lambda_1[M_{d^*}] \geq \lambda_1[M_d] \;\forall\; d \in \mathcal{D}.$$

2) On montre plus généralement que $d^* \in \mathcal{D}$ est généralement optimal si, d'une part,

$$\text{trace } M_{d^*} \geq \text{trace } M_d \;\forall\; d \in \mathcal{D},$$

d'autre part, M_{d^*} est égal à nI ou bien vérifie les conditions

(i') $d \in \mathcal{D} \Rightarrow \psi(M_{d^*}) \geq \psi(M_d)$ *où*

$$\psi(M) = \text{trace } M - \left(\frac{q}{q-1} \text{ trace } M^2 - \frac{1}{q} (\text{trace } M)^2 \right)^{1/2}$$

et *(ii)*, voir CHENG [1978, 1980a].

3. FRACTIONS UNIVERSELLEMENT OU GÉNÉRALEMENT OPTIMALES.

Revenons aux fractions de plans factoriels de résolution fixée et utilisons les résutats présentés dans la deuxième partie pour prouver que certaines d'entre elles sont universellement ou généralement optimales.

Rappelons tout d'abord quelques définitions et résultats introduits précédemment à propos de ce type de plans expérimentaux et de leur analyse (voir la quatrième partie du chapitre 2).

Considérons un plan à m facteurs. Soit $\mathcal{E}$ le domaine expérimental, c'est-à-dire le produit cartésien

$$\mathcal{E} = \Pi\mathcal{E}_i, \text{ identifié au groupe abélien fini } G = \times_i \mathbb{Z}/q_i$$

où $\mathcal{E}_i$ désigne l'ensemble des q_i niveaux du facteur $i \in I = \{1, \cdots, m\}$.

Considérons la décomposition en espaces de contrastes de $\mathbb{R}^E$, l'espace des fonctions réelles sur $\mathcal{E}$,

$$\mathbb{R}^E = \oplus\{\Theta_J \mid J \subseteq I\} \qquad (3.1)$$

Soit $\mathcal{U}$ un ensemble de n unités expérimentales, n fixé, et d une fraction c'est-à-dire une application de $\mathcal{U}$ dans $\mathcal{E}$. Notons

$$D: \mathbb{R}^E \longrightarrow \mathbb{R}^U$$

l'application linéaire surjective induite par d.

Considérons une base $\mathcal{B}$ adaptée à la décomposition (3.1), formée de vecteurs orthogonaux et de norme carrée $\#\mathcal{E}$. Pour tout $J \subseteq I$, soit

$$X_{Jd} = D\, P_J$$

où P_J a pour colonnes les vecteurs de $\mathcal{B}$ qui engendrent Θ_J.

Soit $\tilde{\mathcal{B}}$, la base de Yates, autrement dit la base de $\mathbb{C}^E$ constituée des caractères des représentations irréductibles de G. Ses éléments sont réels ou bien conjugués par paires. Donc, si on se limite aux combinaisons des vecteurs de $\tilde{B}$ à coefficients conjugués pour tout couple de vecteurs de base eux-mêmes conjugués, on obtient une base adaptée à la décomposition (3.1).

De plus, si $\tilde{P}_J$ a pour colonnes les vecteurs de $\tilde{\mathcal{B}}$ engendrant Θ_J,

$$\tilde{X}_{Jd} = D\, \tilde{P}_J$$

est alors à éléments racines de l'unité.

Par commodité on peut donc recourir à la base de Yates pour prouver que des fractions sont optimales. On se ramène sans difficulté à la base $\mathcal{B}$ au moyen de la matrice unitaire de passage de $\tilde{\mathcal{B}}$ à $\mathcal{B}$.

3.1. Fractions de résolution fixée universellement optimales.

Intéressons nous tout d'abord aux fractions identifiées à des tableaux orthogonaux de force donnée, plus précisément de force R-1 pour les fractions de résolution R. Ces plans d'expérience ont des propriétés d'optimalité universelle démontrées par CHENG [1980b] pour les fractions de résolution III, puis par MUKERJEE [1982] dans le cas général (avec une autre variante de l'optimalité universelle) et par KOBILINSKY [1990].

Proposition 3.1.

Pour un domaine expérimental $\mathcal{E}$ et un ensemble $\mathcal{U}$ de n *unités, considérons la classe $\mathcal{D}$ des fractions de résolution* R *fixée.*

Soit R=2r *ou* 2r+1 *selon que les fraction sont de résolution paire ou impaire. Considérons les ensembles* $\mathcal{H} = \{J \subset I:\ \#J \leq r\}$ *et*

$$\mathcal{H}' = \begin{cases} \mathcal{H} \text{ si R est impair} \\ \{J \subset I:\ 0 < \#J < r\} \text{ si R est pair.} \end{cases}$$

Soit $\mathcal{B}$ une base adaptée à la décomposition de $\mathbb{R}^E$ en espaces de contrastes, constituée de vecteurs orthogonaux et de même norme.

Soit **Y** *le vecteur des* n *aléas observés. Considérons le modèle linéaire*

$$\mathbb{E}\mathbf{Y} = \sum_{J \in \mathcal{H}} X_{Jd}\ \beta_J \text{ et } \mathrm{Cov}\mathbf{Y} = \sigma^2 I_n.$$

Supposons qu'il y ait une fraction $d^* \in \mathcal{D}$ constituant un tableau orthogonal de force R-1. *Alors d^* est universellement optimale dans $\mathcal{D}$ pour l'estimation de tout β_J, $\forall J \in \mathcal{H}'$.*

Démonstration. Sans perte de généralité supposons les vecteurs de $\mathcal{B}$ de norme carrée $\#\mathcal{E}$. Considérons la matrice de passage de $\tilde{\mathcal{B}}$ à $\mathcal{B}$, Pour tout $J \in \mathcal{H}'$ soit U_J le bloc de cette matrice tel que $\tilde{P}_J = U_J P_J$.

Soit C_{Jd} la matrice d'information apportée par le plan d sur β_J. Par élimination des β_K $\forall\ K \in \mathcal{H} : K \neq J$, on obtient

$$\mathrm{trace}\ C_{Jd} \leq \mathrm{trace}\,{}^tX_{Jd} X_{Jd} = \mathrm{trace}(U^*_{Jd}\,{}^tX_{Jd}\ X_{Jd}\ U_{Jd})$$

puisque U_J est unitaire, avec égalité si et seulement si

$$\forall\ K \in \mathcal{H}:\ K \neq J \Rightarrow \mathrm{Im}\ X_{Jd} \perp \mathrm{Im}\ X_{Kd}.$$

Or, comme les éléments de $\tilde{X}_{Jd} = X_{Jd} U_{Jd}$ sont des racines de l'unité par construction, les termes diagonaux de $U^*_{Jd}\,{}^tX_{Jd}\ X_{Jd}\ U_{Jd}$ sont tous égaux à n. On a donc

$$\mathrm{trace}\ C_{Jd} \leq n \times t_J,\ \text{avec } t_J = \dim \Theta_J.$$

Supposons qu'il y ait un tableau orthogonal de force R-1 dans $\mathcal{D}$ et notons d^* cette fraction. Alors, pour tout $J \in \mathcal{H}'$, on a

$$\mathrm{Im}\ X_{Jd^*} \perp \mathrm{Im}\ X_{Kd^*},\ \forall\ K \in \mathcal{H}:\ K \neq J,$$

et les colonnes de X_{Jd^*} sont orthogonales. Par conséquent

$$C_{Jd^*} = n\ I_{t_J}.$$

D'après le corollaire 1 de la proposition 2.9, d^* est donc universellement optimale dans $\mathcal{D}$ pour l'estimation de β_J quel que soit $J \in \mathcal{H}'$.□

3.2. Optimalité générale de fractions de résolution impaire.

Dans la pratique l'emploi de fractions minimales, donc telles que

$$\mathbb{E}Y = X\beta, \text{ avec } X \text{ d'ordre } n\times p \text{ et rg } X = n,$$

est fréquent, en particulier quand on cherche à identifier les effets simples et d'interaction significatifs.

C'est le cas par exemple pour les fractions de résolution III où

$$n = p = 1+\Sigma_i(q_i-1),$$

ou bien pour les fractions de résolution IV quand

$$n = q_m[\Sigma_i(q_i-1) - (q_m-2)] \text{ avec } q_m \geq q_i \ \forall i$$

voir la proposition III.2.4, en particulier n=2m si les facteurs sont tous à deux niveaux.

Dans ce cas il n'est pas possible d'estimer σ^2 par les procédés usuels (estimation quadratique sans biais). On peut alors se proposer d'accroitre la taille de la fraction d'une ou deux unités de façon à rendre possible l'estimation de σ^2 puis l'identification des effets significatifs par les procédés usuels de l'analyse de variance. Mais une question se pose :

Comment compléter une fraction constituant un tableau orthogonal de façon à obtenir un plan qui demeure optimal, au moins généralement sinon universellement?

Plus généralement on peut se poser cette question à propos de fractions, minimales ou non, lorsque les conditions nécessaires pour l'existence de tableaux orthogonaux ne sont pas satisfaites.

Par exemple, si les facteurs sont tous à deux niveaux, on peut rechercher des fractions de résolution III minimales et optimales quand $p=n \equiv 1$ ou 2 mod 4, n>2. (Rappelons que n=2 ou 0 mod 4 est une condition nécessaire d'existence d'un tableau orthogonal de force 2 à 2 symboles et n unités).

On connait une réponse aux questions ci-dessus dans quelques cas particuliers, tout d'abord le cas des fractions de résolution impaire obtenues en ajoutant une unité expérimentale à un tableau orthogonal de force paire, voir CHENG [1980a] et COLLOMBIER [1988]

Soit $\Theta = \oplus\{\Theta_J \mid J\in\mathcal{H}\}$. Pour toute fraction $d\in\mathcal{D}$, considérons un modèle où

$$\mathbb{E}Y \in \mathrm{Im}_D\Theta, \text{ c'est-à-dire } \mathbb{E}Y = X_d\beta,$$

avec $X = (X_{Jd} \mid J\in\mathcal{H})$ et β formé des vecteurs paramétriques β_J, $J\in\mathcal{H}$.

Nous nous intéressons ici à des fractions de résolution R=2r+1. Soit q le ppcm des produits des 2r-uples des q_i, i=1,⋯,m, puis

$$n(r) = \mathrm{Min}(q_1\times \cdots \times q_m, q).$$

Tout plan vérifiant les conditions d'optimalité universelle de la proposition 2.9 ou son corollaire comporte nécessairement

$$n \equiv 0 \bmod n(r) \text{ avec } n \geq n(r)$$

unités expérimentales.

Supposons $n \equiv 1 \bmod n(r)$ avec $n > n(r)$. On a alors le résultat suivant.

Proposition 3.2 COLLOMBIER [1988].

Reprenons les notations de la proposition 3.1. *Considérons le modèle où*

$$\mathbb{E}Y = X_d \beta, \text{ où } X_d = (X_{Jd} \mid J \in \mathcal{H}).$$

Supposons qu'il existe un tableau orthogonal de force 2r *constitué de* n-1 *traitements de* $\mathcal{E}$.

En ajoutant à ce tableau un quelconque élément de $\mathcal{E}$ *on obtient une fraction de résolution* R=2r+1 *généralement optimale sur* $\mathcal{D}$ *pour l'estimation du paramètre* β.

Démonstration. Utilisons la base de Yates $\tilde{\mathcal{B}}$. Soit la matrice $n \times p$

$$\tilde{X}_d = (\tilde{X}_{Jd} \mid J \in \mathcal{H})$$

On a ici
$$\mathbb{E}Y = \tilde{X}_d \, U^* \, \beta,$$

où U est un bloc de la matrice de passage de $\tilde{\mathcal{B}}$ à $\mathcal{B}$. Soit alors

$$M_d = {}^t X_d X_d \quad \text{et} \quad H_d = \tilde{X}_d^* \, \tilde{X}_d.$$

Pour une fraction de taille n, H_d a ses éléments diagonaux égaux à n.

Montrons que tout élément extradiagonal de cette matrice est de module supérieur ou égal à 1. Soit h un tel élément, c'est le produit scalaire (dans $\mathbb{C}^n$) de deux vecteurs colonnes de $\tilde{X}_d$. On a donc

$$h = n_0 + n_1 \, \omega + n_2 \, \omega^2 + \cdots + n_{s-1} \, \omega^{s-1},$$

où s est un entier divisant n(r), $\omega = \exp(i \; 2\pi/s)$ et les coefficients $n_0, n_1, \cdots, n_{s-1}$ sont des entiers naturels tels que $n = \Sigma \, n_i$.

Désignons parties réelle et imaginaire de h respectivement par $a(n_0,\cdots,n_{s-1})$ et $b(n_0,\cdots,n_{s-1})$. On a

$$a(n_0,\cdots,n_{s-1}) = \begin{cases} n_0 + (n_1 + n_{s-1})\cos\dfrac{2\pi}{s} + \cdots + (n_t + n_{t+1})\cos\dfrac{2\pi t}{s}, & \text{si } s=2t+1 \\[2ex] n_0 + (n_1 + n_{s-1})\cos\dfrac{2\pi}{s} + \cdots + (n_t + n_{t+2})\cos\dfrac{2\pi t}{s} - n_{t+1}, & \text{sinon} \end{cases}$$

$$b(n_0,\cdots,n_{s-1}) = \begin{cases} (n_1 - n_{s-1})\sin\dfrac{2\pi}{s} + \cdots + (n_t - n_{t+1})\sin\dfrac{2\pi t}{s}, & \text{si } s=2t+1 \\[2ex] (n_1 - n_{s-1})\sin\dfrac{2\pi}{s} + \cdots + (n_t - n_{t+2})\sin\dfrac{2\pi t}{s}, & \text{si } s=2t+2 \end{cases}$$

Ainsi la fonction des n_i

$$|h|^2 = a^2(n_0,\cdots,n_{s-1}) + b^2(n_0,\cdots,n_{s-1})$$

est convexe puisque c'est la somme des carrés de deux combinaisons linéaires des n_i.

Comme s divise n(r) et $n \equiv 1 \bmod n(r)$, $\tilde{n} = (n-1)/s$ est un entier. De plus un au moins des n_i est supérieur ou égal à $\tilde{n}+1$.

Sans perte de généralité, supposons qu'on ait n_0 ou bien $n_1 \geq \tilde{n}+1$.

Plaçons-nous dans le premier cas. Par convexité on a

$$|h|^2 \geq a^2(n_0,\bar{\bar{n}},\cdots,\bar{\bar{n}}) + b^2(n_0,\bar{\bar{n}},\cdots,\bar{\bar{n}}) = (n_0-\bar{\bar{n}})^2, \text{ avec } \bar{\bar{n}}=(n-n_0)/(s-1)$$

puisque

$$1 + 2\cos\frac{2\pi}{s} + 2\cos\frac{4\pi}{s} + \cdots = 0 \text{ et } b(n_0,\bar{\bar{n}},\cdots,\bar{\bar{n}}) = 0.$$

Ainsi $|h| \geq 1$ dans ce cas car $n_0 \geq \tilde{n}+1$ et $\bar{\bar{n}} \leq \tilde{n}$.

Supposons maintenant $\tilde{n}_1 = n+1$. Par convexité nous avons alors

$$|h|^2 \geq (n_1-\bar{\bar{n}})^2(\cos^2\frac{2\pi}{s} + \sin^2\frac{2\pi}{s}) = (n_1-\bar{\bar{n}})^2, \text{ avec } \bar{\bar{n}}=(n-n_1)/(s-1).$$

puisque
$$1 + 2\cos\frac{2\pi}{s} + 2\cos\frac{4\pi}{s} + \cdots = 0.$$

Mais comme $n_1 \geq \tilde{n}+1$ et $\bar{\bar{n}} \leq \tilde{n}$, nous avons là encore $|h| \geq 1$.

Donc tout terme extradiagonal de H_d a un module supérieur ou égal à 1.

Par conséquent on a pour tout plan $d \in \mathcal{D}$

$$\text{trace } M_d^2 = \text{trace } H_d^2 \geq pn^2 + p(p-1).$$

Or, d'après la proposition 2.11, une fraction $d^* \in \mathcal{D}$ est généralement optimale si M_{d^*} vérifie les deux conditions suivantes.

1) Cette matrice n'admet que deux valeurs propres distinctes, non nulles toutes deux, la plus grande de multiplicité 1,

2)
$$\text{trace } M_{d^*}^2 = pn^2 + p(p-1).$$

Supposons alors qu'on sache construire un tableau orthogonal de force R-1=2r formé de (n-1) éléments de $\mathcal{E}$. Ajoutons un élément de $\mathcal{E}$. quel qu'il soit. Nous obtenons ainsi un plan d^* tel que

$$H_{d^*} = (n-1)I_p + C\,C^*,$$

avec C vecteur colonne à éléments racines de l'unité. Cette matrice à tous ses éléments diagonaux égaux à n. Quant aux éléments extradiagonaux, qui sont par construction des racines de l'unité, ils sont tous de module 1. On a donc

$$\text{trace } M_{d^*}^2 = \text{trace } H_{d^*}^2 = pn^2 + p(p-1).$$

La condition 1) est bien satisfaite.

Par ailleurs, comme $C^*C = p$, C est vecteur propre de H_{d^*} associé à la valeur propre n+p-1. Quant à l'orthogonal dans $\mathbb{C}^q$ de C, c'est le sous-espace propre de H_{d*} de dimension p-1 associé à la valeur propre n-1.

Par conséquent la condition 2) est bien vérifiée car les matrices M_{d*} et H_{d*} ont mêmes valeurs propres.

Ainsi le plan d^* est généralement optimal sur $\mathcal{D}$ pour l'estimation de β.□

Remarque. Le tableau orthogonal que l'on complète ici peut comporter des éléments de $\mathcal{E}$ répétés.

Par ailleurs, cette proposition reste valable lorsqu'on complète un tableau constitué de tous les éléments de $\mathcal{E}$.

Remarque. Si une fraction constituant un tableau orthogonal à n-1 unités est minimale de résolution R=2r+1, peu importe quelle unité on ajoute pour estimer σ^2 par les procédés usuels. Tous les plans ainsi obtenus sont généralement optimaux.

Lorsque les facteurs sont tous à deux niveaux, on sait construire des fractions de résolution III généralement optimales à partir de tableaux équilibrés de force 2. Rappelons tout d'abord la définition de ces tableaux.

Définition 3.3. *Soit* A *un tableau d'ordre* n×m, *à éléments* 0 *et* 1. *Pour tout couple de colonnes de ce tableaux notons*

$$n_{ij}\ ,\ i \textit{ et } j = 0,1,$$

le nombre de lignes du bloc constituées du couple (i,j), .

On dit que A *est un tableau équilibré de force 2 (de taille* n, *à* m *contraintes et* 2 *symboles), ou de type*

$$\mathbf{BA}(n,m,2,2), \textit{ avec pour index } \{\mu_0,\mu_1,\mu_2\},$$

si, quel que soit le couple de colonnes considéré, on a

$$n_{00} = \mu_0,\ n_{01} = n_{10} = \mu_1,\ n_{11} = \mu_2.$$

Proposition 3.4. *De tout tableau de type* **BA**(n,m+1,2,2) *tel que*

$$n \equiv 1 \bmod 4 \textit{ et } \mu_0 + \mu_2 = 2\mu_1 + 1$$

on peut déduire une fraction de résolution III généralement optimale d'un plan factoriel à m *facteurs, tous à deux niveaux.*

De tout tableau de type BA(n,m,2,2) *tel que*

$$\mu_0 + \mu_2 = 2\mu_1 + 1 \textit{ et } \mu_0 = \mu_2 + 1$$

on peut déduire une fraction de résolution III généralement optimale d'un plan factoriel à m facteurs, tous à deux niveaux.

Démonstration. Soit

$$\tilde{A} = J_{n,m+1} - 2A$$

et C la matrice diagonale des éléments de la première colonne de $\tilde{A}$. Posons $X = C\tilde{A}$.

Par construction la première colonne de X a tous ses éléments égaux à 1. De plus ${}^tXX = {}^t\tilde{A}\tilde{A}$ a ses éléments diagonaux égaux à n et extradiagonaux tous égaux à

$$\mu_0 + \mu_2 - 2\mu_1,$$

car A est équilibré, et plus particulièrement ici à 1 par hypothèse. On a donc

$${}^tXX = (n-1)I + J.$$

D'après la démonstration de la proposition 3.2, X est donc la matrice du modèle pour un plan généralement optimal à m facteurs.

Supposons maintenant $\mu_0 + \mu_2 = 2\mu_1 + 1$ et $\mu_0 = \mu_2 + 1$. Soit la matrice

$$X = (\mathbb{1} \,|\, \tilde{A}).$$

De nouveau

$${}^tXX = (n-1)I + J.$$

En effet, les éléments extradiagonaux de cette matrice sont égaux à

$\mu_0 - \mu_2 = 1$ pour les éléments de la 1ère ligne ou colonne,

$\mu_0 + \mu_2 - 2\mu_1 = 1$ pour les autres.

Là encore X est donc la matrice du modèle pour un plan généralement optimal.□

Comme exemples de tableaux **BA**(n,m,2,2) tels que

$$\mu_0 + \mu_2 = 2\mu_1 + 1 \text{ et } \mu_0 = \mu_2 + 1$$

on trouve les tableaux orthogonaux de force 2, de taille n (à deux symboles 0 et 1) complétés par une ligne de 0. Ces tableaux complétés nous redonnent les plans envisagés dans la proposition 3.2.

Comme cas particuliers de tableaux **BA**(n,m+1,2,2) tels que

$$n \equiv 1 \bmod 4,\ \mu_0 + \mu_2 = 2\mu_1 + 1 \text{ avec } \mu_0 \neq \mu_2 + 1$$

on a les matrices d'incidence b×v des plans en blocs incomplets équilibrés symétriques tels que

$$v = b = n \text{ et } r = k = \frac{n \pm (2n-1)^{1/2}}{2}.$$

Les fractions qu'on en déduit sont de résolution III à n-1 facteurs donc minimales. Notons alors, comme le fait RAGHAVARAO [1959,71],

$$P_n = J_n - 2A.$$

Ces matrices sont carrées et

$${}^tP_nP_n = (n-1)I_n + J_n \Rightarrow \det(P_n)^2 = \det({}^tP_nP_n) = (2n-1)(n-1)^{n-1}$$

En effet la matrice d'ordre n, complètement symétrique: (n-1)I + J, a pour valeurs propres 2n-1 qui est de multiplicité 1 et n-1 qui est de multiplicité n-1. Il est donc nécessaire que 2n-1 soit un carré parfait pour qu'une matrice P_n existe car n-1 est pair et $\det P_n \in \mathbb{N}$.

Or, pour $n \leq 100$, les entiers qui vérifient cette condition sont 5, 13, 25, 41, 61 et 85. Pour ces valeurs de n, la dernière exceptée, on connait des plans en blocs incomplets équilibrés qui satisfont les conditions ci-dessus, voir RAGHAVARAO [1959] pour n=5,13,25, HALL [1981] ou TRUNG [1982] pour n=41 et WILSON [1972] pour n=61.

Pour n = 5,13 les matrices P_n sont circulantes. Plus précisement,

$$P_5 = \text{Circ}(-1,\ 1,\ 1,\ 1,\ 1),$$

$$P_{13} = \text{Circ}(-1,\ -1,\ 1,\ -1,\ 1,\ 1,\ 1,\ 1,\ 1,\ -1,\ 1,\ 1,\ 1),$$

ou bien $$P_{13} = \text{Circ}(-1,\ -1,\ 1,\ 1,\ -1,\ 1,\ -1,\ 1,\ 1,\ 1,\ 1,\ 1,\ 1),$$

voir YANG [1968]. Mais il n'en est pas de même pour n = 25 ou 41.

On a ainsi pour n = 5

$$P_5 = \begin{pmatrix} -1 & 1 & 1 & 1 & 1 \\ 1 & -1 & 1 & 1 & 1 \\ 1 & 1 & -1 & 1 & 1 \\ 1 & 1 & 1 & -1 & 1 \\ 1 & 1 & 1 & 1 & -1 \end{pmatrix}, \text{ d'où } X_{d*} = \begin{pmatrix} 1 & -1 & -1 & -1 & -1 \\ 1 & -1 & 1 & 1 & 1 \\ 1 & 1 & -1 & 1 & 1 \\ 1 & 1 & 1 & -1 & 1 \\ 1 & 1 & 1 & 1 & -1 \end{pmatrix}.$$

(Par multiplication par -1 de la première ligne on passe de P_5 à X_{d*})

Notons ici que

$$X_{d*} = (\mathbb{1} \,|\, \tilde{A})$$

où $2^{-1}(J+\tilde{A})$ est un tableau équilibré de force 2 à 4 contraintes et

$$\mu_0 = 2,\ \mu_1 = 1 \text{ et } \mu_2 = 1,$$

qui vérifie donc

$$\mu_0 + \mu_2 = 2\mu_1 + 1 \text{ et } \mu_0 = \mu_2 + 1.$$

Remarque. On connait d'autres matrices

P_n, *i.e.* carrées, à éléments ±1 telles que ${}^tP_nP_n = (n-1)I_n + J_n$,

qui ne se déduisent pas d'un tableau équilibré (et donc de la matrice d'incidence d'un plan en blocs incomplets équilibrés). Par exemple la matrice P_{13} donnée par WOJTAS [1964] p. 82.

3.3. Fractions de plans 2^m généralement optimales à $n \equiv 2 \bmod 4$ unités.

Une deuxième classe de plans genéralement optimaux est constituée de fractions de résolution III de plans 2^m de taille $n \equiv 2 \bmod 4$. Le résultat que nous présentons ici est du à JACROUX, WONG et MASARO [1983]. Pour le démontrer nous utilisons les deux lemmes suivants.

Lemme 3.5. *Soit les matrices hermitiennes*

$$H = \left(\begin{array}{c|c} H_{11} & H_{12} \\ \hline H_{21} & H_{22} \end{array}\right) \quad \textit{et } \overline{H} = \mathrm{Diag}(\ H_{11}, H_{22}).$$

Pour l'ordre de Schur on a $\lambda(\overline{H}) < \lambda(H)$.

Démonstration. Voir MARSHALL ET OLKIN [1979] Th. 9C1 p 225. □

Lemme 3.6. *Soit une matrice* X *à éléments* ±1 *et à* $n \equiv 2 \bmod 4$ *lignes.*

Considérons deux vecteurs colonnes de X *et notons*

$$n_{1.} \ \textit{(resp. } n_{.1}\textit{)}$$

le nombre des éléments de la première (resp. de la deuxième) colonne égaux à 1.

Le produit scalaire de ces deux colonnes est supérieur ou égal à 2 *en valeur absolue si* $n_{1.}$ *et* $n_{.1}$ *sont de même parité.*

Démonstration. Soit X^1 et X^2 ces deux colonnes à éléments x_{i1} et x_{i2}, $i=1,\cdots,n$, respectivement. Pour tout couple $(a,b)\in\{-1,1\}^2$, soit n_{ab} le nombre de fois où $x_{i1} = a$ et $x_{i2} = b$. On a

$$\langle X^1, X^2\rangle = n_{11} - n_{-11} - n_{1-1} + n_{-1-1}.$$

Comme les n_{ab} sont des entiers naturels tels que

$$n = n_{11} + n_{-11} + n_{1-1} + n_{-1-1} \equiv 2 \bmod 4,$$

pour que ce produit scalaire soit nul, il faut que les deux entiers

$$n_{11} + n_{-1-1} \text{ et } n_{-11} + n_{1-1}$$

soient égaux et impairs. Mais dans ce cas n_{-11} et n_{1-1} ne sont pas de même parité. Il s'ensuit que

$$n_{1.} = n_{11} + n_{1-1} \text{ et } n_{.1} = n_{11} + n_{-11}$$

ne peuvent être de même parité. Par conséquent, si $n_{1.}$ et $n_{.1}$ sont de même parité, $\langle X^1, X^2\rangle \neq 0$.

Comme n est pair les deux entiers

$$n_{11} + n_{-1-1} \text{ et } n_{-11} + n_{1-1},$$

dont la somme vaut n, sont nécessairement de même parité. Il s'ensuit que leur différence si elle n'est pas nulle, est au moins égale à 2 en valeur absolue. □

Proposition 3.7. JACROUX et al. [1983].

Soit $\mathcal{D}$ *l'ensemble des fractions de plans* 2^m *de résolution III et de taille* $n \equiv 2 \bmod 4$. *Supposons donc*

$$\mathbb{E}Y \in \mathrm{Im}\Theta \textit{ avec } \Theta = \oplus\{\Theta_J \mid J\subseteq I:\ \#J\leq 1\}.$$

Considérons une base $\mathcal{B}$ *adaptée à la décomposition (3.1) formée de vecteurs orthogonaux et de norme carrée* $\#\mathcal{E}$. *Notons alors* β *le vecteur colonne des paramètres de* $\mathbb{E}Y$.

Soit les entiers

$$p = m+1 \textit{ et } s^* \textit{ ou bien } p-s^* = [p/2]$$

(c'est-à-dire la partie entière de p/2).

Alors toute fraction d qui a pour matrice d'information*

$$M_{d^*} = \mathrm{Diag}\left((n-2)I_{s^*} + 2J_{s^*}, (n-2)I_{p-s^*} + 2J_{p-s^*}\right),$$

est généralement optimale sur $\mathcal{D}$ pour l'estimation de β.

Démonstration. Utilisons la base de Yates, alors la matrice du modèle est à éléments ±1 pour tout plan $d \in \mathcal{D}$. Soit

$$M_d = {}^tX_d X_d, \text{ avec } X_d \text{ matrice du modèle,}$$

la matrice d'information sur β obtenue au moyen du plan *d*. La matrice du modèle est de la forme

$$X_d = \left(X_d^1 | X_d^2\right),$$

où toute colonne du premier bloc a un nombre pair d'éléments égaux à 1 et toute colonne du deuxième bloc un nombre impair. Considérons la matrice

$$\overline{M}_d = \mathrm{Diag}\left({}^tX_d^1 X_d^1 \,,\, {}^tX_d^2 X_d^2\right).$$

D'après le lemme 3.5, on a pour l'ordre de Schur

$$\lambda(\overline{M}_d) < \lambda(M_d).$$

On a ainsi

$$F\left(\Sigma_i f(\lambda_i[\overline{M}_d])\right) \le F\left(\Sigma_i f(\lambda_i[M_d])\right)$$

car tout critère de type I est une fonction Schur-convexe de $\lambda(M_d)$.

Considérons maintenant la matrice

$$B_d = {}^tX_d^1 X_d^1.$$

Supposons la d'ordre s. Elle a tous ses éléments diagonaux égaux à n et, d'après le lemme 3.6, tous ses éléments extradiagonaux supérieurs ou égaux à 2 par construction. Ainsi

$$\mathrm{trace}\ B_d = sn \text{ et } \mathrm{trace}\ B_d^2 \ge sn^2 + s(s-1)4.$$

Il résulte donc du théorème 2.11 que

$$F\left(\Sigma_i f(\lambda_i[B_d])\right) \ge F\left(f(n+2(s-1)) + (s-1)f(n-2)\right).$$

Ce résultat vaut également pour ${}^tX_d^2 X_d^2$ (avec p-s au lieu de s), on a donc

$$F\left(\Sigma_i f(\lambda_i[M_d])\right) \ge F\left(\Sigma_i f(\lambda_i[{}^tX_d^1 X_d^1]) + \Sigma_i f(\lambda_i[{}^tX_d^2 X_d^2])\right)$$

$$\ge F\left(f(n+2(s-1)) + f(n+2(p-s-1)) + (p-2)f(n-2)\right).$$

Or, comme $(n+2(s-1))+(n+2(p-s-1)) = 2n+2(p-2)$ ne dépend pas de r, la fonction de l'entier s :

$$\left(n+2(s-1)\right)^2 + \left(n+2(p-s-1)\right)^2$$

est minimum lorsque s = [p/2] = s* ou bien p-s = [p/2] = p-s*. Appliquons de nouveau le théorème 2.11 il vient alors

$$f\left(n+2(s-1)\right) + f\left(n+2(p-s-1)\right) \geq f\left(n+2(s^*-1)\right) + f\left(n+2(p-s^*-1)\right).$$

D'où

$$F\left(\Sigma_i f(\lambda_i[M_d])\right) \geq F\left(f(n+2(s^*-1)) + f(n+2(p-s^*-1)) + (p-2)f(n-2)\right).$$

Or le second membre de cette inégalité est égal à

$$F\left(\Sigma_i f(\lambda_i[M_{d^*}])\right).$$

Ainsi d^* réalise sur $\mathcal{D}$ le minimum pour tout critère généralisé de type I.□

On peut envisager divers procédés de construction de plans généralement optimaux. Les corollaires suivants décrivent ces procédés.

Corollaire 1. *Soit un tableau orthogonal à 2 symboles, de force 2 à* m *contraintes.*

Si on ajoute à ce plan deux expériences la première quelconque, la second déduite de la première en modifiant les niveaux de [m+1/2] *facteurs on obtient une fraction généralement optimale.*

Démonstration. La fraction ainsi construite a pour matrice d'information (en utilisant la base de Yates)

$$(n-2)I_p - P\,\mathrm{Diag}(2J_{s^*},2J_{p-s^*})^tP$$

avec P matrice diagonale à éléments 1 où -1. □

Corollaire 2. *Considérons une fraction de résolution III d'un plan à* m *facteurs, tous à* 2 *niveaux, construite au moyen d'un tableau équilibré de force* 2 *vérifiant les conditions de la proposition* 3.4. *Pour cette fraction la matrice du modèle est d'ordre* (n-1)×p *avec* p = m+1.

Complétons cette matrice en ajoutant une ligne comportant [p/2] *éléments égaux à* 1, *dont le premier, et les autres à* -1 *(ou encore* [p/2] *éléments égaux à* 1, *hormis le premier, et les autres à* -1*).*

La matrice du modèle ainsi obtenue est celle d'un plan généralement optimal.

Démonstration. Par construction on a

$$M_{d^*} = (n-2)I_p + J_p + \left(\begin{array}{c|c} J_{s^*} & -J_{s^*,p-s^*} \\ \hline -J_{p-s^*} & J_{p-s^*} \end{array}\right)$$

avec s* = [p/2] ou bien p-s* = [p/2]. D'où

$$M_{d*} = \text{Diag}\left((n-2)J_{s*} + 2J_{s*},\ (n-2)I_{p-s*} + 2J_{p-s*}\right).\square$$

Exemple. Pour n = 5+1, on obtient ainsi comme fractions généralement optimales les plans tels que

$$X_{d*} = \left(\begin{array}{ccccc} \multicolumn{5}{c}{\text{Diag}(-1,1,1,1,1)\ P_5} \\ \hline 1 & 1 & 1 & -1 & -1 \end{array}\right)$$

$$X_{d*} = \left(\begin{array}{ccccc} \multicolumn{5}{c}{\text{Diag}(-1,1,1,1,1)\ P_5} \\ \hline 1 & 1 & -1 & -1 & -1 \end{array}\right)$$

Ici m = n-2. On dispose donc d'un degré de liberté pour estimer σ^2.

Corollaire 3 : Fractions minimales.

Pour n = 10, 26, 50, 82 *soit la matrice*

$$Q_n = \left(\begin{array}{c|c} P_m & -P_m \\ \hline P_m & P_m \end{array}\right) \quad \textit{où } m = \frac{n}{2}.$$

En multipliant chaque ligne de cette matrice par son premier élément on obtient la matrice du modèle pour une fraction de résolution III optimale d'un plan à n-1 facteurs tous à deux niveaux.

En fait on sait construire bien d'autres fractions de résolution III qui sont généralement optimales et minimales.

Pour que de telles fractions existent il faut que 2n-2 soit somme des carrés de deux entiers, voir COHN [1989]. Pour 2<n<100 tous les entiers tels que n ≡ 2 mod 4 vérifient cette propriété hormis 22, 34, 58, 70, 78 et 94.

EHLICH [1964], YANG [1966a,1968,1969] et COHN [1989] construisent dans tous les autres cas des matrices carrées à éléments ±1 , notées Q_n, telles que

$${}^tQ_nQ_n = \text{Diag}\left((n-2)I_m + J_m,\ (n-2)I_m + J_m\right),$$

où m = n/2, dont on peut déduire les matrices du modèle de fractions optimales. Ici

$$Q_n = \left(\begin{array}{c|c} A_1 & A_2 \\ \hline -{}^tA_2 & A_1 \end{array}\right),$$

où A_1 et A_2 dont des blocs carrés d'ordre m.

Exemple. Pour n=6, on a la matrice à blocs

$$A_1 = \text{Circ}(1,1,1) \text{ et } A_2 = \text{Circ}(-1,1,1)$$

pour premières lignes respectives. Mais on connait aussi une matrice

$$Q_6 = \left(\begin{array}{c|c} A_1 & A_2 \\ \hline -A_2 & A_1 \end{array}\right) \text{ avec } A_1 = \begin{pmatrix} 1 & 1 & 1 \\ 1 & -1 & 1 \\ -1 & 1 & 1 \end{pmatrix} \text{ et } A_2 = \begin{pmatrix} 1 & 1 & 1 \\ 1 & 1 & -1 \\ 1 & 1 & -1 \end{pmatrix}$$

voir WOJTAS [1964] B_6 p.82 (après permutation des 2 dernières lignes)

Remarque. D'autres classes de fractions de plans factoriels généralement optimales sont connues:

1) La classe des fractions de résolution V de plans 2^m, de taille $n \equiv 2 \bmod 16$, étudiée par CHADJICONSTANDINIS et al. [1989].

2) Pour les plans à 2 facteurs seulement, une classe des fractions de résolution III de taille

$n = q_1 + q_2$, où q_i est le nombre des niveaux du facteur i,

et qui comportent donc une unité de plus que le minimum requis, voir COLLOMBIER [1992].

4. FRACTIONS D- OU A-OPTIMALES DE PLANS 2^m.

Divers auteurs ont publié quelques résultats complémentaires sur l'optimalité des fractions de plans 2^m qui ne remplissent pas les conditions des propositions 3.2, 3.4 et 3.7.

Soit $\mathcal{D}$ la classe des fractions de taille n fixée. Pour tout $d \in \mathcal{D}$ posons

$$\mathbb{E}Y = X_d\beta.$$

Pour toute fraction minimale la matrice X_d est carrée d'ordre n=m+1.

4.1. Cas $n \equiv 1 \bmod 4$.

Il y a tout d'abord des fractions de taille $n=m+1 \equiv 1 \bmod 4$, donc minimales, pour lesquelles $\det({}^tXX)$ n'est pas un carré parfait. Pour $n \leq 100$, on a toutes les valeurs de $n \equiv 1 \bmod 4$, hormis n = 9,13,25,41, 61,85.

MOYSSIADIS et KOUNIAS [1982,83] puis CHADJIPANTELIS et al.[1987] ont obtenu les fractions D-optimales pour l'estimation de β lorsque n=9, 13 et 21.

Dans les deux premiers cas la matrice du modèle de la fraction d^* D-optimale se déduit simplement d'une matrice d'Hadamard dite *d'excès maximal.*

Définition 4.1. *On appelle excès d'une matrice d'Hadamard la somme de ses éléments. On note* $\sigma(n)$ *l'excès maximum des matrices d'ordre* n.

Proposition 4.2. *Considérons l'ensemble des matrices d'Hadamard d'ordre* n *notées* H_n.

Dans cette classe une matrice est d'excès maximum si et seulement si elle réalise le maximum du déterminant de

$$X = \begin{pmatrix} 1 & {}^t\mathbb{1} \\ \mathbb{1} & H_n \end{pmatrix}.$$

Démonstration. On a ici

$$\begin{aligned} \det X &= \det H_n \times (1 + {}^t\mathbb{1}\ H_n^{-1}\mathbb{1}) \\ &= \det H_n \times (1 + \tfrac{1}{n}\ {}^t\mathbb{1}\ H_n \mathbb{1}) \text{ car } {}^tH_n H_n = nI \Rightarrow H_n^{-1} = \tfrac{1}{n}\ {}^tH_n, \\ &= n^{n/2-1}\ (n + \sigma(n)) \text{ puisque } \sigma(n) = {}^t\mathbb{1}\ H_n \mathbb{1}. \square \end{aligned}$$

Soit d^* la fraction D-optimale dans $\mathcal{D}$. Pour n = 9 on a

$$\det {}^tX_{d^*}X_{d^*} = 8^6 28^2.$$

Or $\sigma(8)=20$, et cet excès est atteint par toute matrice d'Hadamard d'ordre 8 semi-normalisée, voir FARMAKIS et KOUNIAS [1987].

Pour n=17 on a

$$\det {}^tX_{d^*}X_{d^*} = 16^{14}80^2$$

et $\sigma(16)=64$ est atteint par

$$H_{16} = (2I_4 - J_4) \otimes (2I_4 - J_4).$$

Par contre la matrice de la fraction D-optimale pour n=21 vérifie

$$\det {}^tX_{d^*}X_{d^*} = 20^{18}116^2 > 20^{18}100^2 = m^{m/2-1}(m+\sigma(m)) \text{ où } m=n-1.$$

Donc on ne peut pas obtenir la matrice du modèle d'une fraction d^* D-optimale en complétant une matrice d'Hadamard, voir CHADJIPANTELIS et al.[1987].

On sait aussi que les fractions D-optimales pour n = 9 et 17 sont A-optimales dans $\mathcal{D}$ pour l'estimation de β, voir CHADJICONSTANDINIS et MOYSSIADIS [1992].

4.2. Cas n ≡ 3 mod 4.

S'agissant des fractions de taille n ≡ 3 mod 4 trois questions se posent.

1) Dans quelles conditions

$$M = (n+1)I_k - J_k\ ,\ k=m+1,$$

est-elle une matrice d'information optimale ?

2) Si ces conditions ne sont pas satisfaites, quelle est la forme de la matrice d'information optimale M^* ?

3) Existe-t'il une fraction d^* de taille n telle que ${}^tX_{d^*}X_{d^*} = M^*$?

La première question se pose en particulier quand la fraction est obtenue par élimination d'une unité (i.e. d'une ligne) d'un tableau orthogonal. Il peut s'agir là d'un choix fait dans la construction du plan avant expérience. Mais une telle fraction peut aussi résulter d'un accident qui s'est produit en cours d'expérimentation qui oblige l'utilisateur à éliminer une des expériences prévues.

On connait une réponse à cette question pour les critères de Φ-optimalité et plus particulièrement pour ceux de D- et A-optimalité.

Proposition 4.3. CHENG et al. [1985], MASARO et WONG [1992].

Soit $\mathcal{D}$ l'ensemble des fractions de plan 2^m de taille $n \equiv 3 \bmod 4$ et de résolution III. Notons $k=m+1$, $k \le n$, le nombre des paramètres de $\mathbb{E}Y$, l'espérance du vecteur des aléas observés. Soit d tout plan de $\mathcal{D}$ de matrice d'information*

$$ {}^tX_{d*}X_{d*} = (n+1)I_k - J_k. $$

Si $m \le 3$, alors la fraction d est généralement optimale sur $\mathcal{D}$.*

Quel que soit $(m,p) \in \mathbb{N}^2$ avec $m>3$, un entier $n(m,p)$ existe tel que si d est de taille $n \ge n(m,r)$, alors, pour tout q tel que $0 \le q \le p$, cette fraction est Φ_q-optimale sur $\mathcal{D}$.*

De plus $n(m,p)$ est le plus petit entier pour lequel d est une fraction Φ_p-optimale.*

Proposition 4.4. GALIL et KIEFER [1980], SATHE et SHENOY [1989].

Soit $\mathcal{D}$ l'ensemble des fractions de plan 2^m, $m>4$, de taille $n \equiv 3 \bmod 4$ et de résolution III. Notons $k=m+1$ le nombre des paramètres de $\mathbb{E}Y$. Soit d tout plan de $\mathcal{D}$ de matrice d'information*

$$ {}^tX_{d*}X_{d*} = (n+1)I_k - J_k. $$

Si $n \ge 2k-5$, la fraction d est D-optimale sur $\mathcal{D}$.*

La fraction d est A-optimale sur $\mathcal{D}$ si $k \ge 4$ et*

$$ n \ge 4^{-1}(7k - 16 + \sqrt{(k-4)(17k-36)})/4. $$

Corollaire. *Si $k=m+1 > 4$ et $n \ge 4^{-1}(7k - 16 + \sqrt{(k-4)(17k-36)})$, la fraction d* est Φ_p-optimale sur $\mathcal{D}$ pour tout entier p tel que $0 \le p \le 1$.*

Une réponse est donnée à la deuxième question par EHLICH [1964] dans le cas de la D-optimalité, puis par SATHE et SHENOY [1989] dans celui de la A-optimalité.

Dans les deux cas la forme de la matrice d'information optimale est la même. Il s'agit d'une matrice en s^2 blocs. Les blocs diagonaux sont d'ordre r ou $r+1$ égaux à $(n-3)I+3J$. Quant aux blocs extradiagonaux ils sont tous égaux à $-J$. Pour chaque taille $n \equiv 3 \bmod 4$, il reste à calculer la valeur de s pour le critère d'optimalité considéré, on en déduit r.

Enfin on trouvera dans l'article de FARMAKIS et KOUNIAS [1987] une liste de fractions D-optimales de plans 2^m de tailles $n<100$ $n\equiv 3$ mod 4, avec toutes indications sur la manière de les construire. Pour les fractions A-optimales une liste analogue est dressée par SATHE et SHENOY [1991]. Ces listes sont complétées par CHADJICONSTANDINIDIS et CHADJIPADELIS [1994], CHADJICONSTANDINIDIS et KOUNIAS [1994].

RÉFÉRENCES

ATKINSON,A.C.,DONEV,A.N.[1992]. *Optimum experimental designs.* Clarendon Press, Oxford.

BONDAR,J.V.[1983]. Universal optimality of experimental designs : definitions and a criterion. *Can. J. Statist.* **11**:325-331.

CHADJICONSTANTINIDIS,S.,CHADJIPADELIS,T.[1994]. A construction method of new D-, A-optimal weighing designs when $N \equiv 3$ mod 4 and $k \leq N-1$. *Discrete Math.* **131**:39-50

CHADJICONSTANTINIDIS,S.,CHENG,C.S.,MOYSSIADIS,C.[1989]. Construction of optimal fractional factorial resolution V designs with $N \equiv 2$ mod 16 observations. *J. Statist. Planning Inference* **23**:153-161.

CHADJICONSTANTINIDIS,S.,KOUNIAS,S.[1994]. Exact A-optimal first-order saturated designs with $n \equiv 3$ mod 4 observations. *J. Statist. Planning Inference* **42**:379-391.

CHADJICONSTANTINIDIS,S., MOYSSIADIS,C.[1992]. The A-otimal saturated weighing design for N = 17 observations. *Utilitas Math.* **42**:3-13 .

CHADJIPANTELIS,T.,KOUNIAS,S.,MOYSSIADIS,C.[1987]. The maximum determinant of 21×21 (+1,-1)-matrices and D-optimal designs. *J. Statist. Planning Inference* **16**:167-178.

CHENG,C.S.[1978]. Optimality of certain asymmetrical experimental designs. *Ann. Statist.* **6**:1239-1261.

CHENG,C.S.[1980a]. Optimality of some weighing and 2^m fractional factorial designs. *Ann. Statist.* **8**:436-446.

CHENG,C.S.[1980b].Orthogonal arrays with variable numbers of symbols. *Ann. Statist.* **8**:447-453.

CHENG,C.S.[1981]. On the comparison of PBIB designs with two associate classes. *Ann. Inst. Statist. Math.* **33**:155-164.

CHENG,C.S.[1985].Commentary on papers [22], [55], [60], [61]. In *Jack Carl Kiefer Collected papers III : Design of experiments* (Brown,L.D., Olkin,I., Sacks,J., Wynn,H.P.eds). Spinger, New York, 695-700.

CHENG,C.S., MASARO, J.C., WONG,C.S.[1985]. Optimal weighing designs. *Siam J. Alg. Disc. Math.* **6**:259-267.

COHN,J.H.E.[1989].On determinants with elements ± 1, II. *Bull. London Math. Soc.* **21**:36-42.

COLLOMBIER,D.[1988]. Optimality of some fractional factorial designs. In *Optimal Designs and Analysis of Experiments* (Y.Dodge et al. eds). North-Holland, Amsterdam, p.39-45.

COLLOMBIER,D.[1992]. Generally optimal main-effect fractions of u×v designs with u+v units.*Computational Statist. & Data Anal.* **14**:333-342.

EHLICH,H.[1964]. Determinantenaleschätzung für binäre Matrizen. *Math. Z.* **83**:123-132.

FARMAKIS,N., KOUNIAS,S.[1987]. Two new D-optimal designs (83,56,12), (83,55, 12). *J. Statist. Planning Inference* **15**:247-257.

GALIL,Z.,KIEFER,J.[1980].D-optimal weighing designs. *Ann. Statist.* **8**: 1293-1306.

HEDAYAT,A.[1981]. Study of optimality criteria in design of experiments. In *Statistics and Related Topics* (M. Gsörgö et al. eds). North Holland, Amsterdam, p 39-56.

HALL,M.[1981]. Coding theory of designs.In *Finite Geometries and Designs* (P.J.Cameron et al. eds). Cambridge University Press, Cambridge U.K., p.134-145.

JACROUX,M.[1983]. On the MV-optimality of chemical balance weighing designs. *Calcutta Statist. Ass. Bull.* **32**:143-151.

JACROUX,M., WONG,C.S., MASARO,J.C.[1983]. On the optimality of chemical balance weighing designs. *J. Statist. Planning Inference* **8**: 231-240.

KIEFER,J.[1975]. Construction and optimality of generalized Youden designs. In *A Survey of Statistical Design and Linear Models* (J.N. Srivastava ed.), North-Holland, Amsterdam, p.333-353.

KOBILINSKY,A.[1990]. Complex linear models and cyclic designs. *Linear Alg. Appl.* **127**:227-282.

MARSHALL,A.W., OLKIN,I.[1979]. *Inequalities : Theory of Majorization and its Applications*. Academic Press, New York.

MASARO,J., WONG, C.S.[1992]. Type I optimality weighing designs when N ≡ 3 (mod 4). *Utilitas Mathematica* **41**:97-107.

MEYER,R.K., NACHTSHEIM,C.J.[1995]. The coordinate-exchange algorithm for constructing exact optimal experimental designs.*Technometrics* **37**: 60-69.

MILLIKEN,G.A., AKDENIZ,F.[1977]. A theorem on the difference of the generalized inverses of two nonnegative definite matrices. *Comm. Statist.* **A 6**: 73-79.

MOYSSIADIS,C.,KOUNIAS,S.[1982]. The exact D-optimal first order saturated design with 17 observations. *J. Statist. Planning Inference* **7**: 13-27.

MOYSSIADIS,C.,KOUNIAS,S.[1983]. Exact D-optimal N observations 2^k designs of resolution III, when N ≡ 1 or 2 mod 4. *Statistics* **14**: 367-379.

MUKERJEE,R.[1982]. Universal optimality of fractional factorial plans derivable through orthogonal arrays. *Calcutta Statist. Ass. Bull* **331**: 63-68.

NGUYEN,N.K.,MILLER,A.J.[1992]. A review of some exchange algorithms for constructing discrete D-optimal designs. *Comp. Statist. Data Analysis.* **14**:489-498.

RAGHAVARAO, D.[1959]. Some optimum weighing designs. *Ann. Math. Statist.* **30**:295-303.

RAGHAVARAO, D.[1971]. *Constructions and Combinatorial Problems in Design of Experiments.* Wiley, New York.

SHAH,K.R., SINHA,B.K.[1989]. *Theory of Optimal Designs.* Springer Verlag, New York.

SATHE,Y.S., SHENOY,R.G.[1989]. A-optimal weighing designs when N ≡ 3 (mod 4). *Ann. Statist.* **17**:1906-1915.

SATHE,Y.S.,SHENOY,R.G.[1995]. Further results on construction methods for some A- and D-optimal weighing designs when N ≡ 3 (mod4) *J. Statist. Planning Inference* **28**:339-352.

TRUNG,T.V.[1982]. The existence of symmetric block designs with parameters (41, 16, 6) and (66, 26, 10). *J. Comb. Theory.* **A 33**:201-204.

WILSON, R.M.[1972]. Cyclotomy and difference families in elementary abelian groups. *J. Number Theory* **4**:17-47.

WOJTAS,M.[1964]. On Hadamard's inequality for the determinants of order non-divisible by 4. *Colloquium Mathematicum* **12**:73-83.

WU,C.F.J.[1980].On some ordering properties of the generalized inverses of nonnegative definite matrices. *Lin. Algebra Appl.* **32**:49-60.

YANG,C.H.[1966a]. Some designs for maximal (+1,-1) determinants of order n ≡ 2 (mod 4). *Math. Comp.* **20**:147-148.

YANG, C.H.[1966b]. A construction for maximal (+1,-1)-matrix of order 54. *Bull. Amer. Math. Soc.* **72**:293.

YANG,C.H.[1968].On designs of maximal (+1,-1)-matrices of order n ≡ 2 (mod 4). *Math. Comp.* **22**:174-180.

YANG,C.H.[1969].On designs of maximal (+1,-1)-matrices or order n ≡ 2 (mod 4) II. *Math. Comp.* **23**:201-205.

YEH,C.M.[1986]. Conditions for universal optimality of block designs. *Biometrika* **73**:701-706.

Liste des symboles

Espaces vectoriels.

$\mathbb{R}^E$ (resp. $\mathbb{C}^E$) espace des fonctions réelles (resp. complexes) sur $\mathcal{E}$, un ensemble fini

$\mathcal{W}^\perp$, $W \subseteq \mathcal{V}$, supplémentaire orthogonal de $\mathcal{W}$ dans l'espace $\mathcal{V}$

$[z]$, $z \in \mathcal{V}$, sous-espace engendré par le vecteur z

$z^\perp$ supplémentaire orthogonal de $[z]$

$\mathcal{V} = \mathcal{V}_1 + \cdots + \mathcal{V}_n$ $\mathcal{V}$ somme des sous-espaces $\mathcal{V}_1, \cdots, \mathcal{V}_n$

$\mathcal{V} = \mathcal{V}_1 \oplus \cdots \oplus \mathcal{V}_n$ $\mathcal{V}$ somme directe des sous-espaces $\mathcal{V}_1, \cdots, \mathcal{V}_n$

$\mathcal{V} = \mathcal{V}_1 \overset{\perp}{\oplus} \cdots \overset{\perp}{\oplus} \mathcal{V}_n$ $\mathcal{V}$ somme directe orthogonale de $\mathcal{V}_1, \cdots, \mathcal{V}_n$

$\mathcal{V} = \mathcal{V}_1 \otimes \cdots \otimes \mathcal{V}_n$ $\mathcal{V}$ produit tensoriel des espaces $\mathcal{V}_1, \cdots, \mathcal{V}_n$

$\mathcal{O}(\mathbb{R}^n)$ groupe orthogonal de $\mathbb{R}^n$

Matrices.

${}^tA$ transposée de A; $\bar{A}$ conjuguée de A; A^* adjointe de A ($A^* = {}^t\bar{A}$)

A^- inverse généralisée (ou g-inverse) de A

A^+ pseudo-inverse (ou g-inverse de Moore-Penrose) de A

$\mathcal{ID}(A)$ ensemble des inverses à droite de A

ImA image de A, *i.e.* sous-espace engendré par les colonnes de A

KerA noyau de A, *i.e.* sous-espace des vecteurs solutions de $Az=0$

$\lambda[M]$, M symétrique ou hermitienne, suite pleine décroissante des valeurs propres de M

I matrice identité; $\mathcal{O}$ matrice nulle

$\mathbb{1}$ (resp. J) vecteur colonne (resp. matrice) à éléments égaux à 1

$\mathrm{Circ}(a_1, \cdots, a_n)$ matrice circulante de première ligne $(a_1, \cdots, a_n)$

$A \odot B$ produit d'Hadamard des vecteurs colonnes A et B

$A \otimes B$ produit tensoriel (direct ou de Kronecker) de A et B

$A * B$ somme de Kronecker de A et B

Groupes abéliens et Corps finis.

$\#\mathcal{E}$ cardinal l'ensemble $\mathcal{E}$, $|G|$ ordre du groupe G

$\mathcal{S} \leq G$ (resp. $\mathcal{S} < G$) $\mathcal{S}$ sous-groupe (resp. propre) du groupe G

$G \times H$ produit direct des groupes G et H

$\langle g \rangle$ sous-groupe cyclique engendré par $g \in G$

$\langle\mathcal{K}\rangle$, ou $G(\mathcal{K})$ sous-groupe cyclique engendré par la partie $\mathcal{K}$ de G

χ caractère d'une représentation irréductible du groupe G

G^* dual du groupe abélien fini G

S^0 orthogonal dans G^* du sous-groupe S de G

$\mathbb{Z}/n$ groupe cyclique des classes résiduelles d'entiers modulo n

EA(q), $q=p^k$ avec p premier, groupe abélien élémentaire d'ordre q

GF(q), $q=p^k$ avec p premier, corps de Galois d'ordre q

$\chi(z)$, $z\in$ **GF**(q), fonction de Legendre sur le corps **GF**(q)

Variables et Vecteurs aléatoires.

$\mathbb{E}$**Y** espérance mathématique de l'aléa (scalaire ou vectoriel) **Y**

Var**Y** variance de la variable aléatoire **Y**

Cov**Y** matrice (ou opérateur) de covariance du vecteur aléatoire **Y**

Fonctions et Nombres.

∇f gradient, $\nabla^2 f$ matrice hessienne de la fonction f

$\varphi(n)$, $n\in\mathbb{N}^*$, indicateur d'Euler de l'entier n

PPCM$(n_1,\cdots,n_m)$ plus petit commun multiple des entiers $n_1,\cdots,n_m$

$[x]$, $x\in\mathbb{R}$, partie entière du réel x

Matrices aux différences, Configurations et Tableaux.

DM(n,m,G) matrice aux différences, d'ordre $n\times m$, sur le groupe G

GH(n,G) matrice d'Hadamard généralisée, d'ordre n, sur G

BA(n,m,2;2) tableau équilibré de force 2, à m contraintes, 2 symboles, de taille n.

OA$(n,m,q_1\times\cdots\times q_m;s)$ tableau orthogonal de force s, à m contraintes, $q_1,\cdots,q_m$ symboles, de taille n

OA(n,m,q;s) tableau orthogonal de force s à m contraintes, q symboles, de taille n.

OA$(n,G_1\times\cdots\times G_m;2)$ tableau orthogonal de force 2, de taille n, sur le produit des groupes $G_1,\cdots,G_m$.

PFA$(n,m,q_1\times\cdots\times q_m;2)$ tableau à fréquences marginales d'ordre 2 proportionnelles, à m contraintes, $q_1,\cdots,q_m$ symboles, de taille n

BPFA(n,m,q;2) tableau équilibré à fréquences marginales d'ordre 2 proportionnelles, à m contraintes, q symboles, de taille n

SBIBD(v,k,λ) configuration (ou plan en blocs) symétrique, équilibrée, à v points et v blocs de taille k, d'index λ

Index

Déjà parus dans la même collection

Déjà parus dans la même collection

17.
G. Barles
Solutions de viscosité des équations de Hamilton-Jacobi

18.
Nguyen Quoc Son
Stabilité des structures élastiques

19.
F. Robert
Les Systèmes Dynamiques Discrets

20.
O. Papini, J. Wolfmann
Algèbre discrète et codes correcteurs